Zum 50. Geburtstag
mit allen guten Wünschen

Jörg und Dagmar

Prinz Philip S.K.H., Herzog von Edinburgh

BUCKINGHAM PALACE.

Seit es Menschen gibt, bejagen sie das Wild - und doch hat der Mensch das Jagen nicht erfunden: Im Reich der Tiere tun es die jagenden Geschöpfe auch heute noch genauso, wie sie es seit jeher getan haben, seit sie im Zuge der Evolution aufgetreten sind.

Der Unterschied zwischen jagenden Tieren und Menschen liegt in der Technik, die der Mensch entwickelt hat. Er ersann Waffen, und diese Erfindung ist - wie auch alle anderen erfolgreichen menschlichen Erfindungen - seither zu immer neuen und besseren Formen weiterentwickelt worden. Gleichzeitig hat menschlicher Erfindungsreichtum im Bereich der Landwirtschaft und Technik immer mehr Menschen die Möglichkeit geschaffen, zu überleben und sich fortzupflanzen. Im Tierreich sind Bevölkerungsexplosionen nichts Neues, die Heuschreckenschwärme in Afrika, die in Australien eingebürgerten Kaninchen oder das Rotwild in Neuseeland sind Beispiele dafür. Was eine völlig neue und gefährliche Lage für das Wild geschaffen hat, ist vielmehr die Verbindung einer Bevölkerungsexplosion bei den Menschen mit ihrer technischen Überlegenheit als jagende Geschöpfe.

Trotzdem ist es den Menschen, dort, wo sie ihrem Herkommen nach Jäger sind, vielerorts gelungen, ihre Ansprüche an das Wild so weit zu begrenzen, daß der zur Fortpflanzung notwendige Stammbesatz nicht vermindert wurde. Diese Jägerstämme und -völker waren auf einen nachhaltigen Ertrag angewiesen, den ihnen ihr Wild lieferte und sind es in manchen Fällen noch heute. Wo die Gesellschaft andererseits zu höheren Zivilisationsformen fortgeschritten ist, ist sie zum Überleben nicht mehr auf das Wild angewiesen. Dennoch gibt es auch hier Menschen, die sich den gleichen Jagdinstinkt und die gleiche Befriedigung daran erhalten haben, ihre Fähigkeiten mit denen des Wildes zu messen. In manchen Fällen geschieht dies auch, um gefährliche oder unerwünschte Arten in Grenzen zu halten, in anderen um des Wildbrets oder der Trophäen willen.

Durch die ganze Geschichte menschlichen Jagens zieht sich der Konflikt zwischen denen, die für bestimmte Wildarten oder Gebiete das alleinige Jagdrecht beanspruchen und jenen, die die Forderung nach der unbeschränkten Freiheit erheben, auf alles und wo immer nach eigenem Gutdünken zu jagen.

Es waren die Grundbesitzer, die sich freiwillige Streckenbegrenzungen auferlegten und Schonzeiten einführten, um auch künftig den Jagdertrag zu sichern. Wo hingegen jeder nach eigenem Gutdünken jagen kann, liegt die Gefahr nahe, daß das Wild fast oder völlig ausgerottet wird. Tatsächlich war das schon mehrfach die Folge der "Freien Jagd", sofern die Regierungen nicht sehr strenge Schutzbestimmungen erließen - und auch durchsetzen konnten.

Außer dem Jagen für den Lebensunterhalt oder aus Freude an der Jagd selbst gibt es aber auch noch - und das kompliziert die Situation erheblich - Jagd, Fallenstellerei und Fischerei, die des Profits wegen betrieben wird. Das findet man vor allem dort, wo diese Tätigkeiten jedermann freistehen. Auch wenn die Jäger, Fischer und Trapper selbst erkennen sollten, daß sie Raubbau treiben, fällt es ihnen unter diesen Bedingungen oft allzu schwer, sich auf die erforderlichen Begrenzungen ihres Tuns zu einigen. Die meisten Wale der nördlichen Hemisphäre sind schon vor zweihundert Jahren durch übermäßige Nutzung ausgerottet worden. Heute gehen die Wale der übrigen Meere aus dem gleichen Grund dem gleichen Schicksal entgegen. Der Nordseehering ist praktisch verschwunden, und der Atlantiklachs ist auf dem besten Wege dahin. Nashörner und Elefanten sind in Gefahr, weil ihre Hörner und Stoßzähne so hoch bezahlt werden. Tiger sind beinahe ausgerottet worden, weil einige Leute hohe Summen zu zahlen bereit waren, um sie schießen zu können.

Heute ist die Lage des Wildes kritisch. Die größte Bedrohung für das Wild und sein Überleben liegt im Bevölkerungszuwachs, in der Umweltvergiftung und in der dauernden Beunruhigung. Aber hemmungsloses Jagen, Fallenstellerei, Fischen für Profit und mangelnde Rücksicht auf biologische und ökologische Faktoren von seiten unbedachter Jäger tragen auch ihren Teil bei.

Wesentliche Voraussetzung für gesunde Wildbestände ist eine korrekte Hege auf der Grundlage wirkungsvoller Gesetze und deren vernünftige Anwendung durch den Jäger. Ungenügende Bejagung kann zur Überpopulation von Wildtieren führen und Schäden an Land- und Forstwirtschaft verursachen. Andererseits können wirkungslose Gesetze und zu starke Bejagung den Niedergang von Wildpopulation zur Folge haben. Dieses gilt besonders für Südeuropa. Falsche Hege, zum Beispiel die Ausrottung von Raubtieren oder die einseitige Auswahl von männlichen Tieren der Trophäen wegen, ohne eine entsprechende Bejagung von weiblichen und jungen Tieren, kann das Gleichgewicht der Natur stören.

Aber es gibt auch Beispiele, die belegen, daß ein wohlgeordnetes Jagdwesen den Fortbestand von Wildbeständen erst ermöglicht hat und daß die Jäger die ersten waren, die davor gewarnt haben, daß Arten vom Aussterben bedroht sind. Es waren die Fischotterjäger, die als erste die Alarmglocken

BUCKINGHAM PALACE.

geläutet haben, daß nämlich der Fischotter nicht in der Lage sei, in verschmutzten und mit Agrarchemikalien verseuchten Gewässern zu überleben. Es waren die Lachsangler, die als erste auf den Rückgang der Lachsbestände aufmerksam wurden. Es waren die Kleinwildjäger, die als erste bemerkt haben, daß Entwässerung und moderne Landwirtschaftstechnik einer ganzen Reihe von Vogel-, Säugetier- und Insektenarten das Überleben unmöglich machen. Viele Revierinhaber haben versucht, ihren Wildbestand dadurch zu erhalten, daß sie Wildtiere in Gefangenschaft aufgezogen und dann ausgesetzt haben.

So ist es nur zu verständlich, daß so viele unter denen, die voller Hingabe für den Schutz der Natur tätig sind, aus den Reihen der Jäger kommen. Das Jagen bringt sie aufs Land hinaus, wo sie die Situationen mit eigenen Augen sehen können. Es zwingt sie geradezu, ihr Wild besonders genau anzusehen und zu begreifen, wie sein Leben verläuft und was es zum Überleben braucht.

Die Verantwortung jedes Waidmanns, jeden Fischers und aller Jäger- und Fischerverbände für das Überleben des Wildes ist heute größer als je zuvor in der Geschichte der Menschheit. Sie fordert von jedem, der sich dem Waidwerk oder der Fischwaid zuwendet, eine gründliche Ausbildung darin, was er tut und wie er sich zu verhalten hat. Vor allem aber verlangt sie ein ganz großes Maß an Disziplin und Selbstbeschränkung.

Die Jagd kann nur fortbestehen, wenn sie angewandten Naturschutz betreibt - und die Sache des Naturschutzes wird durch den freiwilligen Beitrag der Jäger zur Erhaltung des Wildes gestärkt.

Der vorliegende, faszinierend schöne Bildband ist eine Dokumentation, eine Bestandsaufnahme dessen, was für uns alle auf dem Spiele steht. Denn es gibt nichts Wichtigeres und Lohnenderes, als die Schätze der Natur - als Teil der wundervollen, gewaltigen Schöpfung - zu erhalten, für uns und unsere Nachkommen.

Philip

Meisterwerke
der Jagdliteratur,
Jagdmalerei
und Naturfotografie

ZAUBER DER JAGD

Mit einem Vorwort von Prinz Philip
S. K. H., Herzog von Edinburgh

Herausgegeben
von Kurt G. Blüchel

INHALT

PROLOG

von
Kurt G. Blüchel
Herausgeber

Gott schläft
im Stein,
atmet in der
Pflanze,
träumt im Tier,
wacht auf
im Menschen

Indisches Sprichwort

Uralt und voller geheimer Chiffren ist die Jagd. Lust und Leidenschaft, Phantasie und Erfahrung haben sie geprägt. Ihre Evolution spiegelt sich wider in der Literatur von Homer und dem Nibelungenlied, von Tristan und den Artusromanen bis zu Turgenjew und Hermann Löns. Ihre sich wandelnden Formen sind aufgezeichnet in den prominenten Jagd- und Fischereilehrbüchern des Hohenstaufen Friedrich II., des Kaisers Maximilian I., des französischen Grafen Gaston Phoebus oder des spanischen Aristokraten Eduardo Yebes. Zu dessen Traktat über die hohe Jagd schrieb der Freund Ortega y Gasset ein über Tod und das Töten, über das reine Tier und den Menschen und seine Zerstreuungen meditierendes Vorwort.

»Denn darin wurzelt ja der ganze Reiz und die Wonne des Jagens«, resümiert der Philosoph Ortega, »daß der Mensch, der durch seinen unvermeidlichen Fortschritt aus der urväterlichen Nachbarschaft mit Tieren, Pflanzen und Gestein, kurz der Natur verdrängt ist, sich der künstlichen Rückkehr zu ihr erfreut, der einzigen Beschäftigung, die ihm so etwas wie Ferien vom Menschsein gestattet.«

Felder und Wälder durchstreift der Jäger bei Tag und bei Nacht, wenn der Morgen kommt oder die Dämmerung fällt. Bei jedem Wetter, zu jeder Jahreszeit drängt es ihn, zu beobachten, das scheueste Wild aufzuspüren, zu jagen und zu hegen.

Der Jäger kennt den Atem der Natur, ihren gleichmäßigen Pulsschlag und selbstverständlichen Rhythmus. Ihre Einfachheit und Ursprünglichkeit empfindet der Mensch als Glück. Daß der Weidmann zugleich nie weiß, was ihm auf seinem Pirschgang begegnen wird, bedeutet einen weiteren Reiz, bedeutet Spannung, Überraschung, fordert Aufmerksamkeit und Wachheit. Er muß lauschen lernen, muß die Schonzeiten kennen, geduldig sein und dem hilflosen Tier beistehen.

Denn der Jäger ist nicht Feind des Tieres. Er kennt vielmehr eine mystische Verbundenheit mit ihm, auch dann, wenn der Kampf elementar und tödlich ist.

Die von allen Nachfahren Nimrods, des »gewaltigen Jägers vor dem Herrn«, Gründers von Ninive und Beherrschers Babyloniens, herbeigesehnte glückliche, aus Kraft und Gewandtheit, Anstrengung und Vergnügen gemischte Jagd findet ihren optischen Ausdruck in dem vorliegenden Buch »Zauber der Jagd«. Wer jemals den Wunsch hatte, ein ungewöhnliches Kunstwerk in Buchform zu besitzen, hier ist die Gelegenheit dazu. Verlag und Mitarbeiter haben weder Kosten noch Mühen gescheut, dieses Werk in einer Form zu schaffen, die an besonders kostbare Folianten aus der Vergangenheit erinnert. Hervorzuheben ist an dieser Stelle vor allem die meisterliche buchbinderische Verarbeitung, durch die der Band zum echten Sammlerstück wird, zum festen, unveräußerlichen Bestandteil eines jeden Familienbesitzes und damit zum kostbaren Erbteil für kommende Generationen. Als Zeugnis uralter Handwerkskunst, als traditionelles Gütezeichen bibliophiler Liebhaber-Editionen entstand ein Ledereinband mit jener unvergleichlichen Patina, die seit Jahrhunderten unverzichtbares Element altdeutscher Buchkunst und ein Attribut unsterblicher Meisterwerke von zeitlosem Wert war.

Dieser in vieler Hinsicht einzigartige Band ist – vor allem im Hinblick auf das Bildmaterial – eine vielleicht letzte Dokumentation, eine letzte Bestandsaufnahme dessen, was für uns alle auf dem Spiel steht. Sinn und Zweck dieser aufwendig gestalteten Edition ist der Versuch eines Brückenschlages zwischen Jägern und Naturschützern. Als Kronzeuge beider Lager konnten wir den Prinzgemahl der englischen Königin, Prinz Philip, S.K.H., Herzog von Edinburgh, bewegen, diesem Werk mit einem persönlichen Vorwort besonderes Gewicht zu verleihen. Sein Appell an Naturschützer und Jäger, einen Beitrag zu leisten, Natur zu erhalten, ist eine großzügige Geste, die Verlag und Leser gleicherweise ehrt. Die Namen der in diesem Buch vereinigten Autoren und Schriftsteller garantieren darüber hinaus hohen literarischen Rang. In enger Zusammenarbeit mit einem Gremium hervorragender Jagdhistoriker und Wissenschaftler haben wir aus Hunderten von jagdliterarischen Werken eine Handvoll der besten ausgewählt. Den optischen Rahmen bilden berühmte Beispiele zeitgenössischer Jagdmalerei sowie zahlreiche jagdhistorische Illustrationen. In einigen Fällen handelt es sich um neue Kunstwerke, die von namhaften Künstlern eigens für diese Buchproduktion geschaffen wurden. Andere stammen von berühmten Künstlern der Vergangenheit, Illustrationen, die traditionell mit den Meisterwerken der Jagdliteratur verbunden werden.

Der bedeutsamste Teil dieses luxuriösen Bandes ist jedoch eine Auswahl der schönsten Zeugnisse moderner Jagd- und Naturfotografie, Bilder, wie man ihnen nur einmal im Leben begegnet: Märchenhafter und prachtvoller ist der Zauber unberührter Wildnis noch nie ins Blickfeld der Öffentlichkeit gerückt worden. Die Schöpfer dieser außergewöhnlichen Bildwerke – darunter begnadete Künstler, Besessene mit genialen Fähigkeiten – hatten dem Verlag mehr als 135 000 ihrer wertvollsten und dramaturgisch überzeugendsten Originale zur Verfügung gestellt, etwa 250 wurden für diesen Band ausgewählt: makellose Bilder von wilder, manchmal fast unwirklicher Schönheit – ein getreues Spiegelbild der Empfindungen einer Jägerseele. Hier, in diesem Werk, meint man zum erstenmal den tieferen Sinn zu verstehen, wenn manche Naturvölker Amerikas ihre Vorstellung vom Jenseits, vom »schöneren Land«, in die »ewigen Jagdgründe« verlegen.

Mit einem Dank an alle, die durch ihre Mitarbeit die Herausgabe dieses Werkes erst ermöglicht haben, verbinde ich in aller Bescheidenheit die Hoffnung, daß die Existenz wildlebender Tiere in der Umwelt des Menschen gesichert und die Jagd als ältestes Kulturerbe erhalten werden kann.

STIMMEN ZWISCHEN NACHT UND TAG

LUDWIG BENEDIKT FREIHERR VON CRAMER KLETT

Während der Birkhahn im ersten Morgendämmern seine Balz am Boden beginnt, um sie dann gelegentlich als Sonnenbalz im Geäst fortzusetzen, beginnt der Große Hahn sein geheimnisvolles Lied zwischen Nacht und Tag auf dem Balzbaum. Erst später kommt er den Hennen in der Bodenbalz näher.

Das habe ich in jungen Jahren um der großen und der kleinen Hahnen, manchmal sogar der Schnepfen willen, für weite Fahrten, Wege und Wanderungen gemacht! Ich bin sonst ein bodenständiger Jäger und habe früh die Sehnsucht nach fernen Wildbahnen und noch früher die Begierde nach exotischen Trophäen verloren. Aber der Lenz, der tat es mir immer wieder an, und wenn es März wurde, sann ich auf hahnjägerische Wanderschaft.

Dabei reizten mich viel weniger die großen und gepflegten Reviere von Freunden, die manchmal froh waren, wenn man sich meldete, um den einen oder anderen Auerhahn und vor allem (weil's eben arg hoch hinauf zu steigen galt) Schneidhahn bei ihnen zu schießen, als kleine, unbekannte ... Waldwelten. Da war vielleicht ein abgelegenes

WEITE WANDERUNGEN IM SCHEIN DES MONDES

Bauernrevier, auf dessen Hochmösern dem Vernehmen nach ein paar Spielhahnen balzten, da war weit hinten an der bayerisch-böhmischen Grenze eine vergessene Gemeindejagd, deren Pächter, der Wirt, den Abschuß von ein, zwei Auerhahnen vergab, oder in einem Tiroler Hoch- und Seitental ein Einödgroßbauer mit einer Eigenjagd.

Hinter der Tennenbrücke seines Hofes quorrten allabendlich die Schnepfen vorüber, und wenn man auf seiner zu Anfang Mai noch von Schneeplatten bedeckten Alm mit offener Feuerstelle im Kaser nächtigte, dann bedurfte es am Morgen »nur« einer Stunde nächtlichen, höllisch steilen Anmarschweges, um zu dem Balzplatz der Urhahnen zu gelangen. Dem geschossenen Hahn die nachdenkliche Wacht haltend, hörte man vom schneeigen Grenzkamm herunter den Spielhahn rodeln, dem es andern Tages gelten sollte. Im eigenen Revier ist mir über solchem Fremdgehen mancher von den damals noch vielen Auerhahnen alt und unstet und schwer erjagbar geworden.

Der Reiz bei all dem ging nicht nur von der Jagd und vom Wild aus; da war die Freude an den in ihrem Grundcharakter zwar vertrauten, aber dennoch neuen Landschaften, da waren die Menschen, die sehr unterschiedlich Gastgeber-Jägertypen, gediegen, schlitzohrig, gleichmütig oder großsprecherisch, da war das Drum und Dran, waren die unheizbaren Kammern, in denen man nächtigte, mit ihren eigentümlichen Gerüchen, meist nach Heu, manchmal aber auch nach Winterobst, nach Wachsstökken und alten, abgelegten Kommunionkerzen oder nach Feiertagskleidern in muffigen Schränken, und mit dem Wandschmuck von Vierfarbendruck-Heiligenbildern oder von bis zur Milchkaffeebräune verblaßten Familienphotos: Braut und Bräutigam, fast lebensgroße Köpfe; sie hochgeschlossen mit Kranz und Schleier, er mit sichtlich ungewohntem steifen Kragen und Myrthenzweig im Knopfloch, oder gar Goldhochzeitsjubelpaare Hand in Hand, mit zerfurchten Gesichtern, gekrümmten Rücken, Kranz auf weißem Haar, wallendem Weißschnauzbart und wimperlos gewordenen Augen.

Da waren in der von Frühjahrsfliegen durchsummten Wohnstube am Boden balgende Kinder, im Lehnstuhl eine je nach Veranlagung gesprächige, stumpfe oder mißtrauisch lauernde Ahnin, manchmal eine frischwangig stramme, halb verschämt, halb herausfordernd dreinblickende Tochter, manchmal ein verwachsener schielender Halbtrottel, manchmal ein sich bevorstehendem Jagen mit dem Fremdling entgegenfreuender helläugig lebfroher Bursch.

Und abends im Wirtshaus der immer wieder neugierig herüberschielende Kreis um den Stammtisch, die (damals war es noch so auf dem Land) meist ältliche Kassiererin, der Bier- und Virginiageruch, die auf die Tischplatte klatschenden Karten, der rustikal derbe kalte Aufschnitt mit daumendikken Brotkeilen. Das alles gehörte dazu, war wesentlicher Beitrag zur erwartungsvollen Stimmung der Vorabende.

Aber erst beim nächtlichen Weg ins Unbekannte hinein begann der wahre Zauber mich anzuwehen und zu umweben. Am schönsten waren diese oft stundenweiten Nachtwanderungen im Schein des Mondes. Erst ging's durch das tief schlafende fremde Dorf; da oder dort auf Scheunengiebeln maunzte ein sehnsüchtiger Kater oder kreischte haßerfüllt eine von ihm belästigte Kätzin auf. Die Blütendolden der Obstbäume fluteten zart erschimmernd fast bis auf die Erde herunter. Dann kamen die Wiesen im dichten Primelsegen, die sie durchgluckernden Quellen, die nur an ganz wenigen Stellen ihres schwach gewundenen Laufs silbern aus dem Ufergras herausblinkten.

Unbekannter, noch nie betretener Feldweg, was alles war darauf schon gewandert!? Kleine weiße Kapelle unter noch kahler Jahrhundertulme, wer hatte sie gebaut und weshalb, wer alles im tief verschatteten Innern sein Herz vor der Gottesmutter aufgetan? Schimmernde Weiden und Haselstauden am sprudelnden Forellenbach, wie viele Dorfbubenwünsche mochten sie schon umkreist haben!? Und dann endlich der schwarze Nadelwald mit seinen aus dem Unbekannten ins Ungeschaute führenden Sträßlein, Hohlwegen und ge-

Gewinnend, vor Selbstbewußtsein strotzend, mit einer gehörigen Portion Humor versehen, so sah Eduard Grützer den Jäger. Das Bild ist im Besitz der Bayerischen Staatsgemäldesammlung in München.

Verzückt sagt der Auerhahn dem anbrechenden Morgen sein zartes Liebeslied.

EIN ERGREIFENDES SCHAUSPIEL – DER HAHN SCHLEIFT

ZUNÄCHST DEN HERRLICHEN WALD ERKUNDEN

heimnisvollen Kreuzwegen, seinen Holzschleifrinnen und Jägerpfaden, eine vom Silberdunst übersponnene Anemonenwiese, ein unterm Fuß federnder Steg, vielleicht noch einmal umzäunte Wiesenmatten, vielleicht noch ein um das bemondete Kirchlein zusammengedrängtes Dorf, Dorfstraße mit ihren erloschenen rußschwarzen oder, wie die Augen eines Toten, im Mondlicht aufglitzernden Fenstervierecken, hinter denen unbekannte Menschen mit fremdem Leben in nie enträtselbaren Träumen liegen; Träume von Glück und Gewinn, des Streites, der Sünde oder wehmütigen Erinnerns oder auch beseligende Visionen in gläubigen Kinderträumen.
Stark auflebende und bald wieder verwehende Gerüche von Dungstätten, gelagertem Holz, erkalteten Schornsteinen, Abfallgruben, leeren Bierfässern. Landstraße dann von feuchten Erdgerüchen überweht, wieder ein Wiesenpfad, über dem der durch die Kühle der Nacht nur schwach wahrnehmbare Honigduft der Himmelschlüssel liegt, und schließlich abermals Wald mit seiner unverkennbaren Moderholz- und Harz- und Nadelwürze, mit grell von Blößen und Rändern her in seine bergende Schattenschwärze einblendender weißgoldener Helle.

Irgendwann, man hat, verloren an all die Gesichte und eingesponnen in ihre Hintergründigkeit, schon beinahe Zweck und Ziel seines Wanderns vergessen, wird der Schritt des vorangehenden Begleiters mählich langsamer, dann behutsam und dann endlich bleibt er, an ganz anderem Platz meist als man sich's ausgemalt hatte, stehen, auf quelliger staudenüberwucherter Blöße vielleicht oder am Rand eines vor himmelragender Tannenkulisse steil ansteigenden Schlages oder auf einem Holzabfuhrweg mitten im lückigen, sternüberfunkelten Altholz. Lauschen mit schiefem Kopf und nach einer Weile das heisere Zurückflüstern:
»Vo da weg hab' i'n Hoh jetzt scho zwoamoi derhört...« So etwa war einer dieser Nachtwege, und ich hab ihrer viele gemacht dort in den Mittelgebirgen, aber auch im nebelübersponnenen Moor und auf den steinigen Bergpfaden der Hochalpentäler. –

Es kam der Krieg, und als er vorübergezogen war und man gern an Frieden und Wiedererblühen hätte glauben mögen, hat es sich allem schöneren Hoffen zum Trotz gezeigt, daß er nur Vorläufer einer neuen Zeit gewesen war, Verkünder einer Menschheit, der weder Frieden noch Blüte mehr etwas gilt. Frieden, der von Bestand sein soll, erheischt Ehrfurcht vor Werten, und ein Erblühen gibt es nur, wo Liebe es nährt. Aber lassen wir das! Was vermag schon Erkennen gegenüber dem Wahn, der im Einreißen schöpferisch und im Haß fruchtbar zu sein glaubt.
Lassen wir es und bleiben beim Zurückerinnern und bei der Frühlingswanderschaft. Ich hatte dieser letzteren, ihrer durch die Jahre des Krieges entwöhnt und inzwischen häuslich und seßhaft geworden, schon entsagt; im eigenen Wald rund um den eigenen Herd gab es, als man anfing, seine Waffe wieder frei umherzutragen, noch manche Jägerfrühlingsfreude zu suchen und zu finden. Da kam mir aber doch eines Jahres zu Anfang des Wonnemondes – unverhofft, wie auch manchmal das Gute – die Einladung zugeflogen, in den Bergen des Salzkammergutes einen Auerhahn zu schießen. Ein Revier war's, zum Neidischwerden! Neben vielem anderen war es sein Wert und Reiz, daß es vom Interesse der Bergwanderer unbehelligt im Schlafe friedvoller Abseitigkeit lag. Der großzügige Jagdherr, der ohne viel Gerede sein Revier in guter Ordnung hielt und auch etwas von der rechten Verteilung, der Plazierung des in vernünftigen Grenzen gehandhabten Hahnenabschusses verstand, ließ mir unter den bei unserer gemeinsamen Ankunft fest bestätigten Hahnen die erste Wahl. Da gab es einen ziemlich sicheren, einschichtigen, starken Hahn, der nun schon im dritten Jahr nicht weit vom Jagdhaus im steilen Hochholzhang balzte. Ein richtiger, gut erreichbarer Gasthahn schien der zu sein. Dann balzte weit hinten im schmalen Haupttal, von dem alle sechs- bis siebenhundert Meter weit, bald hüben, bald drüben herrliche und zum Teil recht breite Seitentäler abzweigten, unter mehreren vielleicht jüngeren ein alter rauferischer Sultan, der erst diesen Morgen wieder verhört worden

ICH WILL DIESEN GEHEIMNISVOLLEN HAHN

war. Die Kunde von dem und die Schilderung seiner Stärke tat es mir an, und ich wollte ihn mir schon erbitten, als die Rede auf einen weiteren Hahn, einen alten Bekannten der Verhörer in diesen auerwildreichen Gehängen, kam, auf den »Heiseren«.

Seit ein paar Jahren schon wußte man um ihn und seine aus irgendwelchem Grund lautschwache Stimme. Selbst gute Ohren vernahmen ihn nicht über hundert Meter weit, und auch dann hörte man meist nur den Hauptschlag. Alle anderen Laute der Balzstrophe waren so leise, daß die Jäger, ehe sie diesen Hahn näher kannten, seine Hauptschläge für in längeren Abständen verlautende Glepfer gehalten hatten.

Der Hahn war unverträglich und hatte, als er älter wurde, den einst sehr guten Balzplatz, auf dem er stand, ständig unruhig hin und her reitend schließlich leergerauft. Im Vorjahr aber war er verschollen gewesen. Niemand war ihm mehr begegnet, obwohl er bis dahin seinen Platz bei aller eifersüchtigen Unruhe schwer hörbar zwar, aber zuverlässig gehalten hatte. Die Jäger nahmen an, er sei durch Adlerklaue oder Marderzahn oder sonstwie im strengen Winter umgekommen. Es hatten sich auch wieder zwei jüngere Hahnen auf dem befriedeten Kampffeld eingefunden.

Am Vorabend unserer Ankunft war der zuständige Gehilfe dieser um ein Hahnenjahr gereiften beiden wegen, deren Einfall er bestätigen wollte, zu den nicht allzu steilen Altholzhängen mit ihren raumstehenden, prachtvoll beflechteten Felsfichten hinaufgestiegen. Noch ein paar hundert Meter vom Ziel seines Weges entfernt, hatte er einen starken Hahn gesehen, der auf dem Wipfel einer schmal beasteten Tanne sich in voller Balzstellung frei vom verglühenden Abendhimmel abhob. Es war unverkennbar, daß dieser Hahn balzte, am Heben des Stoßes und am Zittern des Kragens in regelmäßigen Zeitabständen sah man es. Aber trotz der geringen Entfernung von etwa hundert Gängen hörte man es nicht. Der »Heisere« war in sein Reich zurückgekehrt. Anscheinend waren ihm die anderen Hähne auch schon ausgewichen, denn sie fielen ums Dämmrigwerden ein gutes Stück oberhalb ihrer vorjährigen Balzbäume ein.

Als ich den etwas umständlich vorgebrachten Bericht mir angehört hatte, war in den Kammern meines Jägerherzens die Entscheidung gefallen: Diesen Geheimnisvollen wollte ich. Es war dies nicht gerade eine sehr kluge Wunschlenkung, denn ich hatte vorgehabt, nur einen Tag zu bleiben, und überdies hörte ich zu der Zeit schon nicht mehr allzu scharf; besser gesagt: Das rechte Ohr tat noch seine guten Dienste, aber das linke war stumpfer geworden. Ich war vorher schon mehrmals lautschwach balzenden Hahnen begegnet und hatte sie angesprungen. Gegen Ende der hohen Zeit und auch nach späten Schneefällen tritt, durch entzündliche Schwellungen wahrscheinlich, diese oft bis zur Unhörbarkeit abdämpfende Heiserkeit nicht gar zu selten auf.

Ich wußte also, wie schwer es schon mit ungeschwächtem Gehörsinn halten kann, unter solchen Gegebenheiten den Hahn zu finden und dann auch beim Anspringen die Verbindung mit ihm nicht zu verlieren. Aber ich hatte schließlich den Jäger dabei, und außerdem war auch mein damals 16jähriger Sohn mit auf die Hahnenreise gegangen und würde aushelfen können.

Der Jagdherr hob skeptisch die Schultern: »Mir wär's recht, wenn Sie ihn schießen würden, denn mit seiner Ausrauferei verdirbt er den guten Platz. Dazu raten kann ich Ihnen nicht. Ich hoffe zwar, daß Sie noch einen Tag zugeben, weil wir dann auch miteinander abreisen könnten, aber die Zeit ist trotzdem zu kurz, um sich auf einen solchen Hahn zu kaprizieren. Überlegen Sie sich's noch!«

Aber bei mir war der Startschuß jetzt schon gefallen. Der, dieser heisere Neidkampel, mußte es sein. Ein Vorteil, von dem ich freilich nichts hatte wissen können, lohnte mir meinen Entschluß. Der Balzplatz war, obwohl er ziemlich weit ab vom Jagdhaus lag, schnell... zu erreichen. Man konnte auf dem in der Sohle des Haupttales verlaufenden Sträßlein, wenn auch ein wenig holterdiepolter, bis zur Abzweigung des Nebentales fahren, in dem der Balzplatz lag, und hatte dann kaum eine halbe Stunde weiteren Anmarsches.

Bescheiden und farblos wirkt die Auerhenne. Um so größer ist ihre Rolle, nicht nur bei der Aufzucht der Jungen, die sie alleine bewältigen muß, sondern auch bei der Balz: Nur dem Platzhahn, der sich gegen die Konkurrenten durchgesetzt und den sie wochenlang beim Balzen beobachtet hat, wird sie schließlich zu Willen sein.

WER DIE WAHL HAT, HAT DIE QUAL

DER HAHN HÄTTE LÄNGST BALZEN MÜSSEN

Am Abend hörten wir, und zwar genau da, wo der Jäger die intime Balzplatzsphäre des Alten vermutete, schon ziemlich früh einen Hahn einreiten und sich später noch zweimal plusternd umstellen. Aber auch nicht der leiseste Glepf- oder Schleiflaut drang an unsere Ohren durch die von keinem Lufthauch gestörte Abendmusik der Vogelstimmen hindurch, bis sie versiegte, und auch danach nicht, obwohl wir aushielten, bis im klaren Himmelszelt schon viele Sterne aufgebrannt waren.

Das Jagdhaus war vermutlich um die Jahrhundertwende von einem Vor- oder Vorvorgänger meines Gönners neben das für den ärarischen Oberjäger bestimmte kleine Anwesen hingebaut und im behaglich luxuriösen Kommerzialratsstil dieser Zeit eingerichtet worden. Schwarzbraune Täfelung, die Sitzmöbel lederbezogen und messingbenagelt, nicht zu vergessen ein dem alpenländisch lokalen Stil Rechnung tragender Herrgottswinkel, und an der Wand ein Regulator mit Messingperpendikel und akkordialem Glockenschlag. Ich glaube, er hatte die elfte Stunde schon heruntergezählt, als wir uns endlich von dem mit hüttengemäßen Tafel- und Becherfreuden wohlbestellten Tisch erhoben. Wir hatten rauchumwölkt viel grünes Garn gesponnen, und vor dem Aufsuchen der Schlafkammer gab der Jagdherr mir nochmals den Rückwechsel von meinem Vorhaben frei. Ich aber hielt daran fest.

Über Nacht war Nebel eingefallen. Woher, ob aus dem tief unter dem unseren gelegenen flußdurchrauschten Haupttal emporgestiegen oder aus weißer Wolkenhöhe herabgesunken, das wußten wir nicht, die wir, während diese kaum vorhersehbare Wandlung sich vollzog, in tiefem Schlaf gelegen hatten. Den Hahnfalz stört der Gamshüter nicht; im Gegenteil, nichts steigert so wie er den Reiz und den Zauber einer Jagdart, bei der das Ohr der am stärksten beanspruchte Sinn ist: Naher Hirschschrei aus weißer Nebelwand, Flattersprung mit Zischen und Schwingenschlag, wenn in früher Dämmerung der Spielhahn unsichtbar auf übernebeltem Schneefleck einfällt, und dann der Große, nie tönt seine Strophe geheimnisvoller, verwunschener, erdentrückter, als wenn er sie in die graue Versponnenheit hineinerzählt! Dann ist mir's immer, als spräche ein milder Geist aus anderen Welten zu mir herüber.

Wir stiegen wieder auf dem gestrigen Paß, einem teils von Schmelzwassern ausgewaschenen, teils grob übersteinten steilen Ziehweg bis zu der Stelle hinauf, von der aus wir am Vorabend das Einreiten und zweimalige Umplustern vernommen hatten. Es war schon fahl im hohen Holz, die wunderbare schläfrige Dämmerung des Nebelmorgens hatte kaum merklich, aber dennoch schwach aufhellend begonnen. Und wieder blieb es still, obwohl ich mich (mit peinlicher Vorsicht, denn ich kam von oben) noch fünfzig Meter näher an die Fichtenwand heranschob, in deren Gewipfel irgendwo wir den Hahn gestern vermutet hatten.

Jeder nur halbwegs erfahrene Auerhahnjäger weiß, daß es in dieser absoluten Stille, in der die Nacht lautlos ihr Gewand zusammenrafft, um sich zu entfernen, einen Zeitpunkt gibt, in dem es einem mit plötzlicher Klarheit bewußt wird, daß der Hahn jetzt singen müßte – wenn er da wäre. Nur wunderselten kommt es in der Spätbalz einmal vor, daß der Sänger, wahrscheinlich, weil er in der Müdigkeit des Abgebalztseins ganz einfach verschläft, sich erst einspielt, wenn bei fortgeschrittenem Frühlicht die Vögel schon präludieren. Die eigentliche Zeit seines Erwachens ist die bis auf den kaum merklich gelichteten Saum im Osten noch tiefe, fast völlige Nacht.

So war's auch da; der Hahn hätte jetzt längst balzen müssen. Der Jäger kam mit meinem Sohn mir nachgepirscht und riet mir, ein- bis zweihundert Meter in das Altholz oberhalb des Weges hinein und höher hinauf zu steigen, dort herum habe der Heisere in früheren Jahren meist nach der Baumbalz seinen Bodenreigen getanzt. Meine Begleiter wollten zurückbleiben.

Ganz leise tropfte es aus den flechtenbärtigen Ästen des Altfichtenholzes auf das moosbedeckte Gefels des Waldbodens. Ich setzte vorsichtig Fuß vor Fuß und blieb alle zwanzig Schritt offenen Mundes lauschend stehen. Es wurde nicht hell an diesem Morgen. Endlich hörte ich, weit weg und ziemlich hoch oben, eine Henne

WIE VON SINNEN WIRFT ER SICH IN DIE LUFT

locken. Ich lehnte mich an einen der rauhen Stämme und gab ihr Antwort. Das Gocken ging hin und her. An die fünf Minuten mochte ich mich so mit ihr unterhalten haben, als ich ein merkwürdig pfeifendes Sirren irgendwo sehr nahe vernahm, und gleichzeitig sah ich ganz flach und niedrig einen großen Schatten durch die Stämme gleiten. Zwei Sekunden später fiel donnernden Schwingenschlages, acht Schritte vielleicht von mir entfernt, ein starker Hahn am Boden ein! Fiel ein und ging sofort in Balzstellung.

Heiliger Hubert, was für ein Rad, was für ein herrlicher weiß geperlter Unterstoß! Ich hatte, ohne es recht zu wissen, die Sicherung vorgeschoben und hielt die feuerfertige Büchsflinte in zitternden Händen. Nur zu balzen mußte er jetzt noch anfangen, der Wunderbare, und sich dabei breitdrehen, vielleicht im ersten Flatterschlag. In dieser stumpfen Beleuchtung erschien sein Gefieder rußschwarz, nur die Braue brannte scharlachrot daraus hervor. Der weiße Riesenschnabel war halb geöffnet.

Jetzt drehte er gesträubten Kehlbartes den Kopf wie um sich blikkend hin und her und hub zu glepfen an, ein, zwei, fünf hölzern harte, laute Schnackler. Aber – in diesen Tönen war doch nichts von Heiserkeit!? Der gleich darauf folgende klare Triller, der dunkle Hauptschlag und das scharfkantige Schleifen, das er mit zitterndem Kehlbart aus dem Schnabel zu schütteln schien – nein, das war wohl ein starker Hahn, aber der Gesuchte war es nicht!

Der beglückende Anblick war mir nicht lange, aber doch über mehrere Hahnenliedstrophen vergönnt. Der dritte Hauptschlag schon ging auf in einem dröhnenden Umsprung, fast spitz zu mir her stand jetzt der Hahn. Er war mir so nahe, daß ich zeitweilig die drei mächtigen Zehen seiner Tritte freiäugig erkannte und jedes Mitzittern der Kehle beim Triller hätte zählen können, wäre das alles, Hauptschlag, Schleifen und das sofort sich überschlagende Glepfen, nicht in so vibrierender Schnelle, als wolle eines das andere überholen, dahingegangen.

Mit einemmal wieder ein prasselnder Sprung, daß die spärlichen, eben erst dem Waldboden entsprossenen maigrünen Gräser und Kräuter im heftigen Luftschlag der Schwingen erzitterten, und dann zog mir der Wundervogel davon. Der Takt seiner Schritte glich sich dem des Liedes an; erst langsam mit großmächtig schaukelndem Rad, dann immer schneller, und für eine kurze Strecke ward schließlich ein Laufen daraus. Beim Schleifen stand er in hochaufgerichteter Verzückung still, oder er warf sich wie von Sinnen um seine eigene Höhe in die Luft. Von mir fort und steil bergan nahm er seinen Weg, aus der Sehnsucht in die Verzükkung und aus der Verzückung in unstillbare Sehnsucht zurückfallend. Der von seinem Gefieder ausgehende rußschwarze Mattglanz, der perlmutterne Schimmer des Schnabels und der weißen Sprenkelflecke im Rad und im Unterstoß löschten langsam aus, sein Umriß wurde unklar, der Nebel spann darüber hin, und schließlich verschwankte und verschwamm auch die weitgefächerte Schaufel, schmolz hinein ins milchige Nichts. »Teck, – teck...«, dann abschließend noch einmal ein verlorener Hauptschlag und ganz zuletzt noch ein fernes, dumpf prasselndes Schwingenschlagen aus der jetzt weiß und blendend gewordenen Nebeltiefe heraus, dann hatte sein Sang sich im Unverfolgbaren aufgelöst.

So wie unser Herz, nachdem es von großer Beglückung ganz ausgefüllt gewesen ist, eine Weile benommen schweigt, so wirkte die mich jetzt wieder umschließende völlige Stille. Morgendlich verschlafene und wie verschüchtert sich einzirpende, einschluchzende, einjubilierende Vogelstimmen woben sich schließlich von allen Seiten her in sie hinein.

Der Nebel verzog sich und verrauchte golden über den Wäldern, noch ehe wir wieder im Wagen saßen. Es wurde ein wonniger Maitag, den wir im und rund um das Jagdhaus und unter den blühenden Obstbäumen auf der Wiese verschliefen, verhockten und verbummelten. Ich hatte, leicht herumkriegbar in diesem Fall, nach- und den zweiten Tag zugegeben.

»Daß Sie mir aber diesen anderen Hahn jetzt schießen, für den Fall er Ihnen noch einmal etwas vorbalzen

EIN ABEND MIT GOLDFLIRRENDEM FIRMAMENT

sollte! Der ›Heisere‹ ist ganz einfach ein Herumreiter, mit dem man nimmer rechnen kann!«
Ich schämte mich ein wenig, aber nicht sehr, daß ich nicht einmal in meinem Inneren dieses Ansinnen entrüstet zurückwies. Er war schon ein Guter, ein voll Ausgereifter, der von heute früh! Und schließlich – ich sollte einen schießen, ausnahmsweise war ich wieder einmal Gast und zu diesem Behufe hier zugekehrt. Es erfordert ein wenig Umstellung, und man muß sich erst daran gewöhnen, daß die Verantwortung auf anderen Schultern ruht.

Und wieder sah der Abend uns auf dem steinigen Bergpfad mitten im von dunkelgoldenen Schrägstrahlen illuminierten Fichtenforst. Ich hatte nach langem Auf- und Ab-, Her- und Hin- und Für- und Gegenerwägen meine Widerstände aufgegeben und den inneren Bogen, dessen Pfeil nur auf das eine, das fest eingebildete Ziel gerichtet war, abgespannt. Die Jahrzehnte des Reifens hatten es mir, mühsam und allmählich genug, beigebracht, daß starres Verfolgen von Wünschen weit mehr Versäumnis an Lebensglück verschuldet als ein offenäugiges den Dingen Entgegenruhen. Jede nimmer elastisch federnde und nicht nur im gegebenen Zeitpunkt einsetzende innere Anspannung verbraucht Kräfte und bringt nichts ein. Kurz also und ohne lebensweise Abschweifung: Ich war jetzt so weit, daß ich mich auf den oberen, den Hahn von heute früh, umgestellt hatte, und ich wollte ihn anpacken.
Deshalb trennten wir uns auch diesmal: Sohn und Jäger setzten sich ein wenig unterhalb des Weges an mit Augen- und Ohrenrichtung zu den hier auf quelligem Grund ziemlich licht verteilten Fichtenhorsten, die der stimmschwache Althahn angeblich als Balzbäume bevorzugte. Ich stieg wieder zwischen den mächtigen Silbersäulen des Altholzes höher in den Waldberg hinauf.
Der Jäger hatte mir übrigens nach unserem Wiederzusammentreffen am Morgen gesagt, ich sei im Nebel zu weit nach rechts abgekommen, dort herum seien wohl die hohen Fichten, auf denen er die anderen Hahnen mehrmals bestätigt hatte, der Bodenbalzplatz des Alten befände sich zwar auch mitten im hohen Holz, aber an die 150 Meter weiter links in einer breiten Mulde mit fast ebenem Grund.
Jetzt also schlug ich bewußt die Rechtsrichtung zum Platz meiner morgendlichen Hahnbegegnung ein. Ich fand mich schwer zurecht, im Frühnebel hatte sich alles anders angeschaut, und als nach etwa 150 Metern des Anstieges ein dicht am Stamm einer Fichte ruhender Stein mich dazu einlud, ließ ich mich mantelunterpolstert auf ihm nieder und beendete ebenso bewußt wie willig den Weg ins Ungewisse.
Es war ein sehr besonderer Abend mit goldflirrendem Firmament und abermals von absoluter Windstille. Die Wipfel der Fichten waren noch von dem nur langsam abnehmenden Glanz aus Westen besprüht, indes zwischen ihren Schäften turmalingrünes Dämmern zu weben und die klaren Konturen einzuspinnen begann. Die Vögel hatten sich anscheinend müdgesungen. Weit verstreut und in immer länger werdenden Intervallen ließen sie ihre vom zur Neige gehenden Maitag Abschied nehmenden Strophen hören.

Langsam verschwand das düstere Grün aus den Mänteln der Fichten, Genadel und Geäst verschmolzen ineinander und verdichteten sich schließlich zu schwarzen Wänden. Das vom Himmel zäh festgehaltene Gold entzog sich ihm allmählich. In blassem Blau stand er über dem zottigen Gewipfel, und ein winziger weißer Stern schimmerte schon in ihm auf. Jetzt mußte aber endlich der Hahn, wahrscheinlich ein gutes Stück oberhalb meines Ansitzplatzes, einfallen! Ich horchte schon lange angespannt hinauf und fuhr dennoch tief erschrocken zusammen, als mit einemmal ganz nahe schräg links hinter mir erzenes Flügelklatschen ertönte und nach einer Weile seidiges Anstreifen von Gefieder in den benadelten Zweigen vernehmbar wurde.
Ich getraute mich keinen tiefen Atemzug mehr zu tun. Es blieb dann aber eine ganze Weile still. Als ich mich dreimal so langsam wie der Sekundenzeiger einer Uhr, der zu einer Kehrtwendung dreißig Sekunden braucht, umgedreht hatte, sah ich durch wenige von Stämmen

Nicht allein der Auerhahn balzt um diese Zeit: Zahllose kleinere Vogelmännchen markieren – viel lauter und auffälliger – ihr Revier und werben um die Gunst der Weibchen. Wir nennen es »Gesang«.

DIESES ZARTE FLÖTEN IN DIE STILLE

und Ästen offengelassene Lücken das letzte goldrosige Licht im Westen verglühen. Und dann auf einmal fiel in die von einer zärtlichen Schwarzplättchenkehle durchflötete Stille der erste hölzern harte Glepfer.

Die Viertelstunde, die nun folgte, war eine der schönsten, die ich auf dem Abendeinfall erlebt habe, aber das Weshalb läßt sich schwer erklären. Der Hahn balzte in beträchtlicher Höhe und stand anscheinend inmitten der dem Auge undurchdringlichen Dichte zweier oder dreier ineinandergewachsener Fichtenwipfel. Nur ein einziges Mal sah ich, während ich die Gruppe mit behutsamen Einschrittsprüngen umkreiste, seinen faustrunden Kopf mit dem halboffenen Schnabel krampfig zitternd vor einem Fleck bleicher Himmelsbläue auftauchen.

Aus irgendeinem Grund mußte ich gleich danach kurz auf den Boden schauen und fand trotz aller verrenkten Rücklage diese eine unter den vielen großen und kleinen Lücken in der schwarz wallenden Nadelwand nicht mehr. Aber ich hatte den anfänglichen Gedanken an einen Schuß im Abenddämmer sehr bald aufgegeben und versenkte mich ganz ins Belauschen.

Mit nichts im Leben der Wälder vergleichbar sind diese an die heraufsteigende Nacht sich hingebenden Strophen, ist dieses zarte Hineinpochen in die Stille, sind die wie in glücklicher Begrüßung sich immer neu aneinanderreihenden Triller und das liebend sich anvertrauende Geflüster des Schleifens.

Ich setzte mich schließlich gegen den Weg hinunter ab. Es schien mir geratener, damit nicht so lange zu warten, bis der Hahn verschwieg. Und mählich leiser werdend perlte es fort und fort hinter mir her, aus den hochragenden schwarzen Wipfeln unter dem mit immer zahlreicher aufschimmernden Sternen erblühenden Himmel.

Den Ziehweg erreichte ich genau an der Stelle, an der meine Gefährten mich erwarteten. Es war schon so dunkel, daß ich erst als ich nahe vor ihnen stand, ihre beschwörenden Handbewegungen wahrnehmen konnte. Sie schlichen vor mir her, als gälte es, die hellhörigen Wachposten

In der Schatzkammer der Münchner Residenz ist die Pulverflasche aus Elfenbein aufbewahrt. Das mit Edelsteinen verzierte Bild zeigt Endmyions Aufbruch zur Jagd. Die Pulverflasche entstand um 1690.

ICH STAND BEGLÜCKT UND WAR VERZAUBERT

eines Indianerlagers zu überrumpeln. Erst nach mehreren hundert Metern des Abwärtswegs erfuhr ich zu meiner mich freilich neuerdings in innere Wirrnis zurückwerfenden Freude, was sich zugetragen hatte:
Verhältnismäßig früh war wiederum in den gleichen Fichten wie am Vorabend nah und klar vernehmbar ein Hahn unterhalb des Ansitzplatzes meiner Begleiter eingeritten. Auch diesmal war er stumm geblieben. Als man aber eine Weile später oben im Hochholz aus der Richtung, in die ich gegangen war, einen zweiten Hahn einfallen und alsbald auch balzen hörte, ließ endlich der untere doch einen, aber nur einen einzigen, wie mein Sohn sagte, merkwürdigen doppelten Schnackler hören. Als dieser Balzlaut sich später in regelmäßigen Abständen öfters wiederholte und die beiden genauer hinhorchten, merkten sie, daß dies ... der Hauptschlag einer sonst kaum hörbaren vollen Strophe war.
Vielleicht hatte der Hahn sich nach einer Weile streitbar zu dem Rivalen hingewendet; jedenfalls vernahm man schließlich zwischen den Hauptschlägen ganz fein die leise herausgezählten Glepfer und das heisere Hauchen des Schleifens. Als mein Sohn mich durchs schummrige Holz schon herankommen sah, hörte er den Hahn immer noch balzen, und die letzten Hauptschläge vertropften in die Nacht hinein, als ich zu ihm trat.
Im Schein der grün beschirmten Lampe den rechten Plan zu schmieden, war diesmal nicht schwierig.

Wir wußten jetzt fast auf den Baum genau, wo die beiden Hähne standen, und daß der untere von ihnen wirklich und wahrhaftig der Besondere, der vor allen begehrte »Heisere« war. Ich würde im Schutz der Nacht mich so nah wie nur irgend tunlich an diesen, den zuerst Erwählten, heranschieben, und sollte er wirklich wieder schweigen, oder, wie unstet herumreitende Althahnen das gerne tun, noch unterm Sternenschein abstreichen, dann war der Weg hinauf zum nun schon zweimal bestätigten Oberen nicht weit.
Die Nacht wurde wieder ein wenig zu kurz. Vielleicht hätte ich auf die zwei Tassen heißen Tees und die Zigarette vor der Abfahrt verzichten sollen. Aber wir kamen nicht zu spät. In noch ganz gleichmäßiger tiefer Stahlbläue wölbte sich der sternüberfunkelte Himmel, als uns nach dem kurzen Steilanstieg der Wald aufnahm. Ich setzte tastend Schritt vor Schritt. Wenn der Hahn jetzt etwas von uns vernahm, dann konnte das noch alles verderben. Endlich erreichten wir die Stelle, an der wir gute sechs Stunden zuvor uns wieder zusammengefunden hatten. Ich wollte mich gerade umwenden und genau auf die Richtung einweisen lassen, da fühlte ich mich von rückwärts her am Arm gepackt.
»Er balzt schon!« flüsterte sehr aufgeregt mein Sohn.

Ich wendete das rechte Ohr so, wie es für die mit dem Finger gedeutete Richtung am wahrnehmungsfähigsten war. Und da hörte ich ihn endlich auch, den Geheimnisvollsten unter den Großen Hahnen dieses mit jägerischen Glücksgütern reich beschenkten Hochtales.
Es war ein seltsames Lied, das er sang. Er stand offenbar etwas tiefer als wir, aber nicht weit unter unserer Augenhöhe. Diesem Umstand und der Stille der Nacht war es wohl zu danken, daß man seine Töne trotz ihrer Leisheit, obwohl es so schien, als hauchte er sie nur zu den Sternen hinauf, deutlich vernahm. Es war fast so, als balze da kein greifbarer, kein körperlich vorhandener Hahn, einer wie der gestrige, der heiß durchpulst und im betörenden Federkleid vor mir am Boden gestanden hatte, sondern als spreche nur sein vergeistigter Inbegriff, nur die Seele des Auerhahns, in die Nacht hinein.
Wenn ich das jetzt so erzähle, dann bleibe ich nicht ganz bei der Wahrheit. Rückerinnernd darf ich, um die Besonderheit dieser Laute wieder zu beschwören und sie deutlich zu machen, es wohl so beschreiben, im Erlebnis aber war es doch anders. Denn so vergeistigt kann eine Balzstrophe gar nicht klingen, daß sie dem Hahnjäger nicht heiße Wünsche wecken und ihm den Pulsschlag beschleunigen würde. Immerhin, ich stand eine Weile beglückt und verzaubert und lauschte den filigranfeinen Silberstrophen. Der hinter mir stehende Jäger aber sorgte dafür, daß ich mich nicht zu sehr in die Verzauberung hinein verlor.

Wenn er auch nicht so streitbar und rauflustig ist wie sein kleiner Vetter, der Spielhahn: ganz ohne Kampf geht auch die Balz des Auerhahns nicht ab. Die durch die gespreizten Federn vergrößerte Gestalt, die geröteten Rosen und der weißleuchtende »Spiegelfleck« auf den Schwingen sind optische Warnsignale für den Rivalen.

LEISE ERKLINGT DIE BALZARIE DES AUERHAHNS

DER HAHN BALZTE SICH IN HÖHERE REGIONEN

Wenn der Auerhahn balzt, stecken die jungen Käuze noch in den Eiern. Erfahrungen lassen sich unter Jägern immer austauschen – ob es um die Hahnenbalz geht oder nur um Flinten und Patronen.

»Anspringen, bittschö, glei anspringen! Der hoit am Bam nie lang her!« flüsterte er mir fast flehentlich zu. Sein gut geschnittenes schmales Älplergesicht war, als ich mich umwandte, wie eine kalkweiße Maske anzusehen. Von unserem Standpunkt aus wäre es ein schlechtes Angehen gewesen. Ich hätte steil nach unten springen müssen. So wandte ich mich um und pirschte auf dem Weg ein Stück weit zurück, um wenigstens nur schräg von oben zu kommen und den Hahn, für den Fall, daß ich ihn in diesem verzotteten Fichtendurcheinander überhaupt entdeckte, genau vor dem jetzt langsam bleiches Frühlicht ansaugenden Horizont zu haben.

Als ich in den Hang einstieg, hörte ich nicht einen Laut mehr, aber nachdem ich ein viertelhundert behutsame Schritte schräg abwärts hinter mich gebracht hatte, traf wieder der erste Hauptschlag mein Ohr. Nun konnte ich anspringen. Obwohl ich noch ein paarmal dadurch Zeit verlor, daß ich die feinen Hauptschläge überhörte und dann die Verbindung zur Hahnenstimme überhaupt verlor, war ich ohne sonstigen hemmenden Zwischenfall doch schon bald in Flintenschußnähe der eine quellige Blöße im kleinen Halbkreis umstehenden Fichten, von denen eine, welche wußte ich noch nicht, der Balzbaum sein mußte.

Das schon oft mitgemachte Spiel begann: die angespannte Suche mit den Augen in der noch tiefen Dämmerung, das Herumtasten von Wipfel zu Wipfel und bis herunter zur halben Höhe der dichten Ästemäntel, das immer wieder schrittweise Sichverschieben, damit neue Lücken sich auftaten. Am schwersten ist die Richtung zu erraten, wenn ein Hahn hoch im Baum steht und die Schallwellen über einen wegzittern. Und dieser stand anscheinend in beträchtlicher Höhe, nahe irgendeinem der Wipfel.

Bei dem Versuch, mich etwas abzusetzen, um einen anderen Sehwinkel zu gewinnen, geriet ich auf dem quelligen Grund wadentief in den Morast, und während ich mit ängstlich nach oben gewendetem Ohr schrittweise wieder festeren Boden unter die Füße zu bekommen suchte, merkte ich auf einmal, daß ich unter dem Balzbaum durchgesprungen war und den Hahn im Rücken hatte. Vielleicht war's nicht schlechter so, vielleicht würde ich, wenn ich mich umdrehte, ihn endlich ausmachen können. Jetzt wußte ich zumindest, in welcher Fichtengruppe er stand. Aber gerade jetzt ließ er sich Zeit; in endloser träger Folge tropften die lautschwachen Glepfer in die perlgraue Dämmerung.

Und dann, ich wollte, nein ich wollte es nicht glauben, plusterte es im Geäst, klatschten zwei-, dreimal die harten Schwingen, ich drehte noch schnell den Kopf und sah den großen schwarzen Körper im Gleitflug entschwinden. Er hatte Richtung gegen den Hang hin genommen, und nach ein paar Sekunden hörte ich ihn gar nicht weit weg wieder einfallen. Hatte er mich eräugt?

Ich war fast deckungslos auf der Blöße gestanden, aber ich hatte immer nur einen einzigen Schritt gemacht. Es schien mir ziemlich sicher, daß er zumindest mißtrauisch geworden war, daß er trotz aller von mir gewahrten Vorsicht bei meinem Herumkreuchen etwas von den saugenden Lauten der Schritte im nassen Grund vernommen und in der Folge eine, wenn auch kurze und unklare Bewegung erkannt hatte.

Aber da hörte ich ihn wieder balzen. Ich hatte mich nicht getäuscht, er war ganz in der Nähe oberhalb von mir im dort wieder etwas geschlosseneren Bestand. Ich durfte jetzt keine Zeit mehr verlieren, es war fahl geworden um mich her. Beim nächsten Hauptschlag sprang ich ihn an. Und da war es wieder so wie vorher, wieder zählte und zählte er Glepfer um Glepfer herunter. Es war über die Kräfte anstrengend, die kaum hörbaren Hauchlaute einen nach dem anderen aufzufangen, und dann – ritt er wieder ab.

Ja, Himmel, Donnerkeil und alle Elemente, was war denn da nur los!!? Es war ganz einfach unmöglich, daß er mich von dort aus auch wieder eräugt hatte! Ich wollte gerade wütend enttäuscht zu meinen zwei Genossen hinaufsteigen, da traf abermals ein Hauptschlag mein Ohr, und während ich ihm nachlauschte, prasselten schon wieder die Schwingen. Jetzt endlich stellte meine vielleicht durch Schlafentzug verlängerte Leitung den Kontakt her: Der Hahn war nicht abge-

Der Baummarder ist ein kühner und gewandter Jäger. Obwohl er mit dem Auerhahn den Lebensraum teilt, wird er nur höchst selten einen erbeuten; am ehesten noch am Schlafbaum oder in der Balz.

WIR STEIGEN DURCH BEMOOSTEN FELS

ritten, sondern zu Boden gegangen und balzte sich in höhere Regionen hinauf. Meine Hoffnung aber ward durch diese Erkenntnis nicht erhöht. Einem bodenbalzenden Auerhahn nachzuspringen, ist meist verlorene Liebesmüh. Trotzdem stieg ich langsam nach. Oben am Weg erwartete mein Sohn mich in heller Aufregung. Ich erfuhr, was zu hören ich erwartet hatte: Auf dreißig Schritt war der Hahn an den beiden Niedergekauerten vorübergekommen und ohne Unterbrechung glepfend, ab und zu sogar schleifend oder einen Flattersprung tuend, aufwärts in das hohe Holz hineingelaufen und in seinem Schummer verschwunden.

Ja, nun war es eben aus. Ich hatte große Hoffnungen gesetzt auf diesen Morgen, der noch dazu der endgültig letzte war. Und trotz aller vorgefaßten Meinung, daß ich jetzt abgeklärter sei als vor zwanzig Jahren, war ich verstimmt und über den Ausgang dieses in mancher Hinsicht freudenreichen Maiausfluges enttäuscht. Aber es geschah mir recht: Was hatte ich mir, nachdem der auf mein Waidmannsheil aufrichtig bedachte Gastgeber seine Schätze vor mir ausgebreitet hatte, gerade den ungewissesten unter all den Hahnen aussuchen müssen, und warum hatte ich mir die gute Chance dieses Morgens auch noch dadurch geschmälert, daß ich, trotz sich langsam vermindernden Hörvermögens, den schwer zu Hörenden allein ansprang!?...

Nun, jetzt war's eben so, und trotz alledem, der optischen und akustischen Wald- und Auerwildgeschenke waren es viele und reiche gewesen in diesen knapp 36 Stunden, und zudem – wie ich es schon in frischer Junghahnjägerzeit geliebt hatte – an neuen, ungekannten, unenträtselten Waldorten.

Aber auffa schaug'nt mir do no!« unterbrach der Jäger meine um die Rückgewinnung des gestörten inneren Gleichgewichtes sich abmühenden Gedanken.

»Wo hinauf?«

»No, auf sein Plotz, wo d'r vorig's Johr allweil is hinkommen im Erdpfoiz.«

»Das hat, glaub' ich, jetzt keinen Zweck mehr, es ist schon fast Tag!« wandte ich, lustlos zu weiteren Taten, ein.

Sobald die letzten Sonnenstrahlen versunken sind und Dunkelheit in die Lichtungen des Waldes bricht, beginnen Käuze, Eulen und Uhus ihre Jagd.

»Oh, sog'n S' dos nicht, Herr Baron! In der scheinad'n Sonn han i'n scho antroffen bei die Henna durt oben!«

Seine ruhige Zuversicht hatte etwas Überzeugendes.

»Guate fünf Minuten san's bis zu der Muide.«

Also, wir gingen und fanden zumindest die Mulde, genau wie sie uns beschrieben war. Nur war es eher ein seichter Kessel mit fast flachem Boden, darauf zwischen bemoosten Felsblöcken ein hochschäftiges raumes Fichtenaltholz. Rechts, links, auf dem dahinter steil ansteigenden felsigen Hang Fichten, überall hoch in den Himmel ragende flechtenbebartete Fichten. Hier in dem von Vogelstimmen durchjubelten geschlossenen Wald lag noch die Dämmerung, obwohl der Himmel sich in fast weißem Morgenglanz über den Wipfeln wölbte. Wir ließen uns – überall boten in mächtige Wurzelnester gebettete bemooste Blöcke sich zum Sitzen an – auf unsere Mäntel nieder. Jeder zündete sich eine Regiezigarette an, und dann hockten wir schläfrig dösend in der noch nicht ganz aus der Verzauberung der

DER SCHUSS GELLTE DURCH DIE NACHT

Nacht gelösten Vorsonnenstille. Ich nickte ein paarmal ein, ließ aber doch die Augen wandern, sobald ich sie wieder aufschlug. Da sah ich den Jäger mit einemmal das Glas heben und fast gleichzeitig jenseits des Kesselbodens zwischen den Stämmen eine rabenschwarze Bewegung. Jetzt hob auch ich das Glas. Träumte ich am Ende!? Das groß ausgefächerte Rad eines Auerhahns schwankte dort langsam, immer wieder Steine und Stämme umgehend, über den steilen Hang in die Mulde herunter.
»Der Hahn!« flüsterte jetzt, gemessen an seiner sonstigen, fast an Stumpfheit grenzenden Ruhe, in ziemlicher Erregung der Jäger, »der kummt in Kessel owa, werden S' seh'n!« Diese Prophezeiung aber trat zunächst nicht ein. Auf einer flachen Felsplatte fing der Hahn zu balzen an.
»Ob's halt der is?« fragte ich.
»Wos?« fragte der Schmalgesichtige blaß erstaunt dagegen.
»No der von unten?«
»Freili! Und wann er's net war, auf wos möchten S' noch warten, jetzt nach fünfi?« Sein Ärger war unverkennbar, und ich muß gestehen, daß ich ein paar Sekunden später meinen Einwand selber nimmer guthieß.
Vielleicht war ich erst jetzt ganz wach geworden. Ich ließ mich vom Sitz gleiten, legte mich auf den Bauch und bettete den Mantel über eine Wurzel. Im Zielfernrohr bekam der Hahn Farben. Regungslos mit hoch erhobenem Schnabel und immer noch weit gefächertem Stoß stand er vor dem Absehen. Die zierliche Büchsflinte, die ich damals führte, schoß auf den Taler genau. Nur etwas weit war es, so zwischen 150 und 160 Meter, und das Licht war immer noch nicht gut, und der Hahn stand vor einem tief verschatteten Hintergrund. Immerhin sah man den schlohweißen Fleck des Achselspiegels klar auf dem dunklen Gefieder, und es schoß sich ruhig, es hielt sich gut in dieser Stellung und bei solcher Auflage. Der Schuß gellte fremd in die nachschlummernde Stille, und absetzend sah ich den Hahn flach durch die Stämme davonreiten.
Der Jäger hatte . . . nicht geglaubt, daß ich schießen würde, war erschrocken herumgefahren und schaute jetzt wieder aufmerksam durchs Glas.
»Sie brauchen nicht schauen, er ist abgeritten«, sagte ich heiser...
»Wor das nicht a Henn?« fragte er.
»Ach woher, es war gar keine dabei«, antwortete ich brummig. Aber da fiel mir der Sohn ins Wort: »Doch, Papi, sie ist vor ihm hergelaufen!«
»Freili«, ergänzte der Jäger, »i hob s'a deutlich g'sehn!« . . .
»Dann müssen wir eben doch hinüberschauen«, sagte ich, ohne daß sich durch die übereinstimmende Beobachtung der beiden Assistenten meine Zuversicht gehoben hätte. Das von mir gesehene starke und dunkle Stück Auerwild hatte sich genau vom Anschuß abgeschwungen, und so jäh im Schuß, ohne Schrecksekunde, wie das nur bei direkt daneben einklatschender Kugel möglich ist.

»I geh' scho umma, braucha S' net mit«, sagte in seine Ruhe zurückverfallend der Jäger und erhob sich. Ich blieb nur, weil ich ihn so am besten auf den Anschuß einweisen konnte. Es war immerhin möglich, da der Hahn Federn gelassen, daß die schlanke Vollmantelkugel ihn durchstanzt hatte und er dennoch mit heil gebliebenen Schwingen noch für eine kurze Strecke zum Abreiten gekommen war.
Ein klein wenig Hoffnung hatte ich jetzt. Warum sollte ich ihn bei ruhigem Abkommen eigentlich gefehlt haben, da die Büchse hinging!? Vielleicht war's doch eine Henne gewesen, was da abgestrichen war!? Der Schmalgesichtige, dessen Vornamen ich nie erfahren habe, hatte flinke Beine, ein gutes Auge und ein sicheres Richtungsgefühl, denn er war dem flachen Stein, auf dem der Hahn gestanden hatte, nach wenigen Minuten schon ziemlich nahe und ging, ohne sich nach mir umzusehen, direkt auf ihn zu. Und da geschah das Enttäuschende: Zwanzig Schritte rechts vom Anschußplatz stand plötzlich die Henne auf und schwang sich weißlich erschimmernd durch die Wipfel empor und mit warnendem Gocken über sie davon.
»Siehst du«, sagte ich, an meiner Enttäuschung schluckend, zum Sohn, »ich hab' mich doch nicht geirrt!« Dann ergriff ich das Glas und schaute wieder zum Jäger hinüber. Der stand jetzt selber wie ein Denkmal auf der Felsplatte, hatte sich uns zugewendet und hielt hoch in seiner Rechten – den Hahn.

AUF SPRINGBOCK UND ORYX

JOHANN DANIEL GERSTEIN

Bilder des Friedens im Licht der untergehenden Sonne, wenn die Savannen golden leuchten. Bis zu 120 Zentimeter lang werden die Hörner der Oryxantilope. Das Tier ist wie alle Spießböcke recht angrifflustig.

In Windhoek im Hotel Fürstenhof sitze ich und will versuchen, die Tage in Südwest an mir vorbeiziehen zu lassen:
Ankunft am Donnerstagmorgen (19. Juli) auf dem Flugplatz nach einem gemütlichen Flug mit Zwischenlandung in Las Palmas. Es ist ein kalter, jedoch sonniger Morgen und mich fröstelt in meinem dünnen Sommeranzug. Paß- und Gepäckkontrolle verhältnismäßig schnell. Die Nummer meiner Büchse wird verglichen, und ein kleiner Fragebogen ist auszufüllen. Für meinen Kofferinhalt interessiert sich niemand. Keiner ist zu sehen, der mich abholen will, aber als ich mich an der »Enquiry« erkundige, fragt dort gerade eine junge Frau nach mir. Ihr Mann mußte um Rinderpermits kämpfen und hat sie aus diesem Grund zum Abholen geschickt.

Ein Bild der Harmonie und Grazie – mit einem Hauch von Unwirklichkeit, als sei dieser Kopf eines Gerenuk der Phantasie eines Künstlers entsprungen…

GRAZIÖS BEWEGT SICH DIE ANTILOPE

Ein geländegängiges Auto steht vor dem Empfangsgebäude, und ehe ich recht schauen kann, ist das Gepäck verladen, und wir fahren zu ihrer Farm, lassen den Flugplatz und die Stadt hinter uns. Braune Berge und fast kein Verkehr auf der Autostraße. Abzweigung nach Ondjona, schon nach einer halben Stunde sind wir auf einer Schotterstraße, die uns durch die Landschaft führt, in der ich nun schon zwei Tage gejagt habe. Grau und braun, wenig grün, Büsche und Bäume, gelbes Gras am Weg und in den eingezäunten Koppeln, die zu Farmen gehören.

Hier ist Rinderland. Auf einer solchen Farm werden um die 600 Rinder gehalten, die nie einen Stall sehen, draußen kalben und keinen Tierarzt kennen. Wenn es kein frisches Gras gibt, wie jetzt im Winter, fressen sie praktisch »Heu am Stiel«, und der Farmer sieht nach, ob die Weide noch gut genug und ausreichend Wasser da ist.

Die Absatzlage für Rinder ist schlecht – angeblich sind die Südafrikaner dafür verantwortlich –, aber ich weiß nicht, ob das stimmt, und will es auch nicht wissen, will mich treiben lassen, Wild sehen, jagen.

So ist meine Begeisterung groß, als schon bald, etwa eine Fahrstunde vom Flugplatz, zwei gewaltige Kudu-Bullen in eleganten, mühelosen Fluchten die Zäune neben der Straße überfallen, als ein Strauß im Hintergrund noch gut sichtbar über die Weide rennt, Buschböckchen über die Straße flüchten und meine tüchtige Fahrerin sogar ein Warzenschwein ausmacht.

An einem Hinweisschild biegen wir auf einen befestigten Weg ab und sind nach insgesamt eineinhalb Stunden an dem Farmhaus unter hohen Kameldornbäumen, Zypressen, Palmen und Kaktushekken, das mich für einige Tage aufnehmen wird. Mein Gastzimmer im Anbau ist klein und gemütlich; ich tausche den verknitterten Sommeranzug gegen Jeans und eine Windjacke. Mittagessen, dann ein Mittagsschläfchen nach der doch anstrengenden Reise und schließlich erste Rundfahrt durch das Farmgelände, das zugleich Jagdrevier ist.

Wir sehen bei heftigem Wind Kudus, zwei starke Bullen darunter, und dann schlägt Peter, der 19jährige Ovambo, der hinten im Wagen steht, auf das Führerhaus: »Hartebeest!« Auf 400 oder 500 Meter hat er sie gesehen. Es macht mir Mühe, sie mit dem Fernglas auszumachen.

Perlhühner und Frankoline streichen vor uns ab. Rinder, immer wieder Rinder. Die Farmersfrau will mir unbedingt noch Springböcke vorführen, und es gelingt ihr auch: elegante, graziöse, wunderschöne Antilopen, freilich auch sie sehr weit entfernt. Um halb sieben sind wir zurück auf der Farm, um sieben wird es fast blitzschnell dunkel.

Auch der Hausherr ist inzwischen eingetroffen, ein ruhiger, jagdlich passionierter, 42jähriger Landwirt aus Freising. Wir sehen seine Trophäen an, Kudu, Hartebeest, Oryx-Antilope und Steinböcke, dazu Warzenschwein-Waffen, und beschließen, morgen pürschen zu fahren, und dann geht's früh zu Bett.

Am anderen Morgen zeigt das Thermometer um acht Uhr 9° unter Null! Es ist eine trockene Kälte, die man nicht als so schneidend empfindet, aber ich bin froh, daß ich Pullover und Windjacke dabeihabe. Wir fahren los. Schon nach zehn Minuten entdeckt H. zwei Schabrackenschakale, die nebeneinander durch den Busch traben. Bis ich sie gesehen habe und an Schießen überhaupt denken kann, sind sie längst außer Schußweite.

»Ja, lieber Doktor, schnell müssen Sie hier sein, sonst geht nichts.«

Nach einer halben Stunde auf einmal ein Hartebeest etwa 250 Meter vor uns. Ich kann gerade noch aus dem Auto springen, da sagt H. schon: »Starkes Stück, unbedingt schießen, wenn es breitsteht.« Und, o Wunder, es zieht über den Weg, verhofft einen winzigen Moment, Fadenkreuz auf dem Blatt. 250 Meter sind auch bei großem Wild sehr weit! Der Schuß peitscht in den Morgen, und vor uns ist das Hartebeest von den Läufen.

Die Sauer 80 mit der 300-Winchester-Magnum scheint das richtige Gewehr mit der richtigen Patrone zu sein. Wir haben Angst, daß das Stück gekrellt ist, und fahren hin. Da liegt es, wird blitzschnell von Peter »geschächtet«, was kaum noch nötig ist, denn der Schuß sitzt auf dem Trägeransatz, deswegen auch das schnelle Zusammenbrechen. Ich komme überhaupt jetzt erst zum Zittern und

Groß ist die Vielfalt der Formen in der Tierwelt der afrikanischen Steppe. Mag uns das Warzenschwein (oben) grotesk, das Impala (Mitte) elegant, der Kronenkranich (unten) als Zaubervogel erscheinen – sie alle sind Facetten des selben wundervollen Bildes.

EINE SAU SCHIEBT SICH AUS DEM BUSCH

kann mir kaum den Bruch an den Hut stecken. Das Hartebeest (oder Kaama) ist eine schöne, fast pferdegroße Antilope mit dickem, gedrehtem Horn, mein erstes Stück afrikanisches Großwild, noch dazu mit guter Trophäe. Wir haben Mühe, es zu dritt auf den Wagen zu zerren.

Zurück zur Farm. Mittels der Seilwinde des Geländewagens wird mein Hartebeest hochgezogen, und fachmännisch macht sich Peter ans Aus-der-Decke-Schlagen und Aufbrechen. Nach einer Stunde sind wir schon wieder unterwegs, sehen zwei starke Kudu-Bullen, aber ich bin nicht schnell genug, und sie verschwinden mit hocherhobenen Häuptern im Busch. Welch imposantes Wild!

In einer großen Senke, rund 350 Meter vor uns, Springböcke, ein starkes Rudel. Wir gehen sie auf 150 Meter an. Dann sagt H.: »Der sechste von links«, und – es klingt wie Jägerlatein – da liegt auch mein erster Springbock mit gutem Hochblattschuß im Feuer. Er zeigt eine gute Trophäe, etwas unregelmäßig, wie ich es besonders liebe. Zum ersten Bruch kommt ein zweiter, und wir fahren hoch beglückt zur Farm zum zweiten Frühstück.

Eineinhalb Stunden später sitze ich etwa zwölf Meter hoch auf einem dünnen Brett im Windmühlengestänge an der Wasserstelle. Es weht ein kalter Wind. Unter mir stehen an die 30 Rinder, immer wieder kommen neue Trupps aus dem gelben Busch. Perlhühner laufen zwischen ihnen herum; Sporenkiebitze, blaue Glanzstare, deren Gefieder in der Sonne funkelt, trinken gemeinsam mit Tauben und Vögeln, die ich noch nicht kenne.

Ich soll, wenn ich Lust habe, einen Warzenschweinkeiler schießen. Schon nach einer halben Stunde kommt eine Bache mit drei Frischlingen, zieht unbekümmert durch das Vieh hindurch, das auch kaum von ihr Notiz nimmt, und schöpft aus dem steinernen Trog. Nach einer weiteren halben Stunde erscheint die nächste, dazu Überläufer und ein, wie ich meine, geringer Keiler, wieder Bachen – sicher 20 Sauen sind so an der Tränke gewesen.

Da schiebt sich auf 80 Meter eine einzelne Sau aus dem Busch. Ich kann mit bloßem Auge mächtige Waffen erkennen, schlage an: Busch – Sau – Busch – Sau – Bum! Ein Keiler, mein erster, liegt regungslos auf der Seite.

Nun erneut Bewegung rechts von mir: Vier Kudus ziehen, sehr vorsichtig und scheu, zur Tränke. Es sind drei Tiere mit einem einjährigen Bullen. Von vorn tauchen drei Springböcke auf: zwei Geißen, wie ich inzwischen sehen kann, und ein wohl einjähriges Stück dazwischen.

Ich komme gar nicht mehr dazu, das Glas abzusetzen. Ein Schakal trabt durch den Busch, wunderschön anzusehen, etwas über fuchsgroß mit blaugrauer Schabracke über rotbrauner Bauchdekke. Ihn verfehle ich. Die guten Schüsse haben mich leichtsinnig gemacht. Als um halb vier der Farmer kommt, um mich abzuholen, ist die Freude groß.

Am nächsten Morgen geht es wieder los. Gleich hinter der Farm verschwinden Perlhühner von der Straße in den Busch. Wir haben vorsichtshalber eine Flinte mitgenommen – meine Gastgeberin braucht zwei Hühner für die Küche –, und ich gehe nach. Die Kette steigt auf, ich denke krampfhaft, wie ich es gelernt habe, »auf ein Huhn zu zielen«, und schon fällt es herunter. Das reizt zu einer Dublette, die auch gelingt.

Nun ist auf einmal der Ovambo Peter hellauf begeistert. Er nennt mich »Mister, der die Vögel aus dem Himmel holt« und rupft voller Stolz eine Perlhuhnfeder für seine Wollmütze. Peter ist es auch, der eine ganze Zeit später einen einzelnen starken Kudu-Bullen im Busch sieht. Als ich aus dem Wagen springe und schußbereit bin, flüchtet er merkwürdig schwerfällig. Ich komme zu weit hinten ab, sehe aber deutlich, wie er zeichnet. Später steht er auf 500 Meter vor uns im Busch. Wir erkennen nur die gewaltigen Hörner, die in den blauen Himmel ragen. Krank ist er, das steht fest. Wir warten ein wenig und gehen ihn dann an, so lautlos wie möglich bei gutem Wind bis auf 100 Meter. Er ist vom Busch gedeckt, nicht einmal das Haupt ist zu sehen, nur die Stangen. Es ist unglaublich still, dabei spannungsvoll, den unbeweglichen Stangen näher und näher zu kommen, ohne etwas von dem starken Wildkörper sehen zu können.

Auf den Hinterläufen aufgerichtet zu äsen, ist auch bei Antilopen höchst ungewöhnlich. Der Gerenuk aber hat sich auf die Triebe der Dornbüsche spezialisiert, die für andere zu hoch oder (Giraffen!) zu niedrig wachsen.

Tüpfelhyänen auf der Jagd: Sie sind die größten und stärksten Hyänen, übertreffen ihre Verwandten an Kühnheit weit. So überfallen die Rudel Weidetiere, dringen in Ortschaften ein und rauben kleinere Haustiere.

IHR KREISCHENDES HOHNGELÄCHTER ERFÜLLT DIE NACHT

VOR UNS LIEGT EIN RIESIGER BULLE

So entschließe ich mich, dorthin zu schießen, wo ich das Blatt vermute. Im Schuß macht der Kudu einen Schritt vorwärts, das Blatt wird frei, ich schieße nochmals. Dann sehen wir nichts mehr. Wir laufen hin, und vor uns liegt ein riesiger Wildkörper. Wie sich herausstellt, ist es ein mittelalter Bulle mit gebrochenem Vorderlauf und einer dicken Eiterbeule am Träger, in der Peter später ein aufgepilztes Geschoß findet. So ist es nun auch noch ein Hegeschuß geworden.

Wir haben große Mühe, die sechs Zentner Wildbret auf den Wagen zu zerren, und als wir schon wieder triumphierend auf die Farm kommen, sagt Peter voller Stolz zur alten schwarzen Betty, die beim Geschirrspülen ist: »Wir spaßen nicht, wir schießen. Dies ist der Mann, der die Vögel aus dem Himmel holt.« Er freut sich natürlich über die große Menge Fleisch, die nach wenigen Stunden schon als Biltong an seiner Hütte zum Trocknen hängt.

☆

Am 23. Juli war ich im Camp Halali in der Etoscha-Pfanne nach zehnstündiger Busfahrt von Windhoek, freilich mit Unterbrechungen, angekommen. Nun, wieder in Windhoek, lasse ich die Erlebnisse im Geiste an mir vorbeiziehen. Eine Menge Fotos habe ich geschossen, und eine Fülle von Bildern ist in mir noch lebendig und gegenwärtig!

In der Sonne auf Frau Bergmanns Farm in Okahandja. Im Hintergrund schwarten Matthäus und Rubiat vom Stamme der Damaru einen Überläufer ab, den ich heute morgen geschossen habe. Es ist Dienstag, der 31. Juli. Es fällt mir schwer zu glauben, daß ich vor 14 Tagen noch einen Rehbock in der Holzmühle erlegte. Mir kommt es vor, als sei ich vor einem halben Jahr in München abgefahren, so sehr hat dieses Land von mir Besitz ergriffen, so schnell ist mir vieles selbstverständlich geworden.

Der rasche Sonnenaufgang um halb acht, die Kälte des Morgens, die Perlhühner, der rauhe Ruf der Nilgänse, wenn ich vor dem Frühstück schnell aus meinem Bau durch den trockenen Busch auf den Damm schnüre, um mich an der Stille des Morgens und dem Ruf der Vögel zu erfreuen.

Porträt eines kühnen Jägers: Obwohl er gegen ihr Gift keineswegs immun ist, hat sich der Sekretär auf die Schlangenjagd spezialisiert.

Ein großer Jäger vor dem Herrn ist der Leopard. Alles, was zwischen der offenen Steppe und dem dichten Regenwald liegt, ist sein Revier. Ihn allein fürchtet selbst das kluge, wohlorganisierte und wehrhafte Volk der Paviane.

SELBSTSICHER, KRAFTVOLL UND OHNE FURCHT

Zebras und Weißbartgnus äsen häufig gemeinsam, ohne einander zu stören. Wenn die Sonne hoch steht, bieten Schirmakazien den einzigen Schatten weit und breit. Nur das eintönige Gurren der Tauben, das Sirren der Insekten und das Rupfen der grasenden Kiefer dringt durch die Mittagshitze.

DIE HARTEN STEPPENGRÄSER SIND DIE NAHRUNG DER GNUS

NICHTS MEHR HÄLT UNS IM WAGEN

Um kurz vor acht steht der schwarze Rubiat mit dem Geländewagen vor der Tür. Ich steige hinten auf die Pritsche, und es geht zu gemächlicher Pürschfahrt in den Frühlingsmorgen durch eines der schönsten Reviere, das ich mir denken kann. Gleich beim Haus stehen die Kudus und äugen uns wachsam an, die edlen Köpfe mit den durchscheinenden Lauschern und den großen dunkelbraunen Lichtern uns zugewandt. Wenn die Sonne sie blendet, halten sie lange aus; wenn der Wagen stehenbleibt, gehen sie mit unerhört graziösen Fluchten tiefer in den Busch hinein, überfallen mühelos die eineinhalb Meter hohen Weidezäune. Die Bullen sind vorsichtiger; die großen leierförmigen Hörner stehen bei den Jungen eng und sind weiter ausgelegt bei den Alten. Oft sieht man nur sie über das Buschwerk ragen.

Als wir am ersten Tag durch das ausgetrocknete sandige Flußbett des Swakops fuhren, der diesem Tal seinen Namen gibt, zog vor uns auf 300 oder 400 Meter eine starke Oryx-Antilope gemächlich den Flußdamm hinauf. Sie trug majestätisch die einen Meter langen, schwarzen Hörner auf dem wunderbaren grau-schwarz-weißen Kopf, ganz anders in der Bewegung als die Kudus, graziöser noch, obwohl auch bei ihr 250 Kilogramm Wildbretgewicht hinter der Bewegung stehen. Oryx-Antilopen sind scheuer als die Kudus und noch schwerer zu erlegen, und ihnen gilt meine Morgenpürsch.

Als wir mehrere sehen, hält uns nichts mehr auf dem Wagen. Rubiat läßt Sand durch die Finger rieseln: Wir haben guten Wind, und nun eilen wir los durch den Busch, durch Dornen, Gras und Sand. Immer wieder erkennen wir Oryx, aber meist flüchtig. Als schließlich ein Stück 80 Meter neben mir hoch wird, schieße ich freihändig, jedoch vorbei!

Der Fehlschuß verdirbt mir die Laune nicht. Es ist schön im Busch, und ich genieße es, die Füße am Boden und die Schuhe voller Sand zu haben, die Sonne auf dem Hut zu spüren und die Dornen an meinen Beinen. Aber die Oryx sind erst einmal fort. Dafür machen wir Strauße aus – unglaublich große Vögel, dunkelschwarzer Federball mit zum Fliegen zu kleinen weißen Flügeln,

Das Erdmännchen hatte keine Chance. Den Oberkörper weit nach vorn gebeugt, kam der afrikanische Steppenadler auf das Tier zugeschossen. Den Lauf in die Beute gekrallt, steigt er in die Lüfte.

Verzweifelt versucht der Thomson-Gazellenbock, sich vor dem Geparden in Sicherheit zu bringen, doch sein Schicksal ist bereits besiegelt. Der Künstler Guy Coheleach malte dieses Bild.

DER RASANTE ANGRIFF AUF DAS FLÜCHTENDE WILD

Das Gazellenkitz ist gestellt. Noch einmal versucht es, mit letzter Kraft auszubrechen, bereits gezeichnet von Prankenhieben des Geparden. Es gibt freilich keinen Ausweg mehr, sein Tod ist nur noch eine Frage von Sekunden.

DIE SIEGER DES KAMPFES STANDEN SCHON VORHER FEST

Mit voller Wucht hat sich ein Gepard gegen das Gazellenkitz geworfen, die Hetzjagd ist zu Ende. Nachdem es mit den Tatzen niedergetrommelt wurde, folgt der tödliche Biß in die Kehle.

DAS IMMERWÄHRENDE GESETZ DER NATUR

Über der Baumsavanne neigt sich die Abendsonne. Ein Rudel Impalas, Muttertiere und Kitze, zieht zur Äsung. Die Grazie dieser Tiere, die unsere Bewunderung erregt, zeigt sich freilich so recht erst beim Flüchten: Dann stieben und tanzen sie geradezu dahin und setzen in hohen Fluchten über jedes Hindernis.

In der Abendsonne äst ein Rudel Impalas

AUF WEITE ENTFERNUNG SCHIESSEN

blaugrauem Hals –, wie zerstreut vor uns in raumförderndem Trab davonlaufend. Kleine Steinböckchen äugen uns mit großen Lichtern an und gehen dann flüchtig ab. Der rote »Reichsvogel« fliegt vor uns her, Tauben suchen im Gras, dazu graue Kakadus und, ernst und unnahbar, der Adler und die Riesentrappen.

Erfüllt und glücklich kommt man heim nach solchen Pürschfahrten, wenn man auch nur einen Bruchteil des wirklich vorhandenen Wildes sieht, das sich teils verbirgt und teils erst in der Nacht munter wird.

Gleich am ersten Abend hatte ich das unverhoffte Glück, daß der kleine Terrier, der uns begleitete, ein riesiges Erdferkel aufspürte und es lautgebend vor uns über den Weg jagte, so daß seine großen Teller flogen. An einem Bau hörte ich das Grunzen und Keckern der Mungos, die ich nicht zu Gesicht bekam. Auch das Stachelschwein habe ich nicht gesehen, aber überall seine Stacheln gefunden. Dafür erfreuten mich die Erdmännchen, possierlich hoch aufgerichtet am Damm Wache haltend.

Auch Waidmannsheil habe ich gehabt. Mein erster Gemsbok – wie die Schwarzen und auch die Farmer die Oryx-Antilope hier nennen – machte es mir nicht ganz leicht. Auf mehr als 200 Meter stand er neben einem Kameldornbaum und sicherte lange zu mir herüber. Endlich, endlich ein entscheidender Schritt, der den Träger freigab – auch im guten sechsfachen Zielfernrohr ein kleines Ziel.

Dann aber brach der Schuß, gab es Kugelschlag und den erfreuten Kommentar von Rubiat: »Die hat guten Schuß, Mister.« Ja, den hatte er – fünf Schritte vom Anschuß lag er verendet im Flußbett, das edle Haupt mit den nadelscharfen Hörnern mir zugewandt.

Kudu, Hartebeest, Springbock, Warzenschweinkeiler und nun als Abschluß eine Oryx-Antilope in zehn Tagen und dazu, eigentlich wichtiger als solch unverdientes Waidmannsheil, eine neue Liebe gewonnen, die Liebe zu Südwestafrika, seiner Landschaft, seinen Menschen, seinem Wild.

Auch für die Küche habe ich geschossen: ein schwaches Kudu-Schmaltier, wieder auf sehr weite

Nomen est omen: Seine Balzbewegungen sind artistisch, und so wird dieser Schlangenadler »Gaukler« genannt. Er schlägt Purzelbäume, rollt sich zur Seite ab, benimmt sich geradezu wie ein Clown. Sein Revier ist das weite Land.

Nichts geht im natürlichen Energiekreislauf verloren: Fällt ein Stück Vieh oder Wild, läßt der Löwe oder ein anderer Jäger Beutereste übrig, ist für die der Tisch gedeckt, die darauf spezialisiert sind: Ohrengeier (im Anflug), Sperbergeier (links), Zwerggänsegeier (rechts). Nach ihnen kommen noch die Marabus, für die Reste sorgen Insekten und Kleinstlebewesen.

DES EINEN TOD IST DES ANDEREN BROT

ICH GENOSS DAS SCHÖNE BILD URIGEN WILDES

Entfernung mit tiefem Blattschuß, und den 16 Kilogramm schweren Überläuferkeiler aus einer Rotte von vier Stück heraus, die vor uns zu heller Mogenstunde im Busch brach.

☆

Am schönsten war bisher mein Ansitz am Bismarck-Felsen: Über schwarze Schieferplatten leicht zu erklettern, ragt sein etwa 70 Meter hoher Kegel über das Land. Einen traumhaften, verzauberten Nachmittag erlebte ich hier mit Blick auf die Wasserstelle, ein bißchen außer Schußweite, und weiter über das gelbe Gras und den graugrünen Busch.

Auf 500 bis 600 Meter machte ich einen kapitalen Warzenschweinkeiler aus, immer wieder kurz sichtbar mit gewaltigen Waffen, die schneeweiß in der Sonne leuchteten und trotz der sehr weiten Entfernung mit bloßem Auge zu erkennen waren. Zahlreiche Steinböcke zogen unter mir durch den Busch zur Tränke.

Später kam auch der Schakal, vorsichtig sichernd wie ein Fuchs. Ich wagte den zu weiten Schuß – und fehlte.

Und auf einmal stand auch der Keiler da, zog ganz kurz zu Wasser, immer durch einen Busch gedeckt, zu weit für einen sicheren Schuß, und doch hatte ich Herzklopfen und genoß das schöne Bild urigen Wildes in der unendlichen Stille der großartigen Landschaft. Zuletzt kamen die Vögel, unzählige Arten. Schließlich erschien auch das königliche Wild: Ein starker Kudu-Bulle überfiel mühelos aus dem Stand den Zaun, die Abendsonne brach sich an seinen mächtigen leierförmigen Hörnern. Ihn hätte ich schießen können, aber mir war mittlerweile so froh und auch so andächtig ums Herz, daß die Kugel im Lauf blieb.

Dann wurde es schnell dämmrig an der Wasserstelle, doch oben leuchtete die Bergkette im Schein der letzten Sonnenstrahlen noch einmal auf, während über mir schon der sichelförmige Mond eindrucksvoll am Himmel hing. Von weit her hörte man den Motor des Geländewagens, der mich abholen und wieder unter Menschen bringen sollte.

Unbeholfen und noch etwas wacklig auf den Beinen, machen sich die Gepardenbabys mit ihrer neuen Welt vertraut. Beschützt von der langbeinigen Gepardenmutter, deren entschlossene Haltung jeden Feind fernhält.

DER VOGELHUND STÖBERT AUF

SCHNEE-HÜHNER VOR DEM POINTER

GUSTAV FREIHERR VON FÜRSTENBERG

Aufbrechen im Morgengrauen, durch Fichten- und Kiefernwälder streifen, vorbei an Seen und Sümpfen mit reichem Schneehuhnbestand. Ob mit Bracke oder Pointer oder mit welchem Hund immer: mit ihm ist es noch einmal so schön…

Grell stand die Sonne am Himmel, als ich an einem der letzten Augustmorgen aus dem Schlafsack kroch und aus der Hüttentür trat. Ein ahnungsvoller Duft nach beginnendem Herbst, ein Meer voll Nebel unter mir und dann diese strahlende Sonne…
In der Hütte begann es zu rumoren. Einer fingerte am Ofen, einer richtete sich die Stiefel, und König Etzel cremte die Pfoten seiner Setterhündin Lulu mit Melkfett. Seine Maispfeife glomm, und das ließ Günstiges erwarten: Lulu würde wieder voll im Genuß ihrer Pfoten sein. Und Lulu war der sicherste Hund, den wir hatten.
Inzwischen war ich auf dem schmalen Grat bis zum Wasserfall gelangt. Ich stellte mich unter den Wasserfall, der mich mit seinen perlenden Kaskaden umspülte. Obwohl diese Erfrischung weitaus

STEINADLER KREISTEN ÜBER DEM NEBEL

gründlicher ausfiel, als mir zu solcher Stunde genehm war, erblickte ich strampelnd und gegen die Kälte anprustend kaum 100 Meter seitwärts unter mir zwei Steinadler, die über dem Nebel kreisten.

Sie – die Männer des Nordens – sind alle großartige Hundeführer, und ihr jagdlicher Höhepunkt ist die Suche mit dem Vorstehhund, in diesem Fall mit dem Pointer oder Setter. Die große Kunst, solche Hunde zu führen, hatte ich meine Jugend über bei meinem Vater erlebt und bewundert. Er führte mit ungeheurer Geduld seine Luverack-Setter, und ich muß gestehen, daß ich in meiner kindlichen Ungeduld damals den Kurz- und Drahthaaren unseres Jägers Herzig den Vorzug gab. Die fanden wenigstens, was erlegt war, und sie brachten es, während die Setter ahnungsvoll ihren Fang erhoben und in die Ferne witterten…

Hier allerdings sollte mir klarwerden, wozu diese schnellen, schwerelosen Hunde eigentlich da sind: Sie sind für riesige Flächen geschaffen, allerdings Flächen mit wenig Wild, während unsere Vorstehhunde für kleinere Flächen mit viel Wild vorzuziehen sind.

Also: Einer der Männer war Bahnwärter, einer Professor, einer war mit Spedition und Seefahrt befaßt, noch einer war ein bedeutender Veterinär, und dann war da eben König Etzel, den aber nur ich (und heimlich) so nannte, der Mann von Brita Söderberg, der wirklich großen Pointerfrau, durch die ich in diese Gruppe gekommen war. Ich kannte keinen der Mitjäger. Meine Aufgabe war, etwas vor den Hunden zur Strecke zu bringen, damit vor allem die jüngeren Hunde nicht den Glauben an die Jagd verlören, wenn sie gut vorgestanden, vorschriftsmäßig ausgehalten, dann ruhig angezogen hatten, jedoch nicht eingesprungen waren… Alles Folgen einer ungeheuren, manchmal bewundernswerten Beherrschung und Dressur, Beherrschung seiner selbst, dann erst des Hundes.

Diese Hochflächen, die mit Zwergbirken und Heide sowie allerhand köstlichen Beeren bewachsen waren, zogen sich ziemlich eben, aber von Sümpfen und Seen durchsetzt vor uns hin. Der Nebel war inzwischen gewichen. Wir stiegen

Die weiten Wälder, Sümpfe und »Fjälls« Skandinaviens bieten allen Rauhfußhühnern ideale Lebensbedingungen. Wo das Land am kargsten und unwirtlichsten ist und kaum je ein Mensch seinen Fuß hinsetzt, ist das Reich der Schneehühner.

Am liebsten hält sich das Schneehuhn in Weiden, Birken und Wacholder auf. Die Nistplätze sucht es sich an sonnigen Hängen im Schutz dichter Büsche. Es lebt paar- und familienweise.

IM WINTER TRAGEN SIE SCHNEEWEISSES GEFIEDER

EIN GESPERR AUERWILD STOB HOCH

Skandinaviens Wildreichtum ist groß. Weithin ungestörte Lebensräume sind der Grund dafür – zusammen mit guten jagdlichen Traditionen und vernünftigen Jagdgesetzen.

höchstens noch 80 oder 100 Meter und waren dann in der Ebene, die wir uns heute vornehmen wollten. Ich sollte schießen, was ich »kriegen« konnte, sofern die Hunde es gut vorgestanden hätten. Es ging außer um die gute Jagd und Hundearbeit auch um Strecke. Man kam nur einmal im Jahr auf Schneehühner zu Schuß, und dann wollte man aus diesen riesigen Revieren auch etwas Wild mit nach Hause bringen; das ganz unabhängig von der eigenen Ernährung während dieser Tage...

Lulu stand vor! Sie zog an, schrittweise, dann nur noch zollweise. Ihr ausdrucksvolles Auge begann seitwärts auszuweichen, der Fang folgte, rechts, jetzt links... Ich ging ein paar Schritte vor, die Hündin avancierte – da schlug ein Ton an mein Ohr, den ich als Jüngling zuletzt gehört hatte: abreitender Auerhahn. Der Hahn war wie ein Kaninchen aus dem Lager geschnellt, hatte sich hinter einen Birken- oder Wacholderbusch manövriert, um ebenso schnell wie geschickt in guter Deckung Abstand zu bekommen. Aber er kam mir zwischen Fels und Busch noch einmal breit, und wie oft bei solchen Schnappschüssen: ich war mitten drauf, und er hat den Knall kaum mehr vernommen – der volle rechte Lauf, der Streulauf, mit Hühnerschrot auf Hals und Vorderteil. – Im Schuß stob ein Gesperr Auerwild hoch, ich erlegte noch einen Jungvogel.
Lulu stand, nicht mehr wie angewurzelt, aber brav und erwartungsvoll, um nun endlich apportieren zu dürfen. Aber da wurde der junge Pointer Ben vorgeschickt, und Lulu konnte daher erst, nachdem dieser den Jungvogel gefunden hatte, an den Hahn heran. Sie verwies ihn nur. Er war ihr zu schwer. Ich hängte mir meine Auerhähne an den Gürtel. Da blieben sie nun für den Rest des Tages, und ich wäre ihnen nicht gram gewesen, wenn sie erst gegen Abend in mein Leben getreten wären... Aber ich war froh und stolz, daß ich sie hatte.
Etwas benommen schritt ich hinter meinen wortkargen Jagdgefährten her. »Das ist wahrer Reichtum!« dachte ich mir: »Die Steinadler kreisen unter dem Wasserfall, wenn man duscht; Auerwild erlegt man, wie bei uns längst nicht jedes Jahr Rebhühner...«
Elf Elche sah man auf gut zwei Kilometer vertraut und um unser Tun unbekümmert zwischen ein paar kleinen Seen entlangziehen und äsen. Falken, und zwar keine alltäglichen, spielten am klaren blauen Himmel. Abends zuvor hatte ich beim Schnepfenstrich einen Uhu beobachtet, der mich an die entflogenen Uhus meiner Hüttenjagd-Tage erinnert hatte. – Wäre ich nicht ob meiner Beute ins Keuchen gekommen, ich hätte angefangen zu träumen.
Ben, den ich wegen seiner »Pointerbeule« Gänseköpfchen nannte, stand nun vor, und das schien den Mitjägern nicht zu behagen. War er zu jung, hatte man schlechte Gewohnheiten zu besorgen? Ach nein, er war noch gar nicht losgelassen worden, er hatte nur so für sich etwas gesucht, und er sollte doch die klassische Quersuche erlernen!
Sein Herr bedeutete mir, zu ihm zu gehen. Noch ehe ich da war, sprang der junge Hund ein, und eine Kette Schneehühner stob aus dem Kraut. Die Flinte fuhr hoch, aber ich hielt den Schuß zurück. Es war etwas weit, und ich hätte Ben für sein zuchtloses Einspringen auch gar nicht belohnen dürfen! – Aber wie Laternen hatten sich die Schneehühner gegen den dunklen Hintergrund abgehoben, ein herrliches Bild. Der Hahn, der hier »Ripkalle« heißt, ließ sein nasales Meckern ertönen, und die Kette war, sehr im Einklang mit der Bodenformation, unter halbem Wind blitzschnell den flachen Hang hinuntergestrichen, kam etwas auseinander, wieder zusammen, sie fiel nach 600 oder 700 Schritt ziemlich geschlossen wieder ein. Wir würden sie wohl wiedersehen.

Jetzt kam Ben, der Einspringer, an die Leine, und es ging los. Man war im richtigen Gelände, der Wind war ebenmäßig, er kräuselte nicht, kam von halbvorn und wurde von den beiden Hunden, die jetzt ausgesandt wurden, in der Quersuche ausgenutzt. Das waren altgediente, ja berühmte Vorsteher, und ihre Herren genossen es, sie vorzuführen und jagen zu lassen. Der riesige Veterinär ging rechts. Er deutete in eine Richtung. Seine prachtvolle Pointerhündin blickte auf diesen lang ausgestreckten Arm, folgte der Linie, die er andeutete, und

In dichtem Unterholz wird das Können des Schützen auf eine harte Probe gestellt. Um so beglückender ist es, wenn das abstreichende Flugwild im sauberen Schuß fällt und vom Hund apportiert wird.

WIE EIN IRRLICHT SCHNELLTE SIE ÜBERS MOOS

Gestreckt zum Flug erhebt sich die Sumpfohreule. Ebenso lautlos wie schnell wird sie, geleitet durch ihr vortreffliches Auge und Gehör, dahinfliegen, um alsbald ihre Beute mit dem Schnabelhieb zu erlegen.

richtete ihre klugen und ausdrucksvollen Augen in die Ferne. Los! Allons! Wie ein Irrlicht schnellte sie über das Moos, gewann leicht ein paar hundert Meter Abstand, wobei sie eine oder zwei Bergkuppen überflog, und dann begann sie ihre Quersuche, die den ganzen rechten Teil der Hochebene deckte. Hier sieht man, was jagen ist, dachte ich mir. Diese Tiere folgen der Geste, der Stimme ihres Herrn, sind in dauernder Augenverbindung mit ihm, und es ist ihr höchstes Bestreben, auf diesen Tausenden von Hektar kein Schneehuhn zu überlaufen, kein Gesperr auszulassen, aber nicht etwa anderen Tierarten, dem Schneehasen, dem Lemming aufzusitzen... Das ist Jagdkultur. Das sind die wahren Errungenschaften. Hier haben die Ahnen uns, unter anderem, etwas hinterlassen.

Links hatte ich die Sache nicht so gut verfolgen können, aber hier war ein Rüde losgeschickt worden, der in schöner Zusammenarbeit mit Aija die andere Hälfte unserer Hochebene absuchte. Wir gingen nicht etwa nach Art einer Streife, sondern bewegten uns einfach unseren Hunden entsprechend, und unsere Gruppen wandten sich mal zum einen, mal zum anderen Hundeführer hin. Das mochte schon 20 Minuten so gegangen sein, da erscholl der Ruf »Stånd«, und da stand Aija wie gemauert, und gleich nochmal »Stånd«, und 400 Meter von uns stand der Rüde. Ich ging zu Aija und blickte zurück zum Herrn. Er nickte mir aufmunternd zu. Ich tat nun, was früher mein Vater bei vorstehenden Hunden tat, streichelte die vor Spannung zitternde Hündin an Hals und Schulter und sagte ihr irgend etwas Bestätigendes, Ermunterndes. Na los, alte Hexe, zeig, was du hast... Eine Kette Schneehühner stob auf: wieder der Laterneneffekt, wieder die prachtvollen Farben im gleißenden Sonnenlicht. Die Hühner hatten gut gehalten. Ich hatte bequem Zeit, zwei von ihnen zu erlegen. Aija sprang ein und »knallapportierte«. Ganz verboten! Aber ich hielt den Mund und war froh, daß sie meine Hühner fand und brachte. Ein alter eingejagter Hund muß auch ein paar Freiheiten haben, dachte ich.

Ich hängte die Hühner an den Galgen zum Auerwild und ging abwärts zum Herrn. »Det var fint«, das war fein, sagte der. Ich fand es auch.

Wir jagten auf unserem Abschnitt weiter und hatten bis gegen Mittag ein knappes Dutzend Schneehühner erlegt, als wir mit der anderen Gruppe zusammentrafen. Das Steigen im hohen Heidekraut hatte mich ermüdet, und ich sprang in einen der zahllosen kleinen Seen. Das war ein vollkommen stilles, eiskaltes Wasserloch, kristallklar und nur wenige Meter breit. Ich tauchte langsam unter. Eine Schnabelmaus spielte wie ein Fisch um mich herum. Oben hatten die Freunde ihren Hausrat ausgepackt, den sie ungeachtet seiner Schwere immer mit sich führen.

Die Skandinavier sind großartige Kameraden, Jäger und ungeheuer leistungsfähige Steiger, Läufer und Sportsleute. Eine ihrer liebsten Gewohnheiten ist die Kaffeepause. Die fand jetzt statt: Der Ofen lohte, das Wasser kochte. Hätten sie doch den Ofen zu Hause gelassen und meine Auerhähne genommen, fuhr es mir durch den Kopf. Aber die Kaffeepause nahm ihren gewohnten Verlauf, und ich habe bei diesen Pausen viel über die Jagd vor dem Pointer auf diesen riesigen Flächen gelernt. Das waren wirkliche Könner, mit denen ich hier jagen konnte.

Nachmittags schwenkten wir nach Osten, hatten also die immer noch grelle Sonne jetzt mehr im Rücken und jagten mit halbem Winde, etwa einem flachen Hange folgend, in Richtung Hütte zurück. Jetzt mußte

Der unter Naturschutz stehende Sperlingskauz ist ein Jahresvogel; er bewohnt das nördliche Eurasien und die Bergwälder Mitteleuropas. Bevorzugt nistet er in hohlen Bäumen und verlassenen Spechthöhlen.

DIESE JAGD WAR NACH MEINEM GESCHMACK

Die Vormittagssonne strahlt über der Sumpflandschaft. Das kristallklare Wasser und das blühende Wollgras bieten ein Bild herrlicher Farbenpracht. Erst gegen Abend wird sich wieder Nebel senken.

Ben wieder »ran«. Er hatte jetzt den rechten Flügel, und er stürmte wie von der Sehne geschnellt davon. Die Schnelligkeit der Pointer und Setter ist ein Phänomen, das man wirklich mehrere Jahre hindurch beobachtet haben muß, um es endlich zu glauben und begreifen zu lernen. Die Jagdart »Suche« mit dem Vorstehhund, die ich meine Kindheit über mitgemacht hatte, fand hier doch eine rare und wohl vollkommene Krönung. Diese Jagdart war nach meinem Geschmack.

Sie war etwas für den Jäger. Oder für den Maler, den Dichter, den Geschichtler... Ich kam wieder ins Sinnieren. Wie hatte man früher gejagt? Diese Hunde, zumindest vergleichbare, gibt es doch schon lange, länger als es Feuerwaffen gibt! Ich fragte den Professor.

»Ah, du siehst«, entgegnete er gut verständlich, aber keinen Fehler auslassend, »das Hundezucht und Führen ist nicht ein Sach von ein paar Generaschunen! Ja, die alte Jäger, von die wir alles haben, sie sind auf allerlei Hundarten aufmerksam geworden, die eine läuft und jagt, bis das Wild sich stellt, die andre sleicht herum und sucht... Was wir heute Pointer nennen und Vorsteh, mag aus vielerlei Arten zusammengebraut sein – aus allerlei Hunde, die so verdammt schicklich waren, das Wild zu fangen, das sich drückt... Sie spielten mit die kritische Distanz. Das ist beim Huhn, Grouse, Schneehuhn der Meter oder die paar Meter, die der Hund mit überlegenes Taktik und Sensibilität gewinnt, ohne daß die Kette Hühner aufsteht, der Hase flüchtet. Bis zur Grenze von diese Distanz drückt sich das Wild, weil der Hund noch so weit weg ist; diesseits dies Grenze drückt es sich noch, weil er schon so nah ist! Und daraus ist die Suche, sind die Vorstehhunde entstanden...«

Jetzt stand Ben, stand ein paar hundert Meter von uns und erheblich höher. Ich legte die Auerhähne ab und ging hin. Keuchend langte ich nach einiger Zeit an. »Na, Benchen, das ist aber schön«, schmeichelte ich. Man muß den treuen Hund ja auch einmal ermuntern. »Also los, Benchen, jetzt vorwärts, stoß sie schön heraus, die Schnee...«

Ben avancierte eine Handbreit, vielleicht noch einen Zoll. An was erinnert mich das Biest, dachte ich mißtrauisch. So steht doch kein Vorstehhund! – Also los! – Ein Sprung, fast senkrecht in die Höhe... Jetzt wußte ich, was es war, das war ein Fuchs, auch eine Katze, aber kein Vorstehhund. Er packte zu. Es quietschte, es knirschte. Der Lemming glitt fast spielend die glatte Hundekehle hinab. Ben war's zufrieden. Zurück zu den anderen. 400 Meter schräg abwärts. Zurück. Ich halste meine Auerhähne wieder auf, und wir gingen heim. Ich hatte heute 14 oder 15 Schneehühner und zwei Stück Auerwild geschossen. Ich war ermattet. Meine Mitjäger waren es nicht.

»Vi äro Bergrävar«, wir sind Bergfüchse, sagte der Schrankenwärter. Er hatte an diesem Nachmittag zum erstenmal die schwarze Pointerhündin, das Ziel seiner jahrelangen Zucht, richtig gut ans Arbeiten gebracht. Ihm war wohl zumute, als ich ihm »skål« sagte und er die makellosen unbeschädigten Pfoten der Hündin untersuchte. Hundepfoten sind bei dieser Jagd so etwas wie ein Minimumfaktor. Sie müssen etwas aushalten. Das Heidekraut und das schwere Terrain, der scheinbar so schwerelose »Flug« setzen ihnen zu.

Nach fünf Tagen konnte ich beobachten, daß nicht die prachtvollen muskelstrotzenden Bodybuilding-Pointers noch Lust zum Jagen hatten... nein, es waren die zierlichen, schmalen, beinahe unscheinbaren Tiere, die am besten aushielten.

Als es dämmerte, bin ich noch einmal hinunter in den Wald gestiegen und habe den Schnepfenstrich erlebt. Um diese Zeit streichen dort noch einige der übriggebliebenen Jungschnepfen, die noch nicht auf dem Zuge sind... Ich erlegte auch ein paar davon. Vor allem sah ich aber zu meiner großen Freude den lieben Uhu wieder! Es gibt noch Wunder.

Das sagte ich auch meinen Freunden, als ich nach einigen Tagen mit dem Rucksack und meinem unmöglichen Flintenkoffer von ihnen schied. Ich dankte ihnen.

»Javisst, det var trevligt!« war die Antwort. »Och glöm inte bössan, när du kommer hit i nästa året.«

»Und vergiß nicht die Flinte, wenn du nächstes Jahr wiederkommst..«

Nein. Die vergesse ich auch nicht.

An den arktischen Küsten von der Bäreninsel und Island über Grönland bis zum nordöstlichen Nordamerika ist der Eistaucher (oben) anzutreffen, während der Goldregenpfeifer (unten) in Nordeuropa beheimatet ist.

VIELE KANNTEN SEINE FÄHRTE

DIE PÜRSCH AUF DEN GEISTER-BÄREN

REINHOLD EBEN-EBENAU

Wald und Wasser, im Wechsel und ineinander verwoben, kennzeichnen die nördlichen Regionen der Erde, bis sie von Tundra und Eis abgelöst werden. Hier ziehen noch Karibuherden auf ihren endlosen Wanderungen, und der Bär kreuzt nur selten eines Menschen Spur.

Im Jahre 1944 schoß ich meinen starken Kapitalbären, der wohl einer der stärksten Bären, wenn nicht bis 1952 der stärkste, ist, der in Canada abseits der Küste geschossen wurde. Daß er kein Wanderer oder Durchzügler war, wußte ich und hatte ich Dutzend Male unter Beweis. Ich spürte ihn seit zehn Jahren mehr oder minder regelmäßig. Viele kannten seine Fährte, viele sagten, sie hätten ihn gesehen, aber niemand schoß ihn. Es war ein »Geisterbär«, wie es solche Geschöpfe ja auch in Deutschland unter den Hirschen und Rehböcken gibt. Ich wußte sehr wohl, daß er herumzog; wenn ich ihn nicht selber gespürt hätte, würde ich den Erzählungen wohl nicht geglaubt haben.

Als ich am 4. November aus der Hütte trat, sah es wieder nach mehr Schnee aus. Wir hatten gerade erst

IM TAL HÖRTE ICH DIE WÖLFE HEULEN

In riesigen Schwärmen drängen die Lachse flußaufwärts: zu den Bächen, in denen sie geboren wurden, um nach einem Leben im Ozean dort ihrerseits zu laichen – und zu sterben. Die Bären versorgen sich dabei mühelos mit großen Mengen von wertvollem tierischem Eiweiß.

acht Zentimeter Neuschnee bekommen, und es hatte am Abend vorher so schön klar und vielversprechend ausgesehen. Nun bewölkte es sich erneut. Meine Schlingen für Wölfe und Coyotes hatte ich in den vorhergehenden drei Wochen fast alle gesetzt. Mehr Schlingenkabel konnte ich nicht kaufen, weil Stahl für Kriegszwekke gebraucht wurde. Da ich nichts Besonderes zu tun hatte, wollte ich einige Schlingen nachsehen. Da kam ich, 200 Meter von der Hütte entfernt, auf verschneite Bärenfährten.

Ein richtiger Wechsel war hier ausgetreten. Sie mußten wohl vor ein bis zwei Tagen vorbeigezogen sein, denn der letzte Schnee von gestern lag in den Fährten. Ich folgte und stellte schließlich fest, daß es nur ein einzelner Bär war, mein alter Freund, den ich so oft schon gespürt hatte.

Was sollte ich machen? Ich hatte kaum eine Chance, wenn ich ihm folgte. Ich wußte das. Wir kannten uns, der Bär und ich. Ich war so oft hinter ihm hergewesen, auf dem Ansitz und am Luder, wenn er mir den Elch in der zweiten Nacht zudeckte und in jeder weiteren Nacht sich etwas zu Gemüte zog. Während ich frierend bis Mitternacht hoch oben in der Fichte hing, lag er wartend wohl nicht weit ab. Er ging stets erst an sein Mahl, wenn ich mich leise aus dem »Staube« gemacht hatte. Er wußte, daß ich seiner Fährte folgte, wenn er Kreise schlug und hinter mir meine und seine eigene Fährte wieder kreuzte. O ja, wir kannten uns. Er kannte auch alle meine Hütten. Er hat oft genug das Dach abgedeckt. Er holte mir den Hirsch von der Fichte und machte alle möglichen Streiche. Wäre er wirklich so gefährlich gewesen, wie die Indianer sich erzählten, dann wäre ich schon lange nicht mehr unter den Lebenden. Aber er war harmlos und wollte es auch bleiben, das merkte man, sowie man versuchte, ihn zu sehen.

So hing ich einmal wieder seiner Fährte nach, eigentlich ohne wirkliches Vertrauen, mehr um herauszufinden, wo er eigentlich nun wieder hin war. Wenn man Passion hat, so kann man nicht in der Hütte sitzen. Man nimmt auch die leiseste Aussicht auf Erfolg als sicheres Zeichen von Dianas gutem Willen. Also fand ich mich stundenlang hinter dem Bären her. Ich folgte mehr oder minder dem Bach aufwärts. Der Bär wechselte hin und her, mal links über den Bach, um dann nach einem Kilometer wieder ein Stück im Tal entlangzuwandern. Es gab offenbar kein festes Ziel, dem er zustrebte. Nach etwa neun Kilometern kam ich an den Anfang des Baches oben auf dem Plateau, wo ich seine Fährte wiederfand. Ich konnte sie aber nicht lange halten, da es hier oben stark geweht hatte. So ging ich am Plateaurand entlang, ohne eigentlich ernstlich den Sinn meines Folgens zu sehen. Ich mußte wohl auch eigentlich zur nächsten Hütte, wenn ich nicht draußen schlafen wollte. Mit dieser Hütte im Sinn, ging ich durch das Tal und hinauf zu dem anderen Plateau, wo ich erneut auf die Fährte stieß, dieses Mal nach Norden zu, also zurück, von wo er kam. Ich wurde nun doch stutzig, da ich mir nicht erklären konnte, was der Bär wohl im Sinn hatte. Übereilung wäre jetzt falsch gewesen. Die Hauptsache war, daß er wieder in das Tal hinunterwechselte und nicht, wie zuerst anzunehmen war, nach Süden zu aus meiner Reichweite hinaus. Ich machte mir also mein Nachtlager unter einer Fichte und verbrachte die Nacht am offenen Feuer.

In der Finsternis hörte ich weit unterhalb im Tal Wölfe heulen. Am Morgen heulten sie wieder, anscheinend auf der gleichen Stel-

Mit höchster Aufmerksamkeit sichert der junge Wapitihirsch. Als Jährling durfte er noch mit dem Kahlwildrudel ziehen, jetzt als Zweijähriger muß er sich allein auf die eigenen Sinne verlassen.

Und ist der Fraß auch noch so reichlich: kein Bär verträgt es, wenn ihm ein anderer allzu dicht auf den Pelz rückt. Möwen mögen sich ihren Teil am Fischreichtum sogar zwischen seinen Pranken holen, dem Artgenossen gegenüber gilt das nicht.

BÄREN – EIN URBILD VON KRAFT UND GEWANDTHEIT

Flechten und Moose müssen den Moschusochsen als Nahrung genügen. Gegen Sturm und Kälte schützt sie ein mächtiger Pelz mit dichter Unterwolle. Zur Verteidigung bilden sie einen Ring, die Häupter nach außen, der die Kälber in der Mitte schützt.

DEM LEBEN IN STURM UND POLARNACHT GEWACHSEN

Der Grizzly ist nicht gefährlicher als andere Großraubtiere auch. Während wir bei den Großkatzen aber aus Bewegung und Mimik einen bevorstehenden Angriff erkennen, gelingt uns das bei Bären nicht. Sie wirken auf uns immer gleichmütig – darin liegt die Gefahr.

DEM GRIZZLY SOLLTE MAN NICHT ZU NAHE KOMMEN

SIE FÜHREN EIN LANGES, EINSAMES LEBEN

Noch streift der Braunbär als Einzelgänger durch die Wälder. Kreuzt er aber im Mai/Juni die Fährte einer brunftigen Bärin, heftet er sich an ihre Fersen, bis er erhört wird.

le, es mußten bis dorthin wenigstens vier Kilometer sein. Dann war völlige Ruhe. Die Luft war klar. So pürschte ich talabwärts, in der Hoffnung, wieder auf die Bärenfährte zu stoßen. Erst aber fand ich Fährten von Wölfen. Bei näherer Untersuchung stieß ich auf die Reste eines von den Wölfen gerissenen Hirsches. Das schwache Geweih hängte ich in eine Fichte und untersuchte die mich viel mehr interessierenden frischen Fährten meines Bären, auf die ich inzwischen auch gekommen war. Seine letzte Fährte stand nach Osten. Das Wolfsrudel folgte dieser Fährte, wie ich das so oft schon in früheren Jahren beobachtet hatte. Den Grund kannte ich nicht. Es mochte sein, daß sie den angenehmeren, ausgetretenen Wechsel im tiefen Schnee bevorzugten, denn der Schnee lag immerhin schon über 40 Zentimeter hoch…

Ich pilgerte auf meiner eigenen Fährte von gestern wieder meiner Haupthütte zu, da ich dem Bären in das Dickicht doch nicht folgen konnte. Unterwegs stand ich wieder auf der noch frischeren Fährte. Der Bär hatte meine gestrige Spur nach beiden Seiten sehr genau untersucht und war dann in westlicher Richtung weiter. Die Wölfe folgten jetzt nicht mehr…

Am nächsten Morgen war ich bereits früh unterwegs. Ich wandte mich nun westlicher, den Hauptbach hinauf. Es hatte nicht mehr geschneit, es war mild. Um die Mittagszeit würde es tauen. Der Wind wehte leicht von West. Alle Voraussetzungen also waren sehr gut, wenn ich irgendwo an den Bären kommen sollte. Nach ungefähr einer Stunde spürte ich den Bären wieder vom Tal heraus nach Norden, die Terrassen hinauf. Das war sonderbar. Hier schoß ich vor ungefähr drei Wochen einen Hirsch, der mir am nächsten Tag von irgend jemand »geraubt« wurde. Ich nahm damals seinen Kopf gleich mit zur Hütte und wollte das Wildbret am nächsten Tag bergen. Ich fand nichts als heruntergetretenes Gras, in dem keine Fährte auszumachen war. Auch im Umkreis von einigen hundert Metern war nichts zu finden…

Die Bärenfährte führte in diese Richtung. Also war er es wohl gewesen, der den Hirsch einfach forttrug. Ich pürschte aber nicht nach, sondern blieb bei meinem westlichen Kurs. Das Rudel Wölfe folgte dem Bären erneut. Nach einigen hundert Metern war der Bär wieder in das Tal hinunter, diesmal ohne die Wölfe.

Weiter ging es. Nach drei Kilometern ungefähr kreuzte ich wieder die immer frischer werdende Fährte, die nun nach Nordwest, in Richtung auf »lonly hill« zu, stand. Nach einer halben Stunde machte ich ein Feuer und überlegte, wo er nun wohl sein könnte. Vielleicht war er zum Plateau im Westen hinauf? Es war warm geworden und tropfte von den Bäumen. Ich nahm meinen Weg hinauf zum Plateau und schlug einen Kreis nach Norden, um die Fährte wiederzufinden. Ich fand sie aber nicht. Das freute mich. Ich pürschte zurück und fand seine Fährte wieder von Süd nach Nord am Hang. Also mußte ich ihn noch einmal im Westen einkreisen. Aber ich fand seine Fährte dort nicht. So ging ich wieder zurück und pürschte in dem einzigen Gelände, wo ich etwas sehen konnte, in einem vom Feuer verschonten hohen Bestand aus Fichten, Balsam, Pappeln, Birken und Weiden. Ich wußte nun wirklich nicht mehr, wohin ich mich noch wenden sollte, ihn zu finden. Eines wußte ich nur, wo immer er war, ob er ruhte oder wanderte, in den dichten Brandflächen würde ich ihn nie sehen. Aber ich konnte nicht annehmen, daß er in ihnen steckte, es war dort zu naß. Langsam schlängelte ich mich durch den hohen Bestand, in dem ich wenigstens 100 Meter weit sehen konnte. Wenn er da nun durchgewandert wäre?…

Wieder kreuzte ich seine Fährte, nach Süden stehend. Das war gut, nun konnte er nicht mehr weit von hier sein, denn er mußte innerhalb meines vor kurzer Zeit geschlagenen Kreises sein. Vielleicht aber war er über meine Fährte hinaus?

Leise setzte ich mich auf einen Stubben und steckte mir meine Pfeife in Brand. Es war notwendig zur Kontrolle. Der Wind kam gleichmäßig von West und zog bergabwärts. Schritt für Schritt ging es dann geräuschlos weiter. Viel Schnee lag nicht mehr unter den hohen, dichten Nadelhölzern. Den Rucksack hatte ich schon lange abgelegt. Mit dem kleinen Zeiss

Hoch sind die Wilddichten in den endlosen Wäldern des amerikanischen Nordens nicht; und doch bergen sie vielerlei Leben, so die oft völlig vertrauten Waldhühner (oben), den scheuen Maultierhirsch (Mitte) und die Rudel der mächtigen Wapiti (unten).

Naturalistisch sind die Tierbilder des Kanadiers Robert Bateman: Wapitis im verschneiten Winterwald. Langendig und weit ausladend ist das Geweih des Hirsches, der Schnee in seinem langen Rückenhaar zu Eis verkrustet.

WAPITIRUDEL IM WINTERLICHEN WALD

© Robert Bateman - 1979

Die Jagd in den verschneiten, eiskalten Wäldern war erfolgreich. Jetzt gilt es, Wildbret und Trophäe zu bergen. Im schmalen, schwankenden Kanu ist das nicht leicht. Und der Weg ins Jagdlager kann noch weit sein.

DIE BEUTE SICHER HEIMWÄRTS BRINGEN

DAS IST JA DER LIEGENDE BÄR

Telita 6×18 suchte ich jeden übersehbaren Platz vor mir ab. Da sah ich im Schnee auf einem offenen Grasflecken vor mir die Fährte des Bären. Als ich herankam, wußte ich sofort, daß sie nicht viel frischer sein konnte. Unwillkürlich sah ich mich um, ob er nicht hinter mir herpürschte. Es zeigte sich aber nichts. So pürschte ich weiter, wie lange, weiß ich heute nicht mehr...

Plötzlich fielen mir zwei dunkle Stellen auf, merkwürdig symmetrisch sich abhebend gegen den hellen Schnee. Das Glas zeigte mir nichts Genaues. Ich stand unter einer alten Fichte im grellroten, ärmellosen Sweater. Eigentlich war es nicht gerade ein sehr jagdliches Kostüm, ich hatte es an, um nicht... als Wildbret in die Küche zu wandern. Merkwürdig, wie einem solche Gedanken in diesen Momenten kommen können. Ich besinne mich heute noch, daß ich hieran dachte, als es mir blitzartig durch den Kopf fuhr: Das ist ja der liegende Bär! Wieder das Glas hoch. Ja, es war kein Zweifel... Was tun? Meine alte Regel in solchen Fällen ist: Wenn du nicht weißt, was das Richtige ist, tue nichts, warte...

Ich befolgte diesen erprobten Wahlspruch. Wie angegossen stand ich da, schußbereit natürlich, aber ich dachte nicht an Schießen. Worauf sollte ich auch zielen? Auf den Kopf, den ich nur halb sehen konnte? Auch wenn ich ihn ganz sehen könnte, wollte ich das nicht. Wer schießt denn ein Wild auf den Kopf? Außerdem ist es beim Bären der unsicherste Schuß, den man anbringen kann, denn das Gehirn ist das kleinste tödliche Ziel an seinem großen Körper, wie überhaupt bei jedem Wild.

Wenn ich mich nun bewege und riskiere, daß er hoch wird und flüchtig wird, wird es ein hingeworfener, unsicherer Schuß mit Nachsuche.

Nein, das wollte ich auch nicht. Ich wollte das Wild am Platz haben. Die Entfernung war etwa sechzig Schritt. Wie lange ich so stand, weiß ich nicht. Jedenfalls arbeitete mein Gehirn fieberhaft, um die richtige Entscheidung zu treffen. Schließlich baute ich auf die schnelle Wirkung der 9,3 und auf meine Fähigkeit, die zweite 9,3 im Lauf der Büchsflinte zu haben, ehe er hoch und flüchtig werden konnte.

Waldhühner führen in der Regel das Jahr über ein heimliches und verstecktes Leben. Nur in der Balz müssen sich die Hähne bemühen, den Hennen aufzufallen. Das gilt auch für das amerikanische Kragenhuhn.

Die hohe Zeit der Wapitis kennzeichnet nicht der orgelnde Brunftschrei des europäischen Hirsches; an seine Stelle tritt ein undramatisches Pfeifen. Aber ihre Kräfte messen die alten Hirsche nicht weniger energisch – und ebenfalls weitgehend ritualisiert.

KEUCHEND MESSEN DIE WAPITIHIRSCHE IHRE KRÄFTE

ER SCHLUG WIE EIN STEIN AUF DIE ERDE

Mit nicht großer Freude lag ich im Anschlag und drückte ab, als das Silberkorn unter dem Windfang stand...
Im Schuß flog der Bär hoch. Da sah ich erst, was das für ein gewaltiger Bursche war. Fast zu gleicher Zeit mit dem Schuß sprang ich auch schon näher heran. Meine Augen verließen den Bären nicht. Die rechte Hand griff nach dem Patronengürtel und schob eine neue 9,3 in den Lauf.
Der Bär drehte sich um seine eigene Achse, brummte und wurde fürchterlich wütend. Die zweite Kugel faßte ihn gut Blatt. Jetzt wußte ich, daß er mein war. Er schlug... auf die Erde, wurde aber wieder hoch und biß sich nach der Schulter.

Wieder sprang ich dichter heran, immer in dem Gedanken, ihn auf keinen Fall aus den Augen zu lassen. Die dritte Kugel faßte ihn wieder breit Blatt. Wieder brach er zusammen, wieder wurde er hoch. Wild drehte er sich im Kreise...
Wieder sprang ich vor und stand nun nur noch zwanzig Schritt vor dem mächtigen, tobenden Bären, der nur noch mit sich selber zu tun hatte. Einen Moment dachte ich daran, absichtlich das Rückgrat durchzuschießen, dann aber zeigte er mir wieder breit das volle Blatt. Im Schuß richtete er sich noch einmal zu seiner vollen Höhe auf und fiel dann... nach hinten über...
Ich stand da und konnte das eben Erlebte nicht fassen. Jeder Jäger wird mich verstehen, wenn ich sage, ich habe lange, sehr, sehr lange an dem Bären gesessen, von dem ich vor einer Stunde noch nicht viel mehr wußte, als daß er mein bis dahin stärkster Bär war. Ich ahnte jetzt, daß ich einen stärkeren nie mehr schießen würde...
Diana hatte ihr Versprechen gehalten. Sie war gnädig gewesen und hatte den Schädel dieses Urbären verschont. Die erste Kugel faßte ihn unter dem rechten Seher. Diese Kugel machte keinen Schaden, sondern schlug durch die Speise- und Luftröhre in die Halsmuskeln und saß zwischen Rippen und Schulterblatt. Ein gutes Beispiel, wie man einen Bären zu Holze schießen kann. Alle anderen drei Kugeln saßen so tadellos Blatt, daß ich die Einschüsse mit der Hand bedekken konnte.

Wo die Sonne hinkommt, wachsen auch im Wald die besten Kräuter. Auch für die Schwarzwedel – oder Maultierhirsche – ist solch zarte und gehaltvolle Sommeräsung wichtig. Jetzt haben sie etwas Verdächtiges vernommen und sichern absprungbereit.

FRÜHLING IM REVIER

HERMANN LÖNS

»Im Wald und
auf der Heide, da such
ich meine Freude;
ich bin ein Jägersmann ...
Das Huhn im schnellen Zuge, die Schnepf'
im Zickzackfluge treff'
ich mit Sicherheit ...
(Aus einem deutschen
Volkslied)

Die Erlen, die das Bächlein begleiten, sind schon fast abgeblüht, und die Haselbüsche, die die Bergwiese einfassen, desgleichen. Die Zitterpappeln über ihnen aber strotzen von silbergrauen Troddeln, und die Hainbuchen entfalten ein helles Kätzchen neben dem andern. Es könnte sein, daß heute die Schnepfe kommt. Schon dreimal habe ich hier gestanden. Zu Schusse kam ich nicht. Das Hoffen und Harren ist aber das beste beim Schnepfenstriche, und die stille Freude am neuen Leben, am Dufte des sprießenden Grases, am Geflatter der Nachwintermotten, am Aufbrechen der Vorfrühlingsblumen und am Gesang der wiedergekommenen Vögel. Die Schnepfe ist nur der Vorwand für mich; gäbe es weiter nichts als sie, so bliebe ich zu Hause, oder ich zöge erst zu Holze, fiele die Dämme-

DIE STARE SITZEN UND PFEIFEN UND SCHWATZEN

Zum Frühling gehören auch: rammelnde Hasen, die Rehgeiß auf dem frischen Grün und die Duelle der Bläßrallenhähne auf dem See.

rung über das Land. So aber bin ich schon früh hinaufgestiegen, habe den Staren zugeschaut, die in Haufen auf den Buchen sitzen und pfeifen und schwatzen, und den Finken zugehört, die in einem fort schlagen, mich über den ersten Zitronenfalter gefreut, der zwischen den grauen Buchenstämmen umherflatterte, und über die vier verliebten Eichkatzen, die einen sonderbaren Tanz vollführten. Den Wanderfalken sah ich über seiner Horstklippe schweben, die Krähe Nestreisig brechen, den Hasen die Häsin treiben, den Schwarzspecht an der Bruthöhle zimmern; so wurde mir die Zeit nicht lang.
Auch jetzt, da ich unter dem Salweidenbaum stehe, um dessen nach Honig duftende Schäfchen es summt und brummt von allerlei Getier, habe ich Augenweide und Ohrenschmaus die Fülle. Das Bächlein ist dicht besäumt vom goldig blühenden Milzkraut, hier und da entfaltet sich dazwischen eine Dotterblume, die ganze Wiese ist bedeckt mit Märzglöckchen und Schlüsselblumen, und unter den Haselbüschen leuchten Leberblümchen, Scharfkraut und Windröschen blau, gelb und weiß, überragt von den großen, seltsamen Blumen des Nießwurzes, und der aus Efeu- und Haselwurzblättern gewebte Waldbodenteppich blitzt und schimmert im Licht der heimgehenden Sonne.
Noch schlagen die Finken und pfeifen die Stare, aber immer weniger werden es. Dafür läßt sich die Amsel um so fleißiger hören, Zippe und Misteldrossel flöten um die Wette, und überall lassen die Rotkehlchen ihre süßen, silberhellen Abendlieder ertönen. Ein Bussard streicht heran, fußt auf dem untersten Ast der alten Eiche, äugt lange dahin, wo zwei Waldmäuse im Falllaube rascheln, und fliegt weiter.

Krähen kommen quarrend angeflogen und schwingen sich in den hohen Weißtannen unter den Klippen ein. Drei Rehe ziehen über das untere Ende der Wiese, aus der Dickung hoppelt ein Hase hervor und äst sich an dem jungen Grase. Rosenrot färbt sich der Himmel. Die Dämmerung stimmt Wald und Wiese immer mehr zusammen. Lauter murmelt der Bach, weil es stiller ringsumher wurde. Ein schwüler Luftzug weht vom Tale herauf, raschelt in dem Vorjahrslaub der Jungbuchen und schwenkt die Zweige der Zitterpappeln langsam hin und her. In dem anblühenden Schlehdorn rispelt und krispelt es. Ich sehe schärfer hin und erblikke in den wirren Strähnen, mit denen die Waldrebe den Busch durchflochten hat, eine Haselmaus,

Der Habicht zählt in Mitteleuropa wieder zu den meist verbreiteten Greifvögeln. Sein Jagdrevier ist weniger das offene Feld, als vielmehr die Randzonen zwischen Feld und Wald und sogar das Waldesinnere. Schnell und wendig verfolgt er seine gefiederte oder behaarte Beute und faßt sie mit dem tödlichen Griff seiner Fänge.

DA LOCKT DER WALDKAUZ HINTER MIR

die behutsam von Ast zu Ast schlüpft, ab und zu eine Blütenknospe zerraspelnd oder eine der bleichen Motten erhaschend, die haltlos dahintaumeln. Da lockt der Waldkauz hinter mir; das seltsame Mäuschen schrickt zusammen und verschwindet.

Eine Wolke verdunkelt den Himmel. Es beginnt fein und warm zu regnen. So ist es recht. Ist die Waldschnepfe da, dann streicht sie heute sicher.

Der Waldkauz quiekt gellend auf, heult hohl, baumt vor mir auf und beginnt zu rollen, so zärtlich, daß die Käuzin sich zu ihm gesellen muß. Lautlos verschwinden die beiden Dickköpfe im Walde.

Ein Reh mag dort herumtreten. Aber nein, der Fuchs ist es. Er steckt sein schlaues Gesicht zwischen den Haselbüschen hervor, windet einen Augenblick und flüchtet eilig.

Er wird meine Witterung bekommen haben, denn der Rauch meiner Pfeife deutet nach ihm hin. Leicht hätte ich ihn umlegen können. Aber wer weiß, ob es nicht eine säugende Betze ist, deren Geheck elend verschmachten müßte, und dann muß er auch leben bleiben, um die Mäuse dünn zu machen. Es sind mehr als genug da; überall raschelt es im Vorjahrslaub.

Die graue Wolke ist weitergezogen. Wo sie stand, glimmt ein silbernes Pünktchen, der Schnepfenstern. Wie oft habe ich ihn erscheinen sehen beim Schnepfenstriche und auf dem Anstande, und immer ist er mir wieder lieb und wert, der Abendstern, der erste Stern am Himmel, lieb wie das Gedenken an den ersten Kuß, den ich ersehnte und bekam. Dieser erste Stern, er ist anders als die, die ihm folgen, anders, als der erste Kuß anderer Art war, als die, die ich später pflückte. Wie lange das her ist; dreimal zehn Jahre gingen seitdem hin, immer noch zittere ich, denke ich an den Abend im Heckengang, an das atembeklemmende Herzklopfen, als ein heller Hut um die Ecke bog, an das dumme Zeug, das ich hervorstammelte, an das blasse Gesichtchen, das über und über rot wurde, als ich vor lauter Schüchternheit frech wurde und mir meinen ersten Kuß nahm. Einen nur, einen einzigen, und einen beim Abschied.

Nur Schwimmenten gründeln: sie suchen Nahrung – Wasserpflanzen und Wassergetier – unter Wasser. Dabei stecken sie den Kopf ins Wasser, während der Stoß in die Höhe ragt.

Sichernd treten zwei Rehböcke im ersten Morgenlicht eines sonnigen Vorfrühlingstages auf die Wiese. Weit besser als andere Wildarten hat das Rehwild verstanden, sich der durch Wirtschaft und Technik verwandelten Landschaft anzupassen.

REHE AM WALDESSAUM – INBEGRIFF EINER HEILEN WELT?

Noch besser scheinen die jetzigen Lebensbedingungen der Ringeltaube zu gefallen: Sie tritt in vorher nie gekannter Zahl auf, brütet mehrmals im Jahr – und hat sich selbst Stadtparks und Hausgärten als Lebensraum erschlossen.

DIE RINGELTAUBE KOMMT SOGAR IN DIE STADT

REHE ZIEHEN ÜBER DAS ENDE DER WIESE

Ein tiefer, dumpfer, unirdischer Ton ruft mich zu mir selber zurück. Ich fasse den Dreilauf fester und lasse meine Augen hastig über alle Wipfel gehen. Wo ist sie, die erste von diesem Jahre? Wo morkt sie? Wo streicht sie? An meinen ersten Kuß dachte ich und verpaßte die erste Schnepfe. Auch gut! Mehr als ein halbes Hundert erbeutete ich, und das Gedenken an ein erstes Glück ist mehr wert als noch einer der seltsamsten Nachtvögel am Hühnergalgen. Elschen, schön Elschen, unsere Liebeszeit war kurz. Du wurdest Dame und lerntest das Kokettieren, ich riß die Liebe mit Stumpf und Stiel aus meinem blutenden Herzen und füllte ein ganzes Schulheft mit Liedern voller Herz und Schmerz und Not und Tod und wurde ein Weiberfeind und rauher Jägersmann.

»Quoark, quoark, quoark«, geht es irgendwo, und »psswitt, psswitt« hinterher. Beinahe hätte ich sie wieder verpaßt, die Schnepfen. Da kommen sie angestrichen, drei Stück, mit lautlosem, langsamem Eulenfluge, voran die Schnepfin, hinterdrein, sich streifend, zwei Schnepfer.

Jetzt, da die beiden wie ein einziges, vierfach geflügeltes Wesen aussehen, halte ich darauf. Ein roter Strahl umspielt sie, und dann sehe ich die eine fallen und die andere sich überschlagen. Dann schmeißt die Bergwand drüben den Schuß dreimal zurück, ein Reh beantwortet den Lärm mit lautem Schrecken, eilig stiebt der Hase ab, und zäh klebt der stinkende Pulverdampf über dem Bächlein.

Ich nehme die Schnepfen auf, ziehe jeder eine der silberendigen Stoßfedern aus, stecke sie samt einem goldig blühenden Salweidenbruche an den Hut und schlendere langsam talabwärts. Unter dem Waldborde muß ich mich noch einmal umsehen. Ich suche den Schnepfenstern, kann ihn aber nicht mehr finden. Zu viele andere Sterne sind da. Mir ist, als zwinkerten sie mir spöttisch zu, als wollten sie sagen: »Dein erster Stern ist nicht mehr da; vorüber ist die schönste Zeit; dein Vorfrühling ist abgeblüht, dein Frühling ist verwelkt, dein Sommer ist vergangen.«

Ein kühler Wind kommt mir entgegen; es fröstelt mich. Ich glaube, es ist Herbst geworden.

Wenn die Sonne sinkt, streichen die Ringeltauben mit vollen Kröpfen ihren Schlafplätzen zu; bald werden sie die luftige Warte verlassen und einzeln die dichtesten Fichtenwipfel aufsuchen.

KAMPF IN ARKTISCHER WILDNIS

FRANK DUFRESNE

Wasser und Eis sind sein Revier, Robben sein Wild, der Polarsturm sein Wiegenlied: Auch die offenbar so lebensfeindliche Arktis, vor deren Küsten das eisschollenbestückte Meer schäumt, bietet dem Eisbären eine Lebensgrundlage.

Auf einer Reise mit dem Hundeschlitten längs der arktischen Küste lernte ich Pooshuk, den tapfersten aller Jäger, kennen. Es war zu Anfang der zwanziger Jahre. Ich stolperte geradezu in sein Iglu hinein, als ein heftiges Unwetter von der Chukchi-See her losbrach, und er ließ mich mehrere Tage lang bei sich wohnen, während über seinem dicken, eisgedeckten Dach der Blizzard mit dämonischer Wut heulte.

Jeden Morgen krochen Pooshuk und ich auf Händen und Knien einen Tunnel hinauf, an den zusammengerollten schlafenden Hunden vorbei, um ein neues Loch durch die aufgehäuften Schneeverwehungen zu brechen und einen Blick auf die Schneekaskaden zu werfen, die wie ein Niagara auf uns herabstürzten. Jedesmal zogen wir uns eilig in unsere Höhle zurück und

BEI DEN EISZEITJÄGERN DER GEGENWART

Die Robben – ausgezeichnete Schwimmer und Taucher mit stromlinienförmigem Körper – sind ihrer scheinbar so lebensfeindlichen Umwelt vorzüglich angepaßt. Auch sie werden heute noch gejagt – ihrer wertvollen Pelze wegen.

lagerten uns wieder neben der flackernden Seehund-Öllampe. Da nun bis zum nächsten Tag nichts zu tun war, fühlte sich Pooshuk verpflichtet, für ein wenig Unterhaltung zu sorgen. Mit seinen primitiven Werkzeugen schnitzte er zarte Figuren auf einen Walroßzahn. Wenn er die Arbeit beiseite legte, sang er die seltenen alten Eskimolieder seiner Vorväter; seine mächtige Stimme füllte das rauchgeschwärzte Iglu. Meistens aber erzählte Pooshuk mir von Nanook, dem Eisbären.

Ohne jede Prahlerei – es liegt nicht in der Natur des Innuitmannes, zu prahlen oder aufzuschneiden – erzählte Pooshuk mir Geschichten, die er selbst gehört hatte, als er zu Füßen seines Vaters saß, und die sein Vater und viele andere Väter aus zahllosen Generationen gehört hatten. Der Eisbär spielte von allen wilden Tieren der arktischen Schnee- und Eiswelt die größte Rolle in den Eskimosagen. Auch in Pooshuks Worten lag immer eine seltsame Art von Achtung, ja Ehrfurcht vor diesem Tier. Der Schädel eines jeden Eisbären, den Pooshuk oder einer seiner Leute erlegen, muß auf einen hohen Felsen gelegt werden, mit dem Gesicht nach Norden, so daß sein Geist entfliehen und in einem noch ungeborenen weißen Bären eine neue Heimat finden kann. Und so kommt es, erklärte Pooshuk feierlich, daß die alten Eskimojäger Nanook niemals wirklich vernichtet, sondern ihm nur geholfen haben, auf schnellerem Wege einen andern und jüngeren Körper zu finden.

In diesem Glauben lebend, hatten weder Pooshuk noch seine Vorfahren jemals irgendwelche Bedenken gehabt, den Eisbären zu jagen. Jedes einzelne erlegte Tier war ein ganzes Vorratslager von Licht, Wärme, Kleidung, Bettzeug, Werkzeugen, Medizin, und das kräftige, rote Fleisch erfüllte alle, die davon aßen, mit Nanooks Mut. Der Jäger, der einen Eisbären erbeutet hatte, wurde der Held des Dorfes, denn jeder Teil des Tieres wurde gerecht mit den Nachbarn geteilt, damit sie alle tapfer und stark würden.

Ein paar Tage bevor ich mit meinem Hundeschlitten des Wegs kam und Obdach in Pooshuks Iglu fand, hatte er gerade durch die Hand Nanooks einen unerwarteten Verlust erlitten. Ein aufgetriebener Walroßkadaver, der an den Strand getrieben worden war, hatte eine Anzahl wunderschön bepelzter Polarfüchse zu einem Festmahl herbeigelockt. Pooshuk hatte die Stelle mit kleinen Stahlfallen umgeben, um in Besitz der köstlich weichen Pelze zu kommen, für die er pro Stück vierzig Dollar erhielt. Kurz danach aber war das Unglück geschehen. Ein hagerer Eisbär war vom Meer her herangetrottet, um das Festmahl zu teilen. Pooshuks kostbare Fallen schlossen sich eine nach der anderen um die Krallen des Eisbären – und er riß sie aus ihren Haken. Pooshuk kam gerade rechtzeitig, um zu sehen, wie Nanook entrüstet wegstolzierte, um die Füße Girlanden von Fallen mit nachschleifenden Ketten.

Schon längst bevor unsere Biologen es beobachteten, hatten Pooshuk und seine Leute festgestellt, daß der Eisbär das Leben auf dem offenen Meer dem Leben auf dem Land vorzieht, mit Ausnahme des Weibchens, das zur Wurfzeit auf das am Strand aufgetürmte Packeis steigt. Er durchstreift, wie man weiß, ausschließlich die vereisten Regionen der nördlichen kalten Zone. In der Antarktis gibt es keine Eisbären, und auch in der Arktis lebt nur eine Art. Er läßt sich meist auf einer treibenden Eisscholle nieder, die unbeirrbar einen bestimmten Kurs innehält. So würde ein Eisbär auf einer Scholle, die vor Ellesmere Land abbröckelt, in acht oder zehn Jahren an Point Barrow vorbei westlich von Grönland dahintreiben, dann von einer Strömung erfaßt werden, die ihn zum Nordpol trägt, bis seine Scholle, wieder nach Osten und Süden abschwenkend, ihre Rundreise bei Ellesmere Land vollendet und hier ihren neuen Kreislauf beginnt. Eine andere Meeresströmung kann ein anderes Stück Packeis von Sibirien ostwärts über das Nördliche Eismeer an Nordamerika, Island, Spitzbergen vorbei und über die Nordspitze Asiens hinaustragen. So kommt es, daß Nanook zu keinem eigentlichen Land gehört. Sein fliegender Teppich aus Eis trägt ihn über die wildesten Einöden der nördlichen Hemisphäre, und er kann ganz nach Belieben umsteigen, um sich nach Alaska, Kanada, Grönland, Island, Skandinavien oder Rußland zu begeben. Kein

Polarfuchs, Eisbär und Robbe sind die hauptsächlichsten Beutetiere der Eskimos. Solange diese auf traditionelle Weise jagten, war ein Gleichgewicht gesichert. Aber der Fortschritt hat auch den hohen Norden erreicht...

Die Eskimos waren und sind ein Jägervolk, Fleisch und Pelze der Wildtiere waren von jeher für ihr Leben unerläßlich. Auch der Eisbär, mit dem sie den Lebensraum teilen, darf noch – in begrenzten Stückzahlen – von ihnen bejagt werden.

DAS LEBEN DER ESKIMOS IST EIN ZÄHER EXISTENZKAMPF

Das mächtigste Raubtier der Erde, der Eisbär, bewohnt die Küsten der arktischen Länder und Inseln sowie vor allem den Treib- und Packeisgürtel rings um den Nordpol.

EISBÄREN AUF STREIFZUG DURCH SCHNEE UND EIS

Um die Brosamen vom Tisch des Mächtigen: Wo der Eisbär jagt, können die Polarfüchse hoffen. Sie sind gar gierige Gesellen und trachten nach allem Freßbaren, was zu erhaschen ist.

RUHELOSE WANDERER IN DEN WEISSEN WÜSTEN DES NORDENS

EINST WAR DER EISBÄR EIN LAND-SÄUGETIER

anderer Vierfüßler der ganzen Erde macht in seinem Leben so lange Reisen.

Seine Wohnung auf dem eisbedeckten Ozean ist keineswegs das biologische Vakuum, das man sich vorstellen möchte. Im Gegenteil – es ist ein erstaunlich gut ausgestatteter Kühlschrank. Nahrung ist reichlich, oft im Überfluß vorhanden. Am Boden der kalten Meere leben Muscheln, Krabben und schwärmende Wolken von rosa Garnelen. Die Oberfläche des Ozeans ist voll Plankton, das die Wale der sieben Meere anlockt. Fische, Wasservögel, Füchse und Seehunde sind in der Arktis bekanntlich ungewöhnlich gut genährt.

Dennoch war der Eisbär einst ein Landsäugetier. Er stammt von dem gemeinsamen Vater der anderen lebenden Bären ab, dem Ursus arctos, dem europäischen Braunbären. Man hat ihn jetzt als eine Form des Grislys eingeordnet, der durch seine Umgebung Gestalt und Farbe geändert hat. Im Nationalzoo von Washington hat man die nahe Verwandtschaft zwischen den beiden Bären, dem Grisly- und dem Eisbären, nicht nur durch Kreuzungen bewiesen, sondern die Mischlinge haben auch zahlreiche Nachkommen in den verschiedensten Abstufungen des Grisly- und Eisbärentyps hervorgebracht.

Was die Körpergröße betrifft, so besteht kein allzu großer Unterschied zwischen den beiden Riesenbären, die sich in die Ehre teilen, heute das mächtigste Raubtier der Erde zu sein. Bei mehreren Eisbären hat man ein Gewicht von etwa 1500 Pfund festgestellt – bei Gott, ein fürchterlicher Anblick für einen in seinem Kajak paddelnden Eskimo, wenn das gewaltige Geschöpf plötzlich wie ein Eisberg im Wasser verschwindet und nur noch die schwarze Nasenspitze und die Augen über der Wasseroberfläche sichtbar sind. Ebenso heimlich und verstohlen nähert sich Nanook einem Seehund, der am Rand eines schwimmenden Eisfeldes schlummert, und taucht völlig außer Sicht, wenn er noch ein ganzes Stück von der Robbe entfernt ist. Sekunden später erhebt sich der Eisbär direkt neben seinem Opfer aus dem Meer und zertrümmert ihm mit einem Schlag seiner mächtigen Pranke den Schädel.

Unter den Vorräten, die Pooshuk in sein Iglu gebracht hatte, um während der Blizzards daran zu kauen, war eine solche Bärentatze. Andere Teile des Bären bewahrte er zusammen mit großen Stücken Walroßfleisch und einem Dutzend oder mehr Eiderenten draußen in einem Vorratsspeicher auf hohen Stangen auf. Als ich die Bärentatze aufhob, fühlte sie sich an wie ein Räucherschinken mit weißen Haaren darauf. Der schwarze fleischige Teil der Sohle war zäh wie ein Lastwagenreifen, pockennarbig und ganz mit steifen Haaren bewachsen, die einen Gleitschutz bildeten, und hatten große nadelscharfe Nägel, um genügend Halt auf dem spiegelglatten Eis zu geben. »Nanook rennt zu geschwind«, erklärte Pooshuk – das bedeutete, daß ein Eskimo es an Schnelligkeit mit ihm niemals aufnehmen könne.

Er goß etwas mehr faulig riechendes Seehundöl in die flache Steinlampe und hockte sich dicht daneben nieder, um den gedrehten Moosdocht zu richten. Ich pumpte meinen Primuskocher aus Messing auf, um noch etwas Schnee zu Kaffeewasser zu schmelzen, und der Eskimo nützte die sprühende blaue Flamme aus, um seine Bärentatze zu kochen, und während sie schmorte, erzählte er mir, wie er in ihren Besitz gekommen war. Er war eines Nachts durch schwerstampfende Schritte auf dem Dach seines Iglus aufgewacht. Durch das Luftloch in der Mitte schimmerte ein Mondstrahl, der plötzlich verschwand. Im matten Licht der Öllampe sah Pooshuk eine große Pranke herunterlangen und prüfend umhertasten. Einen Augenblick wurde sie wieder zurückgezogen, und dann schob das Untier seine Nase herein, bis es dem Eskimo Auge in Auge war. Dann fing der Eisbär sofort an, wütend auf dem festgefrorenen Dachbelag zu scharren. Als er innehielt, um wieder in das Iglu hinunterzuspähen, zwängte er seinen Kopf durch die Öffnung. »Da dachte ich, nun müßte ich was tun«, sagte Pooshuk.

Ein Schuß aus dem langen Lauf seines Jagdgewehrs spie eine Kugel in den offenen Rachen der Bestie. Vorsichtig schob sich Pooshuk durch den Tunneleingang seines Iglus, fand den leblosen Körper des Eisbären und machte sich flugs

SEINE WOHNUNG IST DER EISBEDECKTE OZEAN

daran, das Tier auf die Plattform seines Vorratslagers zu schaffen.

»Nanook greift alles an, wenn er hungrig ist«, erklärte der Eskimo und grinste, als ihm ein anderes Beispiel dafür in den Sinn kam. Als er einmal im bröckligen Junieis mit seiner Harpunenflinte auf der Jagd nach Grönlandwalen war, hatten er und seine Begleiter gesehen, wie ein Eisbär auf den Rücken eines auftauchenden Wals sprang, mit dem Wal untersank und wieder heraufkam – noch immer bemüht, ein Maulvoll Walspeck aus dem Rücken des vierzig Tonnen schweren Behemoth zu beißen.

An der äußersten Nordwestgrenze von Alaska, wo sich die baumlose Tundra von den weißgemeißelten Bergen bis zum Eismeer hinunter erstreckt, zerschlagen die Stürme regelmäßig die dem Ufer vorgelagerten Eisfelder zu dicken Scheiben und türmen sie zu meterhohen Wällen auf. In dieses eisige Labyrinth zieht sich das Eisbärenweibchen zurück, um mitten im Winter ihre Jungen zu werfen. Für die tragende Mutter gibt es keinen wirklichen Winterschlaf, nur einen sehr tiefen Schlaf, aus dem sie ab und zu erwacht, um ihre Neugeborenen zu versorgen. Wie bei allen anderen Bärenarten kommen die jungen Eisbären nackt zur Welt, blind und unglaublich klein. Viele Wochen hindurch kuscheln sie sich in den dichten Pelz der Mutter, genießen ihre Körperwärme und trinken ihre warme, dicke Milch. Es sind wollige weiße Bälle von der Größe eines kleinen Hundes, wenn die Mutter sie ausführt, um ihnen die Sonne zu zeigen, die nach mehreren Monaten Dunkelheit wie eine rote Kugel über den arktischen Horizont hochsteigt. Bald danach geleitet sie ihre Babys hinaus aufs freie Eis, wo es reichlich Nahrung gibt und wo sie den Rauch der Eingeborenendörfer riechen, die weit hinter ihnen liegen. Manche der Jungtiere, besonders die männlichen, setzen ihre Füße niemals wieder auf das feste Land, sondern durchstreifen bis ans Ende ihrer Tage weiter die großen Eisinseln des Polargebiets.

Pooshuk und seine Gefährten haben weit draußen im Meer, wenn sie in ihren großen Booten, den Umiaks, auf Walroßsuche fuhren, Eisbärenmütter beobachtet, die ihre Kleinen von Eisberg zu Eisberg führten. Wenn die Jungen beim Schwimmen müde wurden, kletterten sie zuweilen einfach auf den Rücken der Mutter oder ließen sich mitziehen, indem sie die nachschleifenden Rumpfhaare der Alten ergriffen. Obgleich die Eisbären ungemein tüchtige Schwimmer sind, geschmeidig und anmutig wie die Robben, wissen sie genau, daß im offenen Meer das einzige Raubtier lebt, das fähig ist, sie zu verschlingen. Es ist der gefährliche Mörder- oder Schwertwal, das größte und furchterregendste aller noch existierenden fleischfressenden Säugetiere. Ehe das Krachen des Gewehrfeuers – das alle wilden Tiere zu fürchten gelernt haben – das weiße Schweigen des Nordens erschütterte, erkannten Nanook und seine Familie kein überlegenes Wesen an, nicht einmal den Menschen. Wenn sie Hunger hatten, verfolgten sie den Eskimo als jagdbares Wild. Pooshuks eigener Vater hatte einmal einen solchen Angriff mit einem Speer mit Feuersteinspitze abwehren müssen. Der Bär hatte ihm das Gesicht so böse zerfleischt, daß er die Sehkraft eines Auges verlor, und sein rechter Arm war so zugerichtet, daß er ihn bis zu seinem Tode nicht mehr gebrauchen konnte. Aber er erlegte die weiße Bestie und verteilte ihr Fleisch großmütig unter seine Stammesgenossen, mit Extraportionen für seinen ältesten Sohn Pooshuk, damit dieser auch ganz gewiß groß und stark und ein tapferer Jäger werde.

Pooshuk sagte, er glaube nicht so recht, daß diese Zauberkost ihm geholfen habe, obwohl seine eigene Art, mit einem Eisbären fertig zu werden, nichts für Leute mit schwachen Nerven war. Wenn er aufs Eis hinausging, trug er ein Überkleid von weißem Drill, das ihn beinahe unsichtbar machte. Sobald er eine Stelle erreichte, an der die Robben nach oben kamen, um zu rasten, streckte er sich flach darauf aus und legte seine weiße Parka ab, damit sein dunkles Untergewand aus Seehundfell sichtbar wurde. Dann begann er seine Füße, die in Mukluks – Schuhen aus Seehundfell – steckten, in sorgsam abgemessenen Zwischenräumen in die Luft zu strecken, um die Flossen eines sich sonnenden Seehunds vorzutäuschen, machte hin und wieder eine Pause, um sich schla-

Mit ihrem prächtigen weißen Fell haben sich auch die Schneehasen als Bewohner der Arktis gut angepaßt. Durch die starke Behaarung ihrer Pfoten haben sie keine Schwierigkeiten, sich auf dem Eis fortzubewegen.

DER SCHNEEHASE TEILT DEN LEBENSRAUM MIT DEM EISBÄREN

Auf den Norden der Tundra beschränkt ist der Schneehase. Er ernährt sich von der Strauchvegetation, die dort gedeiht. Sein Fell bleibt das ganze Jahr über schneeweiß, während sich das einer Unterart im Sommer braun färbt.

DER SCHNEEHASE IST EIN RELIKT DER EISZEIT

Der Moschusochse hat keine Konkurrenten und kaum Feinde: Trotz eines unglaublich dichten Haarkleides ist ein Pflanzenfresser in diesem Klima nicht zu beneiden. Gegen gelegentliche Angriffe von Wölfen schützt er seine Kälber durch einen Verteidigungsring.

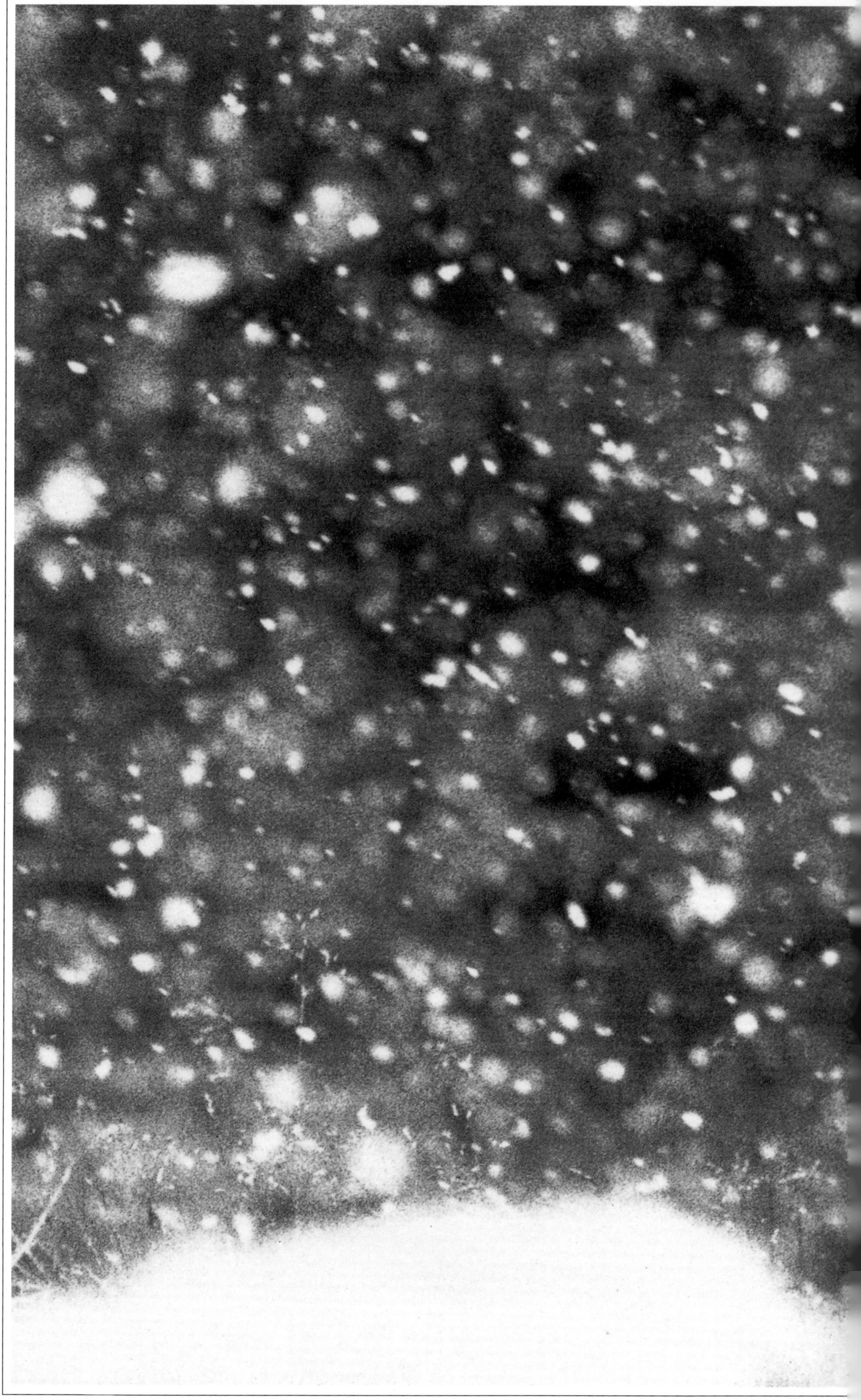

IM UNWIRTLICHSTEN TEIL DER ERDE LEBT DER MOSCHUSOCHSE

MEIN VATER WÄRE NICHT SEHR STOLZ

fend zu stellen, und hob nur gelegentlich den Kopf, wie es die Seehunde tun, wenn sie zwischen ihrem Schläfchen einen Augenblick wach werden. Der Geruch seiner ölgetränkten Seehundfellkleider und die dunkle Silhouette auf dem Eis zogen bestimmt den ersten herumstreifenden Eisbären an, in Windrichtung heranzukreuzen. Nähergekommen, begann der Bär dann, auf dem Bauch heranzukriechen – weiß Gott eine Mutprobe für das vermeintliche Opfer, das Nanooks Lieblingsspeise imitierte. »Muß ihn nahe herankommen lassen«, sagte Pooshuk beharrlich, »ganz nahe heran!«

Etwa fünfzehn Meter entfernt war offenbar ein Punkt, wo der geduckte Bär zum Endspurt ansetzen würde, und das war der Augenblick für Pooshuk, sich blitzschnell aufzurichten und abzudrücken.

Im matten Licht der Öllampe griff ich hinüber, um mir Pooshuks Bärenflinte genau anzusehen. Es war ein sehr altes, sehr oft repariertes Modell, jämmerlich unzulänglich für moderne Begriffe. Als ich versuchte, den salzverkrusteten Hahn zu spannen, brauchte ich meine beiden Hände und einen hartbeschuhten Fuß, um eine Patrone aus dem Schloß herauszustoßen und eine neue hineinzuzwängen. Bei einem angreifenden Bären gab es also stets nur einen Treffer – oder einen Fehlschuß.

Ich schüttelte den Kopf, als ich Pooshuk seine Waffe zurückgab, aber er dachte offenbar, sie bringe ihm genug Vorteil – auf alle Fälle viel mehr, als sein Vater je gekannt hatte.

Ein wenig traurig, weil er wohl das Gefühl hatte, er könne das Vorbild seiner Vorfahren nicht erreichen, sagte er: »Mein Vater wäre nicht sehr stolz auf diese Jagdart!«

Ich werde nie erfahren, was er einige Tage später von mir dachte, als sich der Sturm legte und ich seine Aufforderung, auf die Eisbärenjagd zu gehen, energisch ablehnte. Er hatte vorgeschlagen, ich solle mich mit ihm auf die Eisscholle legen und ebenfalls Seehund spielen. Aber er war taktvoll und drängte mich nicht lange.

»Vielleicht weißer Mann nicht gut stinken«, sagte er nachdenklich. »Vielleicht Nanook ihn nicht mögen.«

Der Polarfuchs verfügt als Bewohner des hohen Nordens über ein langes, dichtes Fell, er hat kleine Ohren und auffallend kurze Beine. Oft folgt er der Spur der Eisbären und verspeist die Überreste deren Mahlzeiten.

DER ROTE VOM LÄRCHENWALD

WOLFGANG FREIHERR VON BECK

Ob das Licht des frühen Morgens den Laubwald durchströmt oder Dämmerung fällt – bei jedem Wetter, zu jeder Jahreszeit drängt es den Jäger hinaus ins Revier: das Wild zu beobachten, zu hegen, zu jagen …

Es war ein wundervoller Morgen, als der Müller und ich nach der Hegge aufbrachen. Ich hatte schon viel von dem sagenhaften Bock von der Abteilung 9 gehört. Ihn durch unsere Blattkünste vor die Büchse zu locken, dafür seien unsere Aussichten zwar schlecht, meinte der Müller. Der Alte habe eine Reihe von Jahren schon zu viel »Musik« gehört von diesseits und jenseits der Grenze, als daß er auf so etwas noch hereinfiele. Ich aber dachte natürlich heimlich bei mir: Die können halt nicht blatten, diese Jäger diesseits und jenseits der Grenze, aber ich – da wollen wir doch erst einmal sehen!

Als wir in die Hegge einfahren, gurrt ein Ringeltauber so laut über uns, daß man ihn trotz des Motorengeräusches gut hören kann. Herrlich morgenfrisch strömt die Wald-

WAR DA NICHT SCHON EINE BEWEGUNG?

Das Reh ist seiner Natur nach ein »Schlüpfer«, ein Tier der Waldsäume und Gebüschzonen. In unseren Tagen dehnt es sein Verbreitungsgebiet immer weiter aus und besiedelt auch das Waldesinnere und die weit offene Kultursteppe.

luft zum Fenster herein. Bei der Forstarbeiterhütte lassen wir den Wagen stehen. Wir halten Kriegsrat, wie wir den halben Heggewald bis zum Spätnachmittag durchblatten. Der Müller kennt alle Plätze und Wechsel, Stände und Einstände, weiß, wo und wann sie am besten springen. Oder sagen wir vielleicht besser, sprangen. Denn es wird von Jahr zu Jahr schlechter mit dem Blatten. Ob wir mit den Jahren schwerhöriger und die Böcke hellhöriger wurden? Das vielleicht auch, meinte der Müller. Aber hauptsächlich sind es die Grenzen und die vielen Schüsse.

Der Vormittag bringt uns weder Erfolg noch Anblick. So sehr wir uns auch abwechselnd bemühen, die Liebeslaute möglichst täuschend und wohldosiert in die morgenstillen Dickungen der Hegge zu senden. Es bleibt still, allzu still. Nur ein Bussard begleitet uns von Stand zu Stand, gibt unerwünschte Antwort auf unser sehnsüchtiges Fiepen, ärgert uns lange durch sein dummes Miauen zwischen den Wipfeln. Auch den Häher locken wir herbei und müssen ihn oftmals bitten, daß er nicht schreit. Doch kein rotes Haar leuchtet auf aus dem Dämmer der Stangenhölzer – kein Poltern harter Schalen, kein leises Knacken zarter Läufe dringt an das lauschende Ohr. Doch der Müller und ich lassen es uns nicht verdrießen. Bringt das Heute kein Glück – schwelgen wir im Gestern: Hier schossen wir damals den hohen engen Sechser, da verpatzten wir den ganz Guten mit den langen Enden, der hernach nie mehr gesichtet wurde, und dort, wo wir jetzt hinkommen, fehlten wir auf sechs Meter den Knopfspießer, der sich derart am nahen heißen Knall entsetzte, daß er sich fast am nächsten Baum errannt hätte.

So reden der Müller und ich und merken kaum, wie der ganze Vormittag im Meer der Waldewigkeit versinkt. Weit draußen, irgendwo hinter den hitzeflimmernden Wiesen und Feldern läutet es Mittag. Die hohen, dunklen Fichten gehen plötzlich zu Ende, wir stehen vor einem Labyrinth grauer schlanker Buchenleiber – die Abteilung 9! Auch wenn der Müller mir nicht einen bedeutungsvollen Blick zugeworfen hätte, mit dem er sagen wollte, es wäre an der Zeit, meine Stimme wieder etwas zu dämpfen, wüßte ich, daß es hier heißt, den Schritt zu verhalten und Auge und Ohr weit aufzumachen. Ein junger Buchenort zur Rehbrunftzeit, der hat immer das gewisse Etwas, in ihm stecken alle Hoffnungen, aber auch alle Gefahren. Wie leicht haben sie da einen weg, bei dem diffusen Licht, das die Sonne durch das Blätterdach wirft, während wir uns, plumpen Kolossen gleich, durch die nur armdicken Buchenstangen schieben.

Der Müller steuert mit großer Vorsicht zwei Holzstöße an – alte gestapelte Buchenprügel, die vom vorigen Jahr stehengeblieben sind. Sie scheinen für uns die einzige brauchbare Deckung zu sein in diesem sichtig-undurchsichtigen Bestand. Und welch ein Problem ist hier allein das Gehen in dem tückischen Altlaub, unter dem sich tausend spröde Zweiglein verbergen, von denen ein jedes laut aufschreien kann unter dem Tritt eines schweren Mannes. Und wir sind deren zwei! Und beide wissen wir, wir dürfen auf keinen Fall einen Häher wecken über uns im lichten Blätterdach, keinen Zaunkönig ärgern im knisternden Reisig, keinen Hasen aus dem Lager schrekken – sonst ist es aus und vorbei mit aller Jägerhoffnung in der Abteilung 9!

Doch wir glauben, wir haben es geschafft. Denn wir sitzen leidlich bequem vor einem der Holzstöße, und soweit ein Mensch mit seinen stumpfen Sinnen das überhaupt wahrnehmen kann, wurde der sommerliche Mittagsfrieden durch unser Eindringen nicht gestört. Warme, flimmernde Mittagsstille umfängt uns. Etwas weiter entfernt als meine Büchse reichen würde, ist ein auffallend dunkler Fleck im hellen Buchenort. Nachdem wir uns verschnauft und zurechtgerückt haben, klärt der Müller mich auf: Es ist eine feuchte Stelle, mit Erlen und einigen Fichten bestockt. Und – war da nicht auch schon eine Bewegung, gerade vor jener dunklen Stelle?

Auf den Sekundenbruchteil gleichzeitig greifen der Müller und ich jeder nach seinem Glas. Kein Zweifel, eine Bewegung! Ein Vogel, ein Eichhörnchen – oder vielleicht doch ein Reh? Der Müller sitzt günstiger, ich habe gerade ein paar Bu-

Die Rehe vermehren sich stark, wenn auch drei Kitze für eine Rehgeiß relativ selten sind. Trotzdem zwingt die gebotene Rücksicht auf die Forstwirtschaft den Jäger, weit mehr Rehe zu erlegen, als ihm lieb wäre. Wen könnte der Anblick einer besorgten Mutter und ihrer großäugigen Kitze kalt lassen?

NEUGIERIG BEOBACHTEN EINIGE REHE DEN WALDRAND

OB ES WOHL DER STUMPENBOCK IST?

chen vor dem Glas. »Bock und Geiß« – das springt über wie ein elektrischer Funke. Ich schaue mir die Augen aus dem Kopf, kann aber nichts mehr sehen. Der Müller auch nicht, das kann ich von seinem Gesicht ablesen. Nach einer Weile nehmen wir das Flüstergespräch wieder auf. Der Müller will sich nicht getäuscht haben, er hat die beiden deutlich gesehen. Sie sind in die dunkle Erlengruppe hinein. Ansprechen konnte er den Bock nicht. Nur daß er stark im Wildbret war, das hat er trotz der Eile gesehen! Es könnte schon sein, daß es der alte »Stumpenbock« ist. Wenn er noch lebt, ja, das wäre einer! Er treibt sich seit Menschengedenken in der Abteilung 9 herum. Ist aber vor und nach der Brunft so gut wie nie zu sehen. Höchstens einmal Ende November, wenn die Hegge getrieben wird und der Stumpenbock längst nichts mehr auf dem Haupte trägt. Aber im Wildbret – stark wie ein Kalb und einen Hals und einen Kopf wie ein Stier! So hat ihn schon mancher Schütze beschrieben, dem er bei der Treibjagd angelaufen war. Was er zwischen Februar und Oktober auf dem Haupte trug, das wußte nie jemand genau zu sagen. Nicht einmal der Müller. Wahrscheinlich nur zwei lauscherhohe, sehr dicke Stumpen. Der Jagdherr meint, der Stumpenbock lebt nicht mehr. Den haben die Bauern längst totgeschossen, seit vor zwei Jahren bei der Neuverpachtung draußen die ganzen Wiesen verlorengingen. Der Müller denkt anders, er kennt die Heimlichkeit seiner Böcke, und jeder läuft den Bauernjägern nicht ins Garn. Also, warum sollte es nicht der alte Stumpenbock sein, der sich da eben, während die Sonne im Zenit steht, mit seiner Schönen im kühlen Erlenbruch untertauchend, unseren Blicken entzog?

»Sollen wir blatten?« flüstert der Müller und tut einen Griff nach der Joppentasche. Ich bin dagegen. Wenn es wirklich der alte Stumpenbock ist, dann kennt er die Musik. Das hat der Müller selbst gesagt. Und ob wir mit dem Kitzruf die Alte – sofern es überhaupt eine Alte ist – um diese beschauliche Mittagsstunde so glaubhaft täuschen, daß sie aus dem Bett hoch wird, unseren Holzstoß ansteuert – und dazu noch ihren, nach des Vormittags Müh und Arbeit faulen Pascha hinter sich herzieht, so wie es in einer zünftigen Jagdgeschichte zuzugehen pflegt, das scheint mir mehr als ungewiß. So drehe ich lieber gleich das Gesicht dem Müller zu und flüstere gedämpft: »Das machen wir einmal anders!«

Und schon stehe ich in grünen Übersocken in meiner ganzen Länge vor dem erstaunt, ja fast erschreckt zu mir aufblickenden Müller. Was, um Gottes und Sankt Huberti willen, so fragen seine Augen, haben Sie denn vor? Sie wollen doch nicht etwa durch die sichtigen Buchen hindurch an das Erlennest heran, wo »sie« sitzen?

Genau das will ich. Rucksack, Glas, alles, was klirren oder baumeln könnte, bleibt zurück bei den zwei Jagdstiefeln am Holzstoß. Nur die Büchse darf mit, nachdem ich den Mündungsschoner abgezogen und in die Tasche gesteckt habe.

Jetzt kann es losgehen. Man ist ja schließlich nicht umsonst fünfzehn Jahre lang Kamerajäger aus Leidenschaft gewesen! Und wenn ich in dieser langen Zeit draußen in Berg und Wald und Feld und Wasser und Sumpf nichts gelernt oder dazugelernt hätte – eines hat mir die Kamerajagd geschenkt als unverlierbaren Besitz: die Kunst, das Wild anzugehen, mich den freien Tieren auf nahe Distanz zu nähern, ihre scharfen Sinne zu besiegen mit jenen Waffen, die Ruhe und Geduld heißen. Die Krone jeder Jagd, ja vielleicht das einzige, was an ihr noch echt und unverfälscht und köstlich ist, sie wurde mir erst in jahrelanger Pirsch mit der Kamera erschlossen: der erregende Weg, die jede Phase unserer Sinne spannende Reise an die Stelle, wo man das Weiße im Auge des Wildes sieht!

Und genau an diesen Platz, an die kleine Erleninsel heran, wo ein unbekannter Rehbock mit seiner Geiß die Mittagsstunde verschläft, will ich jetzt pirschen.

Nur zwischen den Fußspitzen und den Erlen ist jetzt das Revier meiner Augen. Und trotzdem rauscht manchmal ein Blatt, knistert ein vertrocknetes Zweiglein unter den weichen, pirschenden Socken. Ich gehe nicht, ich schleiche nicht. Ich stehe vielmehr reglos wie ein Stamm im Wald und schiebe mich nur mit den Schienbeinen vorwärts, dem ersehnten Ziel entgegen, der

JETZT STEHEN WIR UNS AUG IN AUG GEGENÜBER

kleinen, feuchten Erlengruppe, die ein erregendes Geheimnis für mich birgt – oder die vielleicht schon ganz leer und verlassen ist... Plötzlich habe ich das Gefühl, der Wind hat sich etwas gedreht. Wahrscheinlich nur Einbildung, kurz vor dem Ziel. Doch möglich wäre es, jetzt zur Mittagszeit – oder hier, gerade an der Grenze zwischen dem älteren und dem jüngeren Bestand.

Wenn ich mit dem Müller unterwegs bin, ist der Wind kein Problem: Ich brauche dann nur einen kurzen Blick auf seine Pfeife zu werfen, die brennt wie ein Ofen im Winter, den ganzen Tag! Aber jetzt kann ich nur hoffen, der Wind spielt mir keine Possen und fängt nicht an zu küseln, in der Nähe der kühlen, feuchten Erlengruppe. Ich kann jetzt nicht mehr sagen, wie lange ich schon vom Holzstoß und vom Müller fort bin, fünfzehn Minuten oder eineinhalb Stunden. Nur der Rücken beginnt zu schmerzen, die Wirbelsäule, die alte, vermaledeite, die in einem herrlichen Jäger- und Fischerleben arg strapazierte. Ich muß also doch schon ziemlich lange unterwegs sein!

Nur noch ein ganz kleines Stück weiter so im Zeitlupentempo, dann stehe ich dicht vor den Erlen. Ein kleiner Doppelstamm, nur wenige Schritte entfernt, bis zu dem muß ich mich vorschieben. Wenn mir das noch gelingt, dann ist das Schwerste geschafft. Er muß mir Deckung, Stütze, Lehne sein für den nächsten Akt, den Hauptakt der ganzen Unternehmung!

Mit dem Müller habe ich ausgemacht, wenn ich weit genug weg bin und längere Zeit auf demselben Fleck verharre, könne er unbesorgt ein paarmal vorsichtig fiepen. Doch er läßt nichts von sich hören. Das spricht eher dafür, daß auch er glaubt, die zwei sitzen noch schlafend im Erlenbett. Doch genauso gut können sie sich ja, von uns beiden unbemerkt, schon vor einer Stunde davongemacht haben.

Gerade als ich, stolz über meine Pirschleistung, an meinem endlich erreichten Doppelbaum lehne, fängt drinnen, im Erlengebüsch, das ich schon seit einiger Zeit mit den Augen nach einer Bewegung durchbohre, ein Zaunkönig zu schimpfen an. Natürlich, das mußte ja kommen!

Ärgerlich versuche ich, den kleinen vorlauten Warner zu entdekken. Da der aufgeregte Kerl mit dem steil aufgerichteten Schwänzchen keinen Augenblick stillehält, ist er auch im dichten Gebüsch leicht auszumachen. Doch so sehr ich mich auch bemühe, er läßt sich nicht blicken. Daraus darf ich schließen, daß nicht ich der Gegenstand seines Ärgers bin. Wer aber ist es dann...?

Die Sonne ist wieder ein gutes Stück weitergewandert. Meine Augen versuchen immer wieder, das nahe Blättergewirr zu durchdringen. Und immer noch schimpft der Vogelzwerg. Da endlich – eine kleine, aber nicht zu übersehende hastige Bewegung, drei Fuß über dem Boden gerade dort, wo die Blätter am dichtesten sind, schnurgerade vor mir, keine zehn Meter entfernt. Da ist er ja, das muß er sein, der Zaunkönig, so denke ich zuerst. Trotzdem bleiben meine Augen wie festgenagelt auf dem verdächtigen Fleck haften. Und schon in der nächsten Sekunde befällt mich ein Jagdfieber, wie es mich schon lange nicht mehr geschüttelt hat. Denn kein Vogel bewegt sich da im Blätterwerk, sondern ein Reh, ein leibhaftiges rotes Reh – oder, besser gesagt, eigentlich nur sein Kopf: Dicht vor mir sehe ich ein großes, dunkles Auge, einen rasch mahlenden Äser mit dem glänzend schwarzen Windfang, zwei lange, nervös spielende und schüttelnde Lauscher. Die Geiß! Ohne das geringste Geräusch zu verursachen, wurde sie aus dem Bett hoch, und jetzt stehen wir uns Aug in Aug gegenüber. Und zwei oder höchstens drei Meter neben ihr sitzt der Bock noch faul in der Ruh, das ist sonnenklar.

Meine Lage wird bald unhaltbar. Während ich vorher still und bewegungslos stand, stehe ich jetzt wie in Erstarrung, mit zusammengekniffenen Augen, und wage kaum mehr zu atmen.

Aber endlich scheint die hellrote Geiß sich doch zu beruhigen, sie gibt das nervenaufreibende Scheinäsen, bei dem sie den durchbohrenden Blick keine Sekunde lang von mir nimmt, auf, und ich stelle beruhigt fest, daß sie den Kopf dahin und dorthin dreht, ihn sinken läßt und wieder hochnimmt, ohne Mißtrauen die Lauscher schüttelt, um die lästigen

Die Anwesenheit größerer Schalenwildarten, von Rot-, Schwarz- oder Damwild (im Bild: Schaufler im Brunftkampf) beeinträchtigt zwar die Lebensbedingungen der Rehe, bringt sie aber nicht dazu, ihre Einstände aufzugeben. Das Feld räumen muß dagegen der junge Bock (Mitte), wenn ihn der alte bemerkt (unten): Im Frühjahr und Sommer duldet er keinen anderen in dem von ihm markierten Territorium.

DIE PULSE FLIEGEN, DIE SCHLÄFEN POCHEN

Erst als das Rotwild im Mittelalter auf Druck der Bauern im 19. Jahrhundert weitgehend ausgerottet war, gewann der Rehbock vermehrt die Aufmerksamkeit und Wertschätzung der Jägerei. Lange war er nur seines vorzüglichen Wildbrets wegen für die Küche oder auf Gesellschaftsjagden zusammen mit Fuchs, Hase und Hühnern bejagt worden, wie auch das umseitige Gemälde einer Jagdgesellschaft aus der Romantik zeigt.

Jagd vorbei! Der gesuchte Bock ist gestreckt, der Jäger hat ihn aufgebrochen und trägt ihn im Rucksack nach Hause. Schwer drückt der Bock auf dem Rücken, aber Jäger und Hund kehren beglückt vom Waidwerk heim.

kleinen Fliegen abzuwehren – und daß sie sich wirklich, anstatt nur zum Schein zu kauen, einige Blätter zu Gemüte führt. Einmal wieder tief durchschnaufen und das Gewicht auf den anderen Fuß verlegen können, was allein das bedeutet!

Aber noch sind diese Erleichterungen nicht zu Ende geführt, da kriecht mir doch schon wieder ein böser Geist eine neue heiße Welle Jagdfieber den Rücken herauf, viel ärger noch als die erste, läßt mir das Herz wild schlagen, die Pulse fliegen, die Schläfen pochen: Neben der hellroten Geiß, genau drei Gänge neben ihr, und genau da, wo ich ihn die ganze Zeit über im Bett vermutet habe, ist ein zweiter roter Fleck, viel dunkler, hirschrot und ganz unbeweglich zwischen den Blättern. Ich weiß nicht, wo der Fleck hingehört, ich sehe kein Haupt, kein Schulterblatt, keinen Lauf. Daß es der Bock ist, steht für mich außerhalb jeden Zweifels. Ich beruhige mich zur Not und nestle die Büchse in kleinen Rucken von der Schulter, lasse sie unendlich langsam mit dem Schaft zum Boden gleiten und ziehe sie am Doppelstamm allmählich wieder hoch. Und dann warte ich und warte, bis etwas geschieht. Doch es geschieht gar nichts, die zwei stehen faul herum, so wie es jeder zu tun pflegt, der aus dem Mittagsschlaf erwacht. Ich könnte ja leicht schießen auf den hirschroten Fleck. Undiskutabel, unanständig, unwaidmännisch! Trotzdem ist die Versuchung groß. Endlich verrät er sich doch, denn auch er muß einmal nach den Fliegen schlagen, und so sehe ich zwischen den Blättern für einen Sekundenbruchteil das Haupt. Ein Haupt mit viel Weiß, dick und braun, ja fast geschlossen zwischen den Lauschern. Der Stumpenbock!

Das Haupt ist längst wieder hinter dem Blättervorhang verschwunden. Nur eine kleine rote Stelle, die ein Stück des Trägers sein kann, läßt mich jetzt die Umrisse des Bokkes ahnen. Der große rote Fleck, den ich zuerst entdeckte und der sich nicht verändert hat, mag zu einer Keule gehören. Der Bock steht nicht nur verdeckt, er steht auch denkbar ungünstig.

Aber vielleicht dreht er sich doch noch, der Stumpenbock! Doch er denkt gar nicht daran, sondern läßt mich noch eine ganze Weile in meiner martervollen, süßen Qual stehen. Und dann geschieht etwas, das ich eigentlich leicht hätte voraussehen können, das ich aber in meinem Stolz über die Pirschleistung und in meiner Beutegier überhaupt nicht in Rechnung gestellt hatte: Der Stumpenbock, ohne die Gefahr auch nur zu ahnen, empfiehlt sich auf elegante Weise durch die Hintertür!

Ganz plötzlich, vielleicht genau in dem Augenblick, als meine äußerste Spannung etwas nachzulassen beginnt, kommt Bewegung in die

Die Rehgeiß, mit der der Bock bisher zusammen gezogen war, ist jetzt allein. Wenn es Herbst wird, wird sich der Jäger auch um sie bemühen müssen, auch wenn sie keine Trophäe zu bieten hat: Die Hege eines zahlenmäßig begrenzten, aber gesunden Rehwildbestandes erfordert auch eine naturnahe, nach Lebensalter und Geschlechtern ausgeglichene Bestandsstruktur.

DIE STILLE TÄUSCHT – IM WALD LAUERT DIE GEFAHR

VORBEI IST DER TRAUM VOM STUMPENBOCK

beiden Rehe. Mit jener geschmeidigen Eleganz, die dem Rehwild eigen ist, lösen sich Bock und Geiß gleichzeitig aus der Ruhe, bewegen sich von einem Augenblick zum anderen acht schlanke Läufe – er tief, mit vorgestrecktem Träger und Windfang, wie angehängt an seine tändelnde, in anmutiger Verspieltheit fliehende Geiß. Er treibt sie hinaus aus dem Erlenbruch, wo sie ahnungslos Mittagsruhe hielten, hinaus auf die andere Seite, wo ich nicht stehe! Ein letzter roter Schimmer noch zwischen den Stangen – und vorbei ist der ganze Spuk, der mittägliche Sommertraum vom Stumpenbock!

Ich nehme die Büchse auf die Schulter und gehe langsam zum Holzstoß zurück, wo der Müller mich mit fragendem Gesicht empfängt. »Die haben nichts gemerkt, die kommen sicher am Nachmittag wieder«, meint er nach meinem Bericht. Ich kann Trost brauchen.

Die Sonne stand noch recht hoch am Himmel, da war ich schon wieder, mit neuer Hoffnung geladen, in der Abteilung 9. Diesmal näherte ich mich dem Schauplatz von der anderen Seite und wählte meinen Ansitz nahe der Grenze. Ich muß zugeben, schon recht nahe der Grenze stand die dicke Fichte, die mir schließlich zusagte und zu deren Füßen ich mich niederließ, mit dem festen Vorsatz, bis zum Schwinden des Büchsenlichts auszuharren.

Der Stumpenbock, so vermute ich, sitzt wohl mit seiner Geiß in dem langen Jungfichtenstreifen, der sich die Grenze entlangzieht. Entweder treibt er sie wieder in die Abteilung 9 herein, um sich bis zum Abend in der Nähe der Erlen, die wahrscheinlich sein Hauptbrunftplatz sind, aufzuhalten. Oder sie bleiben in den Fichten, um erst spät auf die Felder und Wiesen zu ziehen. Mein Platz scheint mir aber so gut gewählt, und der Buchenort liegt so still und verheißungsvoll, daß ich eigentlich nur mit der ersten Möglichkeit rechne.

Gegen halb fünf, ich mochte gerade eine Stunde, mit dem Rücken an meine große Fichte gelehnt, gesessen haben, schrecke ich, aus Gedanken jäh geweckt, zusammen.

Anhaltendes, lautes Fiepen dringt an mein überraschtes Ohr. Die Töne kommen rasch näher und klingen viel mehr wie das Rufen eines jungen Habichts, als daß ich sie mit der Hochzeit des Stumpenbocks in Zusammenhang bringen könnte. So drehe ich mich, als der Spektakel immer größer wird, vorsichtig um – und gewahre den Jagdnachbarn, einen älteren Bauernjäger, der zügig den Grenzweg entlangschreitet. Eine Hand hat er in der Tasche seiner Leinenjoppe vergraben, aus ihr entlockt er offenbar die lieblichen Töne.

Der im Gehen fiepende Jagdnachbar tat mir den großen Gefallen und kam nicht mehr zurück. Die Stille des Spätnachmittags breitete sich so verheißungsvoll um meinen Ansitzplatz aus, daß die Zeit schnell verrann und ich gar nicht bemerkte, wie sehr die Erlengruppe vor mir meine Hoffnungen enttäuschte. Es ereignete sich lange nichts. Später kreischte weit oben am Hauptweg ein Häher. Es begann schon stark zu dämmern, als ich endlich das erste Stück Rehwild in Anblick bekam, einen suchenden Bock, der es offenbar ziemlich eilig hatte. Erst durch das Glas stellte ich fest, daß er gar nicht so schlecht war, wie ich zuerst annahm. Seltsam, wie leicht man sich gerade im Buchenstangenholz und überhaupt im jungen Laubwald immer wieder täuscht. Zwischen den schlanken,

Wenn auch der Rothirsch bei den Jagdszenen in der bildenden Kunst immer im Vordergrund stand, findet man zuweilen doch auch Rehe auf solchen Darstellungen; so auf dieser Vase aus der Barockzeit.

MUTLOS IRRTE ICH IM WALD UMHER

grauen Baumleibern sieht meist alles schwach und klein und dünn aus. Es ist genau umgekehrt, als zum Beispiel auf morgendlicher Wiese, wo oft ein zweijähriges Sechserlein im Schleier des Frühnebels dasteht »wie ein Hirsch«. Und während es hier manchmal bittere Enttäuschungen mit nachfolgenden Gewissensbissen und Selbstvorwürfen gibt, wenn man an den Gefällten herantritt, erlebt man dort ebensooft die freudigste Überraschung.
Aber es fällt mir nicht ein, nach der Büchse zu greifen. Mein Sinnen und Trachten ist nur auf einen gerichtet, den Stumpenbock. Einen anderen will ich nicht. Ich gehe an der Erlengruppe vorbei hinauf auf den Hauptweg. Auf dem großen Windwurfschlag ist es noch so licht, daß man zur Not noch etwas erkennen könnte. Doch der Müller hat mich auf dem geraden Weg schon kommen sehen und die Scheinwerfer aufgeblendet.
Wir erreichen die Staatsstraße. Auf der ersten Grummetwiese stehen zwei große dunkle Punkte. Wir halten an und betrachten die beiden Stücke durch die Gläser. »Das linke ist der Bock!« Und das Herz klopft, auch wenn »er« über der Grenze steht – oder vielleicht gerade deshalb?

Der Heimweg von der Hegge bis zum Haus des Jagdherrn betrug genau sechzehn Kilometer. Zu lang schien er mir jedesmal zu sein, seit ich die Bekanntschaft des Stumpenbockes gemacht hatte, der mir jetzt schon oft nachts im Traume erschien. Viel zu lang auch die Zeit zum Essen und Schlafen, am liebsten hätte ich die Nächte im Wald verbracht. Die warmen Sommernächte wären ganz danach angetan gewesen. Als ich aber am nächsten Morgen sehr zeitig wieder losfuhr, hatte es während der Nacht gewittert, und es sah ganz so aus, als ob es sich einregnen wollte. Dies beurteilte ich für meine Pläne um den Stumpenbock als durchaus günstig, und als es in der Abteilung 9 richtig hell wurde, saß ich schon wieder, ganz auf Daueransitz eingerichtet, in der Nähe der Erlengruppe. Das Wasser tropfte von den Bäumen, und da das Bodenlaub durch den Nachtregen naß war, fiel es mir ganz leicht, den vorgesehenen Platz geräuschlos zu erreichen. Kurz vor acht Uhr schallte plötzlich Traktorenlärm durch den Wald. So häßlich er auch klang, ich maß ihm keine Bedeutung zu, es wird wohl einer sein, der oben am Hauptweg vorbeifährt, und das Wild kennt ja das Geknatter. Der Lärm wurde aber stärker und stärker, es leuchtete knallrot auf hinter den Erlen – und mit grausamer Entschlossenheit kam das Ungetüm, mit Waldarbeitern beiderlei Geschlechts besetzt, gerade auf mich zu. Genau zwischen mir und den Erlen blieb es stehen. Schüchterne Verhandlungs- und Bestechungsversuche von meiner Seite verfehlten ihre Wirkung.

Sie wollten bis zum Mittag bleiben und wahrscheinlich nachmittags wiederkommen. Es blieb mir also nichts übrig, als die mit so viel Hoffnung aufgeschlagenen Zelte abzubrechen. Wie aber sollte ich jetzt den Stumpenbock finden? Die Hegge war groß, ein großer zusammenhängender Bestand, den ich in vielen seiner Teile gar nicht kannte. Und der Müller, der vielleicht noch den besten Rat gewußt hätte, war heute nicht dabei. Etwas mutlos irrte ich eine Stunde lang im tropfenden Wald umher, bis ich mich mit der veränderten Lage etwas abgefunden hatte und darangehen konnte, neue Pläne zu schmieden. Denn den Stumpenbock aufzugeben und mit dem sicheren Einverständnis des Jagdherrn anderswo wahrscheinlich bessere Böcke zu jagen, das wäre mir nie und nimmer in den Sinn gekommen.
Zweimal umging ich pirschend die Abteilung 9 in zwei großen Kreisen, ohne daß mir etwas Gescheites einfiel. Da waren so viele große und kleine Dickungen, günstige Schläge, verheißungsvolle Einstände, in denen der Alte sein neues Quartier bezogen haben konnte. Ich wußte nur eines: Durch den Lärm der Stimmen und Äxte, das Geknatter und den Ölgestank des roten Traktors war er so gut wie sicher aus dem Bereich der Erlen vergrämt worden. Und das Schlimmste: Ich selbst hatte nur mehr diesen und den nächsten Tag zur Verfügung. In dieser kurzen Zeit mußte ich also meine Bemühungen verdoppeln.
So entschloß ich mich, mein ganzes Augenmerk zunächst auf den großen Windbruchschlag zu rich-

Das Damwild ist längst nicht so weit verbreitet wie das Reh und längst nicht so populär wie der Rothirsch. Da es sich gut in Parks und Gattern halten läßt, haben es trotzdem die meisten Menschen schon aus der Nähe betrachten können. In freier Wildbahn ist es sehr scheu und nicht leicht zu bejagen. In der Brunft liefern sich die Schaufler erbitterte Kämpfe, die gelegentlich tödlich enden.

Ihre ganze Kraft legen die Hirsche in den Kampf

KEINES DER DREI REHE NAHM MICH WAHR

Ein treuer Gefährte des Jägers ist der Rauhhaardackel. Als Bauhund wird er bei der Fuchs- und Dachsjagd eingesetzt. Seine Starrköpfigkeit ist berühmt-berüchtigt. Heldenmärchen ranken sich um seinen Mut und seine Einsatzfreude bei der Jagd.

ten. Mit seinem hohen Grasbewuchs, der mit frischen Erdbeer- und Himbeerschlägen abwechselte, mit den einzelnen, nicht aufgearbeiteten Windwürfen, die mir guten Ausblick auf die wenig übersichtliche Schlagwildnis boten, glaubte ich, hier die beste Möglichkeit zu haben, den verlorenen Stumpenbock wiederzufinden. Es sollte auch nicht allzulange dauern, bis sich meine Hoffnungen, wenigstens zum Teil, erfüllten:

Gegen neun hörte es auf zu regnen, und der grau verhangene Himmel hellte sich auf. Nur ein paar kleine Nebelfahnen blieben noch eine Zeitlang im hohen Gras hängen. Schwaden einer herrlich frischen Waldluft zogen bald vom feuchten Erdboden den hohen Wurzelstock des Windwurfs herauf, den ich mir als Lauerposten auserkoren hatte. Und die Himbeerblätter tief zu meinen Füßen sahen wie frisch lackiert aus. Pünktlich, wie auf die Uhr bestellt, leuchtete es auch schon rot auf aus dem hohen Altgras, und eine Geiß mit Kitz zog vertraut auf die nächste vor mir liegende Blöße. Sie hatten noch kaum begonnen, an den nassen Blättern herumzunaschen, da warfen sie gleichzeitig auf und äugten zurück. Sollte es wirklich möglich sein? War »Er« es – oder vielleicht ein ganz anderer? Das mußte sich jetzt in den nächsten Sekunden entscheiden.

Da war auch schon wieder Bewegung in den fahlgelben Halmen, neues Rot, schlanke Läufe – leere Lauscher – ein Schmalreh tänzelte spielerisch elegant auf das frische Grün heraus, schüttelte sich kurz die Wassertropfen aus der dunkelroten Decke und äugte auf die beiden anderen hin. Diese äugten her, mit spitz vorgestellten Lauschern. Dann beruhigte man sich allseits, und alle drei fingen zu äsen an. Dabei kamen sie abwechselnd bedenklich nahe an meinen Windwurf heran, der mir, eine Art Naturhochsitz aus Wurzelwerk und Erdreich, keine gerade ideale Dekkung bot. Aber es ging gut, keines der drei Rehe nahm mich wahr oder schöpfte Verdacht. Und schließlich standen wir ja mitten in der Brunft, und es müßte schon ganz merkwürdig zugehen, wenn in der nächsten halben Stunde sich kein Bock zu den beiden Schönen gesellte.

Die Zeit verrann wie im Flug, während meine Augen voll Erwartung auf der kleinen Blöße und den drei darauf herumäsenden Rehen hingen. Da riß mich völlig unerwartet ein furchtbar lauter Schreckton aus meiner gespannten Hoffnung, und schon im nächsten Augenblick saß ich nicht mehr als lauernder Jäger, sondern nur mehr wie ein begossener Pudel auf meinem luftigen Wurzelstock. Was war geschehen? Der schreckliche Ton kam aus derselben Richtung, aus der das Schmalreh auf den Schlag gezogen war. Und als ich schnell den Blick nach dorthin warf, sah ich gerade noch ein breites, ganz helles Rehhaupt über dem hohen Altgras, und darüber ragte es kurz und dick und schwarz zwischen den Lauschern. Der Stumpenbock!

Dann war die Erscheinung weg. Aus der Traum! Aber noch zweimal belehrte mich ein tiefes »Böh« aus der Wirrnis des Schlages, daß ich nicht geträumt hatte. Die drei Damen auf der Blöße nahmen kaum Notiz von dem Vorfall. Nach kurzem Sichern fuhren sie im Äsen fort. Erst als auch sie wieder eine Zeitlang in der schützenden Dickung verschwunden waren, stieg ich vorsichtig auf den Waldboden hinab. Und während ich auf dem langen geraden Hauptweg ging, begleitete mich der kurze Baß des Stumpenbocks noch mehrere Male. Ja, er begleitete mich, denn ich konnte genau hören, daß seine Stimme immer mit meinem jeweiligen Standort auf einer Höhe blieb. Aha, dachte ich, der versteht sein Handwerk und beobachtet genau deinen Rückzug. Und ich zweifelte keinen Augenblick daran, daß der Stumpenbock von der Abteilung 9 schon viele Dutzende von Malen auf diese Weise mit seinen Verfolgern gespielt hatte!

Mittags erzählte ich dem Müller von meinem Erlebnis und von meiner Niederlage. Er beurteilte die Lage keineswegs als hoffnungslos. »Der kommt wieder!« meinte er lakonisch und im Brustton tiefer Überzeugung.

Allerdings, so setzte er hinzu, ohne Hochsitz seien die Aussichten schlecht. Und da er den Windbruchschlag mit seinen Tücken viel besser kannte, ließ ich mich überzeugen. Sofort nach dem Essen fuhren wir wieder los.

Wilde Schafe hat es in der Wildbahn Mitteleuropas seit der letzten Eiszeit nicht mehr gegeben. Das in den letzten Jahrhunderten aus Korsika und Sardinien eingeführte und ausgesetzte Muffelwild füllt jetzt vielerorts diese Lücke. Es hat sich in die Lebensgemeinschaft unserer Wälder in den meisten Fällen gut eingepaßt.

REGUNGSLOS VERHARRT DAS WILD AUF DER LICHTUNG

NUR DEN EINEN SAH ICH NICHT MEHR

Aufmerksam äugt die alte Rehgeiß dorthin, wo der Kameraverschluß klickt. Sie hat schon viel erlebt und gelernt, mit dem Menschen den Lebensraum zu teilen.

Einen neuen Hochsitz an Ort und Stelle zu zimmern, kam nicht in Frage. Es hätte zu viel Zeit gekostet und zu viel Lärm gemacht. Wir beschlossen, den nächsten erreichbaren Sitz gemeinsam heranzuschleppen. Was wir fanden, war ein »älteres Modell«, das da bald zwischen zwei Fichten im Winde schwankte. Doch die Sicht auf den Schlag war großartig..., und heute abend und morgen, deinem letzten Tag, wird er schon halten.
Ich fühlte mich jedenfalls auf dem neuen Sitz recht wohl. Erst konnte ich allerdings die Sorge nicht loswerden, der überschlaue Stumpenbock könnte auch dieses Manöver beobachtet und entsprechend registriert haben.
Aber je mehr der Abend voranschritt, desto mehr kamen auch meine Hoffnungen zurück. Ich sah sie auch alle wieder, mit denen ich während der letzten Tage im Hegge-Revier Bekanntschaft geschlossen hatte: die Kitzgeiß, das dunkle Schmalreh, den Fuchs, den Hasen, die Ringeltauben, die jeden Abend um genau die gleiche Zeit klatschend über die hohen Fichten strichen und bei deren Anblick ich immer überlegte, ob ich wohl eine treffen könnte.
Ich sah auch den roten Traktor und die Leute, die noch immer nach der Abteilung 9 zur Holzarbeit fuhren. Nur den einen, den sehnsüchtig Erwarteten, auf den ich mir von früh bis spät auf dem schwankenden, morschen Sitz Geduld und Knochen wundsaß, ihn sah und hörte ich nicht mehr.

Am letzten Abend, es war wieder ein trüber, regnerischer, blieb ich so lange sitzen, bis ich selbst dicht unter der Leiter nichts mehr erkennen konnte. Als ich kurz vor Einbruch völliger Dunkelheit den langen Hauptweg hinunterging, war ich wohl etwas enttäuscht über die Niederlage, die mir der alte Stumpenbock beigebracht hatte. Trotzdem war ich glücklich und bester Laune. Wenn auch der Rucksack leer blieb, es war einfach herrlich, tagelang auf einen Bock zu jagen, der schlauer war als ich und gegen den ich schließlich verlor. Meine Mühen waren keineswegs vergeblich geblieben: Ich hatte jetzt eine enge Beziehung zur Hegge und zum Stumpenbock, und vielleicht lebte er im nächsten Jahr auch noch und war noch geriebener geworden. Dann würde ich meine Anstrengungen um ihn verdoppeln!
Als ich fast vier Monate später an einem Novemberabend müde und ausgefroren von der Gamsbrunft nach Hause kam, lag ein Brief des Freundes auf meinem Schreibtisch. Er mußte wohl etwas Besonderes zu berichten haben, denn selbst gut befreundete Jäger sind meistens sparsam mit Schreiben.

Was aber in diesen Zeilen stand, packte mich so, daß ich selbst darauf vergaß, die eisverkrusteten Schneestrümpfe abzulegen. Und zwei- oder dreimal las ich, was da... geschrieben stand: »Stell Dir vor, was sich gestern ereignet hat! Wir jagten die Hegge, und da schoß doch einer aus Versehen in der Abteilung 9 deinen Stumpenbock als Geiß! Er hatte nichts mehr auf dem Kopf, aber es gibt gar keinen Zweifel, daß er es war. Sein Haupt und Nacken sind wie von einem Stier, im Wildbret ist er einfach ein Riese. Der Müller hat ihn zwar noch nicht gewogen, aber wir schätzen ihn auf fünfzig Pfund.«
Ich stellte mir alles so vor, wie es sicher gewesen war: Der Stumpenbock lag neben den anderen auf der Strecke vor dem Hexenhaus, ein großes Loch irgendwo in der grauseidigen Winterdecke, und der rote Schweiß rann aus dem Äser in den niederen Neuschnee. Der Erleger stand gleichmütig zwischen den Schützen und aß seine dampfende Erbsensuppe, sicher ohne zu ahnen, wen er da zur Unzeit ausgelöscht hatte...
Lange saß ich vor dem Brief und sinnierte, während im Kachelofen unbemerkt das Feuer verlosch. Es war mir bitter leid um den Stumpenbock. Und, ich darf es gestehen, auf seine Trophäe, die jetzt sicher an zwei verschiedenen Stellen in der Hegge unter dem Buchenlaub und dem Schnee vergraben lag, wäre ich neugierig gewesen. Zu gern hätte ich sie an meiner Wand gehabt, denn sie war eine Trophäe nach meinem Sinn und Geschmack. Nichts zum Zeigen und Prahlen, kein Gold und Silber im eitlen Ausstellungssaal. Aber ein Hort der Erinnerung an einfache, beziehungsreiche Jagd, an Mühe und Freude, Hoffnung und Enttäuschung – und endlichen Lohn.

VON STARKEN KEILERN

FRIEDRICH KARL VON EGGELING

Vom Holländer Jan Fyt stammt das umseitige Gemälde »Keiler, von Hunden angegriffen«. – Die starken Keiler ziehen das Jahr über meist als Einzelgänger ihre Fährte. Nur die Wittrung einer rauschigen Bache bringt sie dazu, sich vorübergehend zu einer Rotte zu gesellen.

Es war im September kurz vor der Brunft, einzelne Haferschläge standen noch und wurden sehr heftig von den Sauen vorgenommen. Aber ob ich auch am Abend oder am Morgen an den Einwechseln saß, sie kamen immer bei völliger Dunkelheit, und außer schwarzen Schatten bekam ich nichts ins Glas. Es blieb mir also nur übrig, den Mond zu Hilfe zu nehmen, mit schlechtem Gewissen muß ich sagen, denn mein Vater hatte mir eingebläut, daß die Nacht dem Wilde gehöre. Nach dem vielen, was ich seither in ungezählten Nächten erlebte, die ich draußen im Walde oder am Feld verbrachte, bin ich anderer Ansicht geworden. Ich meine jetzt nicht das Schießen, als vielmehr die Folge der Tatsache, daß unser Wahrnehmungsvermögen in der Nacht ungeheuer gesteigert wird und sich optisch wie

KEIN LAUT AUSSER DEM RASCHELN DES WINDES

auch akustisch neue Welten erschließen, von denen man als normaler Tagmensch gar nichts weiß. Es war also Anfang September, wir bekamen Vollmond, und ich fuhr ins Revier, hielt an der Grenze unten im Bachtal an, ließ den Hund auf dem Sitz schlafen und pürschte los. Den Verlauf der Pürsch hatte ich mir genau zurechtgelegt, denn ich wollte nicht mehr vertrampeln als unbedingt nötig war und mußte andererseits darauf achten, daß ich nicht den Auswechsel der Sauen störte, die vielleicht noch gar nicht im Hafer standen. Auf jeden Fall aber mußte ich zunächst einmal aus dem tiefeingeschnittenen Bachgrund heraus, in dem es so stockdunkel war, daß ich meine Fußspitzen nicht sehen konnte. Ich tastete mich den Hohlweg hinauf, und dann lag die weite Heide vor mir...
Es ist nicht der süße Duft der blühenden Heide, der mich immer wieder verzaubert, es ist der herbe Geruch, den sie in den anderen Jahreszeiten ausströmt, der Geruch nach Kiefernharz und bitterem Porst, nach Birkenlaub und Moor. Es ist der Duft des Ginsters, der schwer über die unendlichen Weiten zieht, der herbe Geruch der Eichenblätter, des träge dahinfließenden braunen Wassers und der vom Pflug frisch aufgebrochenen schwarzen Erde. Es ist ein Geruch, so unverwechselbar wie der von alten Häusern, in denen man seine Kindheit verbrachte.

Aus dem Traum dieser Nacht weckte mich das Schrecken eines Rehes nicht weit von mir, vor mir in den Anflugkiefern und den Wacholdern in der hohen Heide. Es kam aus einer kleinen Senke, die hinunterführt in eine tiefe Rinne, von der aus sich ein Ginsterbestand bis zum Walde hinzieht. In das Schrecken dieses Rehes stimmte ein zweites ein mit hoher, gellender Stimme, und nach kurzer Zeit schreckte ein weiteres mehr nach links hin mit tiefem Baß. Das konnten nur Sauen sein, die dieses Konzert verursachten. So, wie sich das Geschimpfe der Rehe hinzog, mußten sie die Richtung auf den Haferschlag nehmen, von dem noch ein schmaler Streifen auf dem Halm stand. Ich brauchte also die eigentlich geplante große Umgehung nicht zu machen, mußte nur den Hafer zwischen mich und den leichten Westwind bringen und so pürschen, daß ich mich nirgends gegen den Horizont abhob.
Das weiße Licht des Mondes wurde erwärmt durch einen schwachen Bodennebel, der die wilden Gestalten der Wacholder noch mehr verzerrte und durch die optischen Verschiebungen von nah und fern Bewegungen vortäuschte, solange auch ich mich bewegte.

Wie oft bin ich so genarrt worden, mitunter so heftig, daß ich die Büchse von der Schulter riß, ganz sicher, daß vor mir ein Rudel Wild stand oder Sauen trollten. Oft auch habe ich mir diesen Trug selbst zunutze gemacht, wenn ich mit dem Glase festgestellt hatte, daß in der Wacholderheide Wild stand. Dann pürschte ich, ohne Deckung zu nehmen, kerzengerade aufgerichtet, mit langsamen gleitenden Schritten, die Arme dicht am Körper, auf das Wild zu, vermied jede seitliche Bewegung und, wenn ich den Mond im Rücken hatte, konnte es vorkommen, daß ich bis in das Rudel hineinpürschte.
Der Grabeneinschnitt, in dem ich den Sauen entgegenpürschte, führt im Frühjahr bei der Schneeschmelze mitunter einige Tage lang Wasser, deshalb ist seine Sohle frei von Heide und die Quarzkristalle im Sand leuchten im Mondlicht hell, daß man schnell vorwärtskommt, ohne fürchten zu müssen, über Steine oder Heidplaggen zu stolpern. Völlig geräuschlos kam ich voran, kreuzte die Quersenke, in der die Sauen aus dem Ginster gekommen sein mußten, und hatte damit die Rehe umgangen, die jetzt links von mir, überriegelt durch den Einschnitt des Grabens, in der Heide stehen mochten. Noch dreihundert Meter ging es weiter, und dann stand ich am Ende des Haferfeldes, hatte den Mond im Rücken und den Wind schräg von vorn. Der stehengebliebene Streifen der Frucht war noch etwa dreißig Meter breit, er leuchtete silbern, und der leichte Wind ließ die Ähren flüstern. Es war ein sehr großes Feld, seine Längsseite, an der ich stand, zog sich noch über die Höhe hinweg, und so sehr ich auch lauschte und mich anstrengte, Geräusche aufzufangen, außer dem Rascheln des Windes war nichts zu hören. Die Sauen mußten, wenn sie überhaupt hier

In ihren langen und scharfen »Gewehren« besitzen die Keiler eine tödliche Waffe, die sie selbst gegen Bären erfolgreich einzusetzen imstande sind. Weit imposanter, aber auch ungefährlicher sind die Hauer der Warzenschweinkeiler, die hier einen kostbaren Kelch zieren.

ES ERHOB SICH EIN WURF AUS DEM HAFER

waren, ganz oben im Felde stehen. Langsam pürschte ich mich hinauf. Immer, wenn ich einige Schritte in der Pflugsohle am Rande des Ackers getan hatte, blieb ich stehen, nahm das Glas und suchte vor mir den Hafer ab, aber erst, nachdem ich schon fast zwei Drittel der ganzen Länge hinaufgekommen war, hörte ich ein Geräusch. Es war das Kauen und Knabbern, das Schmatzen von Sauen, unterbrochen von langen Pausen des Sicherns. Den Lauten nach war es eine einzelne Sau, und, so wie es klang, war sie auch gar nicht weit vor mir, aber so sehr ich mich anstrengte, selbst mit meinem starken Glase konnte ich nichts sehen. Doch nach wenigen Schritten wurde mir klar, weshalb ich nichts sah und warum sich die Sau gerade diese Stelle ausgesucht hatte. Als schmales Band zieht sich nämlich hier auf der Höhe ein Lehmstreifen durch die Heide, auf dem der Hafer hüfthoch wuchs. Dazu noch hatte diese Höhe gleich nach dem Krieg als Bombensprengplatz gedient, und trotz aller nur möglichen Einebnungsarbeiten gab es noch Dellen und Senken, die zusätzliche Sicherheit verschafften. Aus einem solchen Loch heraus gesehen, mußte ich mich wie ein Scherenschnitt gegen den Himmel abheben.

In dem gleichen Augenblick, in dem mir dies klar wurde, ging ich sofort in die Hocke und bewegte mich, tief gebückt, im Schutz des Hafers noch ein paar Schritte weiter nach vorn. Das Schmatzen kam jetzt unmittelbar von meiner rechten Seite her. Wenn die Sau mitten im Feld stand, konnte sie nicht weiter als fünfzehn Meter von mir entfernt sein. Ich hörte jeden Schritt, den sie tat, hörte, wenn sie sich aufrichtete, um Ähren herunterzuziehen, vernahm das wohlige kurze Grunzen, das ganz leise von tief unten aus der Brust kommt.

Mit der Büchse am Kopf ging ich langsam aus der Hocke hoch und sah – nichts! Vor mir schmatzte es, raschelte, schmatzte, schemenhaft undeutlich erhob sich ein Wurf aus dem Hafer, zog sich Ähren herab, verschwand, Stille, Schmatzen, Stille, Rauschen im Getreide, wenn die Sau einen Schritt nach vorn tat. Mir wurden die Arme steif, ich mußte die Büchse absetzen, ging wieder

Das Schwarzwild hat eine hohe Vermehrungskraft, durch die es Verluste durch Dürre oder schneereiche Winter ausgleichen kann. Wo diese fehlen, bricht ein zu hoher Bestand bald wieder durch Seuchen zusammen.

ICH WAR ERFÜLLT VON EINEM ERLEBNIS

Einen auf's höchste gereizten, von der Meute gestellten Keiler mit der blanken Waffe in der Faust anzugreifen – das war noch Waidwerk, das Kraft, Geschicklichkeit und Mut verlangte. Die hier abgebildeten Hirschfänger waren eher kunstvoll gearbeitete Jagddegen – und für den ernsthaften Einsatz nicht gedacht.

etwas tiefer in die Hocke, wartete. Ruhig, sagte ich mir, du mußt ganz ruhig bleiben, keine Dummheit jetzt, denk an etwas anderes, warten mußt du, stillestehn! Gar nichts anderes!

Ich weiß es noch genau, in diesem Moment ging mir das alte Lied durch den Kopf: »Malbrough s'en vat'en guerre...« Als ich bei der Zeile »Elle voit de loin son page« angekommen war, machte die Sau vor mir einen Rumpler im Hafer, blies ohne Aufregung, zog mit schwerem Schritt die Reihen hinauf, blieb wieder stehen und fing zu kauen an.

Sie war jetzt etwa zwanzig Meter von mir entfernt, und als ich mich aufrichtete, konnte ich deutlich die Rückenlinie sehen. Also war sie aus dem Loch herausgetreten, in dem sie die ganze Zeit gesteckt hatte. Die Sau hob sich deutlich von dem silbernen Hafer ab, bis zur Hälfte ihrer Größe stand sie jetzt frei. Dort oben mußte eine Kiesstelle im Feld sein, wahrscheinlich hochgeschleuderter Kies aus dem Untergrund aus der Zeit der Sprengungen.

Wenn überhaupt, dann konnte es in diesem Augenblick gehen. Durch das Fernrohr fuhr ich mit einem Blick über die Sau hin: Dort war der Wurf, da die höchste Stelle im Rükken, dazwischen mußte die Kugel hin, etwas tiefer, dicht über die Halme weg.

Das Mündungsfeuer blendete mich fürchterlich, für Sekunden war ich vollständig blind. Mechanisch repetierte ich am Kopf und riß die Büchse herunter, als ich hörte, wie das Rauschen im Getreide gleich einer Dampfwalze auf mich zu kam.

Aber ich wäre hilflos gewesen in meiner Blindheit, wenn der Keiler mich wirklich angenommen hätte. Unmittelbar vor mir stampfte, pflügte er durchs Getreide, schnellte sich plötzlich hoch, so daß ich ihn sehen konnte, eben wieder sehen konnte, keine fünf Schritte rechts von mir. Er schnellte sich fast mit seinem ganzen Körper in die Luft, fiel hinunter in den Hafer, blieb liegen, war im Fall verendet.

Jetzt schlugen mir die Zähne vor Aufregung, ich bebte am ganzen Körper, so sehr schüttelte mich das Jagdfieber. Dann trat ich an die Sau heran, berührte sie mit der Stiefelspitze, hielt ihr die Mündung der Büchse an den Teller – aber sie war tot, ganz tot. Es war ein im Wildbret sehr starker Keiler, ich hatte schwere Mühe, ihn aus dem Feld zu ziehen. Seine Waffen waren lang und blitzten im Mondlicht... Fünfjährig war er, ein typischer Heidekeiler, ziemlich lang, mit fast femininem Wurf und verhältnismäßig schwachem Knochenbau. So sind auch seine Waffen fast zierlich zu nennen, elegant gebogen, ein wenig rötlich überhaucht, 21 Zentimeter lang und nur 22 Millimeter stark.

Ich brach ihn an Ort und Stelle auf, ließ ihn ausschweißen und lief zum Auto zurück, mit dem ich heranfahren wollte, um die Sau dann an Stelle des Beifahrersitzes neben mich zu legen.

Als ich um den Bienenzaun auf der Höhe herumbog und vor mir das kleine Stoppelfeld lag, von dem aus die Hohlfuhr zur Straße hinuntergeht, sah ich mitten auf den Stoppeln einen schwarzen Klumpen. Es war eigentlich ein ganz zufälliges Erkennen aus dem Augenwinkel heraus, denn ich ging mit gesenktem Kopf, um im Schatten der Kiefer nicht fehlzutreten, und war auch noch so erfüllt von meinem Erlebnis von eben.

Fast schreckte ich zusammen, sah schärfer hin und konnte auf dem weißen Feld genau erkennen, daß dort eine Sau, wieder eine einzelne

Der wehrhafte Keiler stand bei den Jägern zu allen Zeiten in höchstem Ansehen. Kein Wunder, daß er in Namen und Wappenschildern Aufnahme fand und auch in Plastiken verewigt wurde.

ICH SCHOSS OHNE ALLES JAGD-FIEBER

Sau, im Gebrech stand. Es war nicht weit, siebzig, achtzig Schritt vielleicht, sie stand mitten im Acker, und ich wußte, daß das ganze Feld nur wenig mehr als hundert Meter tief ist. Noch stand ich im Schlagschatten der Kiefern, weiter nach vorn durfte ich nicht mehr gehen, zurückzupürschen, um an einem Baum anzustreichen, war auch nicht ratsam wegen der Äste und Zapfen, die ich nicht sehen konnte, also setzte ich mich hin, stützte die Ellenbogen auf die Knie, nahm an der Sau Maß und schoß, schoß so ruhig und sicher wie auf dem Exerzierplatz, ohne jede Aufregung, ohne alles Jagdfieber, wie auf die Scheibe. Im Schuß fiel sie einfach um, sie fiel um und rührte sich nicht mehr.

Vom ersten Erkennen bis zum Schuß waren nur Sekunden vergangen, alles war ohne jeden Anflug von Romantik, von erinnerungsträchtigem Erleben vorübergegangen. Es war nüchtern, hart, prosaisch. Als ich an den Überläuferkeiler herantrat, blieb ich eine Weile lang stehen, blickte auf den kleinen schwarzen Berg hinunter und wartete, wartete ganz bewußt auf eine Reaktion, auf Freude, auf Dankbarkeit, Genugtuung. Nichts! Nur die Sau tat mir leid, die da so ohne Sang und Klang hatte sterben müssen. Aber ich merkte, daß ich mich belog, daß es nicht die Sau war, die mir leid tat, sondern daß ich es selbst war, dem das Mitleid galt. Was ist der Mensch für ein gieriges Geschöpf und will im Glücke das Glück noch übertrumpfen durch neuen Reiz. Und wenn ihm das nicht gelingt, dann ist er untröstlich, und, wenn neuer Reiz nicht den alten verdrängt, dann wird er sentimental. Die Schuld liegt bei mir, nicht bei der Sau, die es mir so leicht machte, nicht bei der Nacht und dem Mond, die mir schon alles gaben, was sie geben konnten. Ja, ich bin ein undankbarer Kerl!

Neben dieser Sau saß ich lange, viel länger, glaube ich, als ich je neben einem Stück Wild, das ich schoß, gesessen habe. Ich hielt keine Totenwacht, ich hielt Gericht über mich und beschloß, nie wieder, und wenn es sich noch so schön ergäbe, in einer Nacht auf mehrere Stücke Schalenwild zu jagen. Diesen Beschluß habe ich nie bereut, denn ich verdanke ihm viel Erleben, das ich nie gehabt hätte, wenn ich das Wild, das ich anpürschte, mit der Absicht zu schießen angegangen wäre.

Ein solches Erlebnis möchte ich erzählen. An einem jener so seltenen Novembertage, an denen der Wind völlig eingeschlafen ist, nachdem es den ganzen Tag über geregnet hatte, und an dem spät am Abend noch die Sonne herauskam und eine kalte Nacht anzeigte, hatte ich mich auf die alte Moorkanzel gesetzt, die windschief in einigen Anflugkiefern steht...

Ich hatte noch keine halbe Stunde gesessen, der Abendhimmel glühte rot über die Heide, da kam ein einzelner Überläufer auf dem Damm des Moorteiches entlanggebummelt, durchquerte eine Senke vor mir, die mit mannshohem Schmielengras bewachsen war und wollte über den kleinen Wildacker dicht am Hochsitz in den Wald einwechseln. Auf meinen Schuß hin, der wegen meines unglücklich verquetschten Sitzes und der Nähe der Sau, weshalb ich mich nach rechts hin verrenken mußte, etwas zu weit hinten faßte, schlug der Überläufer um und raste die schmielenbewachsene Senke entlang. Es war ein einmaliges Bild, wie die Wassertropfen von den Gräsern gewirbelt wurden wie Fontänen aus Rasensprengern. Sie wurden vom letzten Schein des Abendrotes golden verfärbt, und einen Augenblick lang bildete ich mir sogar ein, ich hätte über der Fluchtbahn einen Regenbogen gesehen. Das Sprühen und Wehen der Tropfen verschwand nach hundert Metern in einer kleinen Waldzunge vom Rotwilde verbissener Fichten. Einen Augenblick lang sah ich die Sau noch auf einer Lücke, dann war sie vom Walde verschluckt. Eigentlich hätte ich ihr nachgeben können, denn ich wußte, wo meine Kugel saß, und es war mir klar, daß sie in der Dickung nicht mehr weit gekommen sein konnte. Aber ich war zu faul, um herunterzusteigen und den Hund aus dem Wagen zu holen, ich meinte, ich habe noch Zeit, die Nacht sei lang.

Dann wurde das letzte Licht des Tages von dem bleichen Schein des Mondes abgelöst, und mit ihm kam der Frost und versilberte Moor und Gras und Bäume. Innerhalb weniger Minuten war Rauhreif gefallen

LAUTLOS TRAT EINE SAU AUS DER DUNKELHEIT

so dick wie Schnee, und es wurde in seinem Widerschein hell wie am Tage. In der Dickung links vor mir wechselten Sauen an, es mußte eine stärkere Rotte sein, überall blies, quietschte und brummte es, und an vielen Stellen brachen Äste und Zweige. Nach kurzer Zeit erschien eine Bache mit sechs starken Frischlingen auf dem Wildacker, sie verteilten sich und fingen an, die dünne Kleenarbe umzubrechen. Vielleicht eine halbe Stunde lang waren sie ihrem Handwerk nachgegangen, als sie sich plötzlich mit starkem Blasen zusammenrotteten und in die Dickung sicherten, aus der ihnen der Wind entgegenstand. Völlig lautlos trat plötzlich eine starke Sau aus der Dunkelheit, näherte sich mit hocherhobenem Wurf der Bache, die dem Ankömmling einige wenige Schritte entgegenzog. So standen die beiden eine lange Weile, Wurf an Wurf, und die Frischlinge dahinter verharrten in tiefem Schweigen auf einen Klumpen zusammengeballt.
Plötzlich schlug die Bache um, setzte sich in Troll, unmittelbar gefolgt von dem anderen Stück. Sie verschwanden für kurze Zeit in der Dickung, tauchten wieder daraus hervor, überquerten den Wildakker, polterten durch den Graben, plantschten im Moor, zogen wieder zurück, alles in größter Stille, und die Frischlinge standen wie aus Stein gemeißelt, ohne sich zu rühren, immer noch auf dem gleichen Fleck.
Bache und Keiler umkreisten sie zwei-, dreimal, zogen zur anderen Seite des Wildackers, schlugen Bögen und Schleifen, und jetzt vernahm ich ein ganz tiefes, dumpfes Brummen, fast wie ein Dauerton, und deswegen mochte ich ihn auch nicht eher vernommen haben.
Die Kreise und Bögen der Sau wurden kürzer, der Troll langsamer, und schließlich verfiel sie in ruhigen Schritt, und dann blieb sie stehen und ließ den Beschlag zu.
Als ob dies den Bann, in dem die Frischlinge gestanden hatten, gebrochen hätte, in breit auseinandergezogener Linie zogen sie im Stechschritt auf das Liebespaar zu, verhielten einige Schritte davor, bis plötzlich eines der Jungen nach rechts umschlug, in Galopp verfiel und die beiden Alten umkreiste.
Sofort tat es ihm ein anderer nach und dann ein Dritter und endlich alle sechs. Solange der Beschlag andauerte, rasten die Frischlinge, Wurf an Pürzel, in schnellstem Schweinsgalopp um die Gruppe herum... Als Bache und Keiler sich lösten, verharrte auch die Gesellschaft der Kleinen, die ganze Rotte stand eine Minute lang unbeweglich da..., zog in raschem Troll bis fast unter den Hochsitz, drehte wieder zurück und verschwand im Wald.
Wie leicht hätte ich diesen Keiler... schießen können, ich war froh, daß ich es nicht tat, denn was ist der Bruchteil einer Minute, in der man zielt und den Finger krumm macht, gegen diese halbe Stunde prallvoll unwiederbringlichen, wohl nie wiederkehrenden Erlebens.

Als die Keiler noch mit Packern gejagt wurden, ergaben sich immer wieder Szenen von großer Dramatik. Mancher bedeutende Maler hat sie zum Sujet gewählt; hier hat ein Künstler eine Pulverflasche danach geschnitzt.

BUNTE FEDERN IM VISIER

SVEND FLEURON

Still ruht das Dickicht im Morgennebel, überragt vom Hochstand, dem Ort einsamen und geduldigen Lauerns. Bald werden hier Treiberlärm und Hundelauf erschallen und die bunten Hähne über die Schützenlinie streichen lassen.

Scheckige Hähne mit Ring um den Hals! Verwöhnt hat man euch, euch gehätschelt und gehegt und gepflegt von dem Morgen an, als ihr unter den Federn der Bruthenne gepiept habt!

Wie Kleinode seid ihr behütet worden, umsorgt wie die eigenen Kinder – gewartet, gestopft, gefüttert mit allen möglichen Leckereien. Ameisenpuppen hat man gesammelt, Möhren gerieben, Würmer geholt und Ei gehackt – euch bei jedem Regen ins Haus gebracht, bei jedem Sonnenstreifen euch aus dem Käfig geführt – euch rundherum im Walde mit Ammen ausgesetzt und euch eurem Blut zum Trotz gelehrt, vor Nacht in den Kasten zu gehen.

Und endlich, wenn ihr auf euern eigenen Beinen stehen und auffliegen konntet, hat man wieder Mühe und Ärger und Plage gehabt, euch

ALLE TREIBERJUNGEN SIND GEKOMMEN

Ohne eine disziplinierte Treiberwehr aus sachkundigen Helfern kann die Treibjagd nicht gelingen. Geführt vom Obertreiber, der hier eine Fasanenhenne aufgeklaubt hat und ein Signal weitergibt, sind sie voll Jagdpassion bei der Sache – auch wenn sie weder Flinten tragen noch schießen.

Der Deutsch-Kurzhaar apportiert ein Rebhuhn. Ohne gute Hunde, die vor allem für die Arbeit nach dem Schuß – das Finden und Bringen des erlegten oder angeschossenen Wildes – abgerichtet sind, ist eine Treibjagd nicht waidgerecht.

die ganze Kultur abzugewöhnen. Oh, man hat über euch gewacht. Jeden Morgen zur selben Stunde seid ihr gefüttert worden, und vor Abend wurde euch pünktlich wieder Nahrung gegeben.
Monatelang hat der Fasanenjäger, während er den Mais für euch ausstreute, euch zutraulich mit demselben leisen Pfiff herbeigerufen.
Und gezählt hat er euch und gemustert – und an jedem Sonnabend, wenn er sich im Büro einstellte, hat der Oberjäger ihn ausgeforscht und ihn gefragt:
Sind sie alle da?
Und wieviel – Hähne?
Und jetzt:

Jetzt rasselt ihr nieder – einer hier, zwei dort und etwas weiterhin drei, vier Stück; zuweilen sieht man ein halbes Dutzend, ja eine Schar von zwei Dutzend – wie große Blüten in einem auseinanderfallenden Strauß – auf einmal zur Erde wirbeln.
Von dem Augenblick, wo ihr den Schuß bekommt, stürzt und von einem zufällig anwesenden Treiberjungen aufgehoben werdet, um auf den großen Haufen der Namenlosigkeit geworfen zu werden, seid ihr wie nie gewesen, unbeachtet, ohne das geringste Interesse. Die Vögel des Vergessens seid ihr!
Heute ist große Jagd in der Forst!
Die Herrschaft jagt.
Vom ersten Morgengrauen an hat der Jägerhof auf dem Kopf gestanden. Ja, es hat so seine Schwierigkeiten, eine gräfliche Jagd in Gang zu bringen.
Für alles ist gesorgt.
Die Förster haben Bescheid erhalten und versammeln sich mit dem Hifthorn auf dem Rücken, Hauer und Holzvögte sind befohlen, man sieht sie, ihre Morgenpfeife rauchend und sich auf die selbstgeschnittenen Knotenstöcke stützend, schon zeitig auf den Wegen herumtrotten. Und alle Treiberjungen haben versprochen zu kommen – den Mundvorrat in große farbige Taschentücher gebunden, stellen sie sich beim Jägerhof ein.
Die anstrengende Arbeit einer ganzen Woche hat es Kvikfelt gekostet, diesen Jungen in den umliegenden Ortschaften zu dingen. Heutzutage genügt es nicht allein, die Eltern zu fragen, nein, es sind die Kinder selbst, die bestimmen, ob sie überhaupt »Lust haben, die Krone zu verdienen«. Und auch sie sind von dem Vorurteil erfaßt: »Das fehlte auch noch, daß wir für die Herren treiben sollten!«
Mit einer gewissen Spannung wird die Zählung vorgenommen. Ja, die Gesellschaft ist vollzählig – aber Kvikfelt hat auch mit Ersatz gerechnet! Und nachdem die Revierjäger die Jungen unter sich verteilt haben, eilt man fort, um rechtzeitig die Ketten aufzustellen und die nächsten Felder eintreiben zu können. Der alte Sören bleibt mit einem kleinen Leiterwagen und dem Pferd von der Fasanerie zurück. Er soll gerade seinen ersten Nasen-

Das ganze Jahr leben die Fasanenhähne friedlich mit ihresgleichen zusammen. Nur zur Balz im Frühling, wenn ihre Balzrosen schwellen, geraten sie aneinander.

Das Duell der Fasanenhähne beginnt

Mit Schnäbeln und Sporen gehen die Fasanenhähne bei ihren Balzkämpfen aufeinander los. Es geht nicht direkt um einzelne oder mehrere Hennen, es geht um das Revier. Die dort lebenden Hennen werden den Sieger als ihren Pascha akzeptieren.

SIE FECHTEN MIT SCHNÄBELN UND SPOREN

JETZT HERAUS MIT DEN FASANEN

stüber bekommen, weil er gewagt hat, an einem solchen Tage den Araber mit einer löcherigen Sackleinendecke auftreten zu lassen – aber er verhindert schleunigst alle Wutausbrüche, indem er die neue, gute Decke vorzeigt, die er wohlüberlegt zurückbehalten hat, um sie über die Munition zu breiten. Früher nahm man dreizehn Patronen auf eine Treibjagd mit und war froh, wenn man sie alle verbrauchen konnte. Jetzt kommt jeder Herr mit drei, vier Kisten voll an – die soll Sören alle auf dem Wagen mitnehmen.

– Na, Sören, mach du jetzt auch, daß du fortkommst. – Jawohl, Herr Oberjäger – dann fahr ich los.

Zuletzt kommt der Meister. Er ist im olivgrünen Anzug, in Kniehosen und hohen, gelben Stiefeln. Um die eine Schulter windet sich das große, frischgeputzte Waldhorn. Bedächtig schreitet er durch den Wald zum Sammelplatz. Alles ist jetzt in Ordnung.

Alle Verabredungen getroffen, alle Befehle ausgegeben, die Jäger angewiesen, die Ketten an Ort und Stelle, die Außenposten besetzt, die Treiben können Schlag auf Schlag folgen.

Und das Wild?

Dafür steht Henrik Järnbo gerade!

Der Oberjäger hat nicht enttäuscht. Es wimmelt von Hasen und schwärmt von Hähnen – sogar Sonnenstrahlen gibt es. Um anderes kümmert man sich nicht.

Ein Bock kann seinen Knall bekommen, wenn er zufällig vorkommt, und ein Auserwählter der Gesellschaft darf sogar eine Schnepfe begrüßen.

– Tiraut, Schnepfe!

Schnepfe, die auffliegt – nein: aufsteht!

– Aber die Treiben vor dem Frühstück waren das reinste Wasser – die wenigen hundert Stück Wild sind nicht der Rede wert. Jetzt wird der Kern des Reviers genommen. Alle Herren sind abgesessen, und hinter jedem steht sein Büchsenspanner mit dem offenen Patronenkasten vor den Füßen.

Aus der Ferne ist die Treiberkette im Anrücken. –

Wie ein Schleppnetz auf dem Meeresboden gleitet sie durch den Wald vorwärts und schaufelt auf.

– Hej, hop! Hallo – halt da! Haltet Richtung!

Nur wenige Schritte sind die einzelnen voneinander entfernt. Um Ordnung zu halten, sind Hauer und Waldhüter zwischen den Jungen verteilt; in der Mitte geht der Revierjäger und an jedem Flügel ein Waldvogt.

– Jetzt vorwärts, vorwärts.

Rufen und Schreien, Johlen und Schläge gegen die Baumstämme; ein kleiner Bursche bellt unaufhörlich wie ein Hund – er hat Keuchhusten. –

Und dann geht er am Graben entlang, der Schlingel – statt durch die Dickung zu gehen!

Das Rehwild ist längst schon flüchtig.

Als die ersten Schreie die Stille des Waldes durchbrechen und die Einsamkeit verjagen, trollte es in der Richtung auf die Schützenlinie zu. Aber bei diesen Tieren sitzen Lichter und Lauscher wie auf Stielen und der Windfang ein gutes Stück vor dem Ganzen: Lange bevor sie durch die Gebüsche brechen und über die Straße springen sollten, ahnten sie Unrat und machten kehrt. Jetzt kommen sie in hoher Flucht zurück, der Treiberkette entgegen. Das Altreh beschleunigt seinen Lauf und bricht sofort durch; aber die Kitzen und Spießer laufen hin und her, hin und her. Ab und zu scheinen sie Mut zu fassen; aber die Treiber laufen dicht zusammen und schlagen mit den Stöcken. – Zurück! Zurück!

Das heißt: vorwärts!

Je mehr gejohlt und geschrien wird, desto wilder werden die Tiere. Der ungewohnte Lärm bringt sie gänzlich außer Fassung; die Lichter starren, die Lauscher stehen steif, und das Maul ist weit geöffnet – plötzlich rennt der Bock einem Jungen das Haupt in den Magen; der schlägt einen Purzelbaum, die Kameraden stieben nach den Seiten auseinander, und auch die Kitzen huschen durch.

– Ach was, laßt die laufen. –

Aber paßt auf die Hasen auf!

Wie der Teufel aus der Schachtel springen sie auf – um mit angelegten Löffeln und hochgereckter Blume abzugehen.

Das Geschrei sitzt ihnen wie der Wiesel im Nacken.

Und heraus mit den Fasanen. Sie huschen zwischen den Grashalmen durch, schlüpfen über die Quergräben und laufen an den

Bei allen Hühnervögeln sind die Hähne bereit, sich mit ihren Rivalen zu duellieren. Aber bei den Fasanen ist das Turnier, das die Kampfhähne in hohen Flattersprüngen bis zur totalen Erschöpfung austragen, besonders spektakulär.

Der Fasanenhahn ist an der Aufzucht seiner Jungen nicht beteiligt. Während die Henne die Schar der nestflüchtenden Jungen führt, hat er nur für sich alleine zu sorgen. Aber während sie von einem Gefieder von vollendeter Tarnfarbe geschützt ist, bleibt er – der entbehrlichere – bunt und auffällig und zieht so die Aufmerksamkeit der scharfäugigen Greife auf sich.

Der Hahn ist eine auffällige Beute

FLINTEN BRÜLLEN WIE GIERIGE RAUBTIERE

Oben: Dem Hund liegt das Jagen im Blut, hier kann er seine Anlagen voll entfalten, kommen sein Wesen und seine Schönheit zur Geltung. Mitte: Gelassen stolziert ein Fasan übers Feld. Im Bild darunter paaren sich Stockenten.

Wechseln entlang den dichten Buchen zu, um die die Schützen aufgestellt sind. Ratlos trippeln sie am Rande hin und her und zerbrechen sich den Kopf, was da wohl los sein könnte – bis die Treiberkette sie umringt und der Oberjäger Halt bläst, das von allen anderen Hörnern wiederholt wird.
– Hört mit dem Schreien auf, klappert bloß, klappert!
Und ein ohrenbetäubendes Getöse donnert durch den Wald. Da bricht es in den Ästen und knackt in den Zweigen, dann kracht es in den Wipfeln – und beim Poltern von Flügeln, Schwirren von Schwungfedern und Funkeln von Gefieder steigen die ersten Raketen in die Luft – braune, gelbe, grüne und himmelblaue.
Der Abschuß beginnt.
Das Aufbaumen wirkt ansteckend. Die Treiberkette macht dauernd neue Sprünge; denn die Fasanen müssen aufgetrieben, buchstäblich herausgetrampelt werden.
Und der Lärm steigt, das Donnern wächst – das Gebraus wird voller und voller, während die Flinten wie gierige Raubtiere brüllen.
Es ist ganz unmöglich, die Schüsse zu zählen; die Büchsenspanner können dem Wechsel der Büchsflinten nicht so schnell nachkommen – und obgleich man mit rauchschwachem Pulver schießt, hängt ein Dunst über dem ganzen Wege. Schockweise stehen die Fasanen auf, schwärmen wie Bienen aus dem Dickicht – um über die Feuerlinie zu flimmern. In dem Bruchteil einer Sekunde sieht man sechs stolze Hähne im Bukett – nur ein einzelner streicht außerhalb der Daunenwolke ab.
Zwei Hähne fallen hier und drei sinken da.
– Aufsammeln!
– Halt sie nicht immer an den Schwanzfedern, faß sie um den Hals!
Dort läuft ein Geflügelter.
– Fang ihn!
Er läuft. –
Er läuft ins Blaue hinein.
– Ja, nicht alle, die in den Krieg ziehen, werden erschossen.
Ein Treiber nähert sich einem Hasen, der kaum noch hoppeln kann. Er will ihm mit seinem Knüppel den Fang geben.
– Nein, schlag richtig zu; er beißt nicht!
Im selben Augenblick fällt ein steintoter Hahn herunter und haut ihm die Mütze ab.
Der Hase hinkt fort, schlägt eine halbe Windmühle – und der Junge muß ihm nach.
Armes Tier!
Jawohl.
Und doch...
Bedaure den Hund an der Kette, den Vogel im Bauer –
Bedaure uns selbst.
Leben heißt gejagt werden!
Die hohen Herren, die Leidenschaften, jagen uns – hängen sich an uns, so daß wir rollen.
Keine Ruhe, keinen Frieden – treib ihn, fang ihn und knall ihn nieder!
Aber drüben auf einem Zaunpfosten sitzt einsam eine graue Henne, hält den Kopf schief und schaut trotz des Schnellfeuers ungestört zur milden Sonne empor. Rundherum laufen die Treiberjungen und lesen tote Hähne auf; aber der Vogel bleibt unbeweglich in ein und derselben Stellung sitzen.
– Sollte er einen Streifschuß am Gehirn haben?
Einer von den Revierjägern geht hin und nimmt ihn auf, untersucht ihn an allen Ecken und Enden.
Ihm fehlt nichts.
Da läßt er die Henne los – und jetzt fliegt sie ab.
– Betäubt?
– Einfach verrückt!
Es ist Nachmittag geworden, später Nachmittag – der ist kurz im November.

Der Jagdherr fängt an davon zu reden, man solle ein paar Hasenfelder überspringen und gleich die letzten Jagen nehmen – die, wo die Fasanen nicht so zahlreich, dafür aber wilder sind.
Gesagt, getan.
Der Oberjäger beeilt sich, dem Befehl nachzukommen – froh in der Erwartung, als Abschluß etwas bieten zu können. Das Buchengestrüpp hat hier nämlich den Hochwald gerade hinter sich, und gegen den Hintergrund nimmt sich sein Feuerwerk nun einmal am besten aus. Sobald abgesessen ist, eilt er fort, um die Treiberketten anzuspornen.
Die Herren sind gutgelaunt. –
Man hat Zigaretten angezündet und plaudert auf den Jagdstühlchen. –
Nach der einen Seite:
– Können Sie sehen, Baron, daß da ein Treiber auf dem Wall steht?
– Ja, jetzt sehe ich ihn.

Das Rebhuhn ist ein Steppenvogel, der mit dem Vordringen des Ackerbaues zum Kulturfolger wurde. Die moderne, großflächige Landwirtschaft freilich vertreibt ihn wieder aus diesem »Paradies aus zweiter Hand«.

KOSTBARER ZIERAT SCHMÜCKTE DIE ALTEN WAFFEN

Die beiden herrlichen Radschloßbüchsen stammen aus der ersten Hälfte des 16. Jahrhunderts. Mit der Erfindung des Radschlosses wurde die Pulverwaffe auch als Jagdgewehr verwendet.

Im Gegensatz zum Luntenschloß wird bei der Radschloßbüchse der Zündfunke nunmehr selbst erzeugt. Ungewöhnlich reich mit graviertem Elfenbein und eingelegten Perlmuttern ist der Schaft verziert.

SEIN BLICK RUHT FORSCHEND AUF DEM JÄGER

Meisterhafte Intarsienarbeit eines Straßburger Künstlers: Auf dem Kolben ein Löwe, darunter Gravurinitialen. Die Radschloßbüchse wurde um 1640 gefertigt.

– Ja, er steht da, um die alten Hähne in den Trieb zu jagen; die lieben es sehr, an den Hecken entlangzulaufen – also, schießen Sie nicht auf ihn, Freund.
–Nein, nein! Haha!
Nach der andern Seite:
– Herr O-berst haben viel-leicht die Pforte hier nebenan be-merkt?
– Gewiß, Herr Kammerherr!
– Im letzten Jahre waren ein paar Ha-sen so freundlich, aus der Pforte auf mich zuzuspa-zieren.
Der Oberst tut alles, um äußerst angeregt auszusehen.
Aber unten an der Ecke sitzt wie in Stein gehauen ein älterer Mann mit weißem Schnurrbart.
Schweigen ist um ihn her – er verleugnet sein Jägerblut nicht. Er will gewiß den Anblick des Wildes genießen, bevor es vor den Lauf kommt.
Durch ein kleines Guckloch im Blattgehänge starrt er unverwandt auf das geheimnisvolle Dickicht der Jungbuchen – und sieht auf einmal einen schwachen Schatten zwischen den Stämmen herangleiten. Er ist ein Hahn, der weit vorausgelaufen ist und jetzt, da er sich dem Ausgang eines Schlupfwinkels nähert, vorsichtig äugt, bevor er über den Weg läuft. Der ragende Kopf mit dem weißlichen Schnabel, der grüne Nacken, die gespitzten Ohren – gewiß! Und jetzt ruht sein gelbes Auge forschend auf dem Jäger – es gleicht einem bunten Stecknadelkopf auf einem scharlachroten Kissen.

Plötzlich macht der Vogel einen Ruck mit dem Kopf – das Zeichen zu einem neuen Schritt vorwärts. Aber dieser Hahnenschritt wird mit einer einzig dastehenden Beherrschung der Bewegung unternommen.
Der Jäger kann sehen, wie der Fasan – um nicht im Laube zu rascheln – äußerst vorsichtig den Fuß von der Erde hebt, indem er zuerst die Zehen zusammenlegt und sie nach hinten biegt, gleichzeitig das hocherhobene Bein vorwärts führend.
Stolz trägt er den langen Stoß – hält plötzlich an, reckt den Hals. Und gleich darauf hört man ihn den Weg, den er kam, zurücklaufen. Ein anderer folgt. –
Der ist durch den Lärm hinter ihm tüchtig erschreckt worden und läuft, was die Beine ihn tragen können. Als er merkt, daß das Versteck sich lichtet, hält er instinktiv an, macht kehrt und trifft den ersten, der wieder vorwärts geht.
So gibt es ein Laufen hin und zurück, mehr und mehr, von unan-

Nachsuchen in Gewässern stellen besondere Ansprüche an Nase und Findewillen des Hundes. Um so glücklicher ist der Jäger, wenn ihm sein treuer Jagdgefährte die erlegte Stockente im Galopp bringt, um sie dann willig in seine Hand »auszugeben«.

Die Hunde haben die Wittrung der Hühner in die Nase bekommen; es hat sie herumgerissen. Wie Standbilder, jeder Muskel gespannt, sind sie vorgestanden. Jetzt, da die Hühner aufpurren, ist die Versuchung groß, ihnen nachzuprellen. Aber als wohlabgeführte Jagdgefährten werden sie der Versuchung widerstehen.

NACHPRELLEN DARF DER VORSTEHHUND NICHT

AUF STEIFEN FLÜGELN STREICHT ER UM DIE ECKE

»Komm, mein Hund, heut gibt es ein fröhlich Gejaid! Langweilig war uns beiden das Weidewerken der letzten Tage. Heute aber wird das anders sein.«
Hermann Löns

sehnlichen Hennen, die wie Ratten huschen, von geputzten Hähnen, die mit erhobenem Stoß fortrennen – bis ein unablässiges Trippeln im Laub anzeigt, daß es wieder anfängt, im Buschwerk lebendig zu werden.

Da erheben sich die Herren zum Empfang von den Stühlen.

Die ersten Schüsse fallen.

Hier kommt ein Bukett mit einer bunten Georgine in der Mitte! Der Hahn klatscht mit den schaufelförmigen Flügeln und ist nun in voller Fahrt. Steif steht der Stoß nach hinten ab – einen Augenblick lang gleicht er einem Fächer an einem langen Griff.

– Tiraut: Hahn!

Nicht nötig, prahlend sagt er sich selber an.

Jetzt will er in die Luft, um über die Wipfel zu entweichen. Ein paar energische Schläge – und er wird so lang, so lang; ohne eine Schlagfeder zu rühren, segelt er dem Hochwald zu.

Eine blanke Doppelflinte folgt ihm. – Plötzlich knickt der Vogel zusammen – ein lebloser Klumpen dreht sich um sich selber und kommt herunter.

Aber bevor er noch die Erde erreicht hat, sieht man einen andern, der – sich um seine Längsachse drehend – sich senkrecht in die Höhe schraubt. Er steigt und steigt und stürzt plötzlich zur Erde.

Schrot an den Kopf.

Zwei neue folgen – in ihrem eigenen Kielwasser. –

Da krümmt sich der erste zusammen!

Jetzt der andere.

Und unvermutet sieht man eine kurze Sekunde zwei Fragezeichen am Himmel.

Auch andere vermögen kaum, den Schnabel über die Büsche zu strecken, als sie auch schon den langen Bogen beginnen, der oft gerade vor den Füßen des Schützen endet.

Platsch!

Da fiel einer – so wie die Luft nun eben so arme erdgebundene Geschöpfe von sich schleudert.

Er legt sich mit demütig gebeugtem Hals auf den einen Flügel, unbekümmert um alle irdische Gewalt.

Gleich hißt der Wind eine kohlschwarze Daune auf einer »Stange«, die in die Luft ragt, auf Halbmast. – Der Wind hat Verständnis – sonst niemand.

Denn jetzt ist die Luft voll von Vögeln.

Und das Wunderbare an ihnen ist, daß alle auf verschiedene Weise niederfallen – es ist gerade der Fall, der das süßeste Geheimnis des Fasanenschießens birgt.

Drei Hähne gerade am Kammerjunker und seinem Nebenmann vorbei. Der mittlere Hahn gefällt ihm am besten. Er hält auf ihn, will gerade abdrücken, da geht der unter dem Schrot seines Nachbarn herunter. Er muß einen andern wählen, aber ist wieder erfolglos; beide Vögel gerade vor seiner Nase weggeschossen. Die Hähne, schien ihm, fielen so merkwürdig brutal. Aber ein Treiben kann nicht ewig währen; bald schweigt das Schießen – und bevor man sich dessen versieht, ist das Ganze vorbei. So ist es mit allem.

Einige Herren haben schon ihre Posten verlassen, als unten vom Knickwall her ein gellendes »Tiraut« ertönt, das alle veranlaßt, sich umzudrehen, den Kopf nach hinten zu legen und in die Luft zu gucken. –

Ein Hahn im Prachtkleide.

Der stahlblaue Kopf, der milchweiße Ring, der funkelnde Brustschild, der kohlschwarze Bugstreif – und zwei Stoßfedern von der Länge einer Elle.

– Tiraut! Tiraut!

Der alte Hahn im Prachtkleide kommt angejagt:

Ein letztes Geknatter!

Drei, vier Herren beginnen zu »zeigen«.

Hoch, hoch hinauf geht er. –

Ausrufe und Bemerkungen:

– Wie stark und wie stolz!

– Sehen Sie das Gebraus um ihn!

– Sehen Sie die Sonne auf ihm!

– Er sprüht ja förmlich Funken!

Und auf steifen Flügeln streicht er über die Ecke. –

Der alte Kavalier backt an.

Aber man hört nichts – nicht gleich. Sieht nur, wie der Hahn im Nu den Schritt vom sprudelnden Leben zum Tode tut.

Dann hört man den Knall – und die Rakete löst sich auf: die Flügel klappen zusammen, der Hals wird schlaff, der Kopf sinkt nieder, die Ständer fallen vom Körper – und der Hahn fällt in einer Wolke von etwas Leichtem aus der Luft.

– Bravo! Bravo!

SPUREN UNTER STERNEN

LOTHAR GRAF HOENSBROECH

Wenn sich die meisten Menschen hinter den Ofen verkriechen und die Scharen hungriger Saatkrähen aus den Weiten des Ostens ankommen, ist der Balg des Fuchses reif. Durchfroren, aber glücklich, gefolgt von seinem Dackel, der den Fuchs aus dem Bau »gesprengt« hat, zieht der Fuchsjäger heim.

Sechzehn Grad Celsius unter Null ist bei uns im Rheinland schon ein Wetter, bei dem sich die meisten Menschen hinter den Ofen verkriechen, besonders, wenn dabei der Wind aus dem Osten pfeift und wehende Schneeschleier über das Land jagen. Die Leute werden mißmutig und hokken stumpfsinnig in ihren qualmigen Buden. Kann sich der Jäger Besseres wünschen als ein menschenleeres Revier?

Monatelang hatte ich mich auf einen recht strengen Winter gefreut. Füchse, Enten, Gänse, Sauen, vielleicht auch mal ein Marder, jedenfalls Fährten und Spuren, die Luft voller Flügelrauschen, Rufe aus nordischen Ländern, der Wald behangen mit dicken, weichen Schneekissen, da lacht der Jäger voll Freude in sich hinein und läßt die anderen murren.

EIN STARKER FUCHS MARSCHIERT HERAN

Es hatte den ganzen Tag gestürmt und geschneit. Gegen Abend ließen Wind und Schnee nach, der halbe Mond warf seinen blassen Schein zeitweise auf die große Parkwiese. Ja, in solchen Momenten könnte man mit Schrot auf einen Fuchs fertig werden! Fenster geschlossen, zwei Paar Wollsocken und dicke, weite Schuhe an die Füße, die Hasenklage erprobt, zehn Patronen mit 3½ mm Schrot in die rechte Rocktasche, das Gewehr aus dem Schrank, Baschlik und Pelzjoppe angezogen, und wir ziehen los, mein Jüngster, jagdlich beiderseits schwer erblich belastet, und ich.

Tupp, tupp, tupp stapfen wir kaum hörbar durch den weichen Schnee. Auf dem kleinen Pirschpfad durch den Park, über das befrorene, knarrende Holzbrückchen am schwarzen Graben. Leise treten wir aus den mit Fichten unterbauten Pappeln auf die tiefverschneite Fläche der jungen Schwarznußpflanzung. Schilfbüschel, Schlehdorn- und Wildrosensträucher ragen aus dem Schnee heraus. Unweit glukkert das Wasser der Roer, und die Eisschollen reiben sich, weithin hörbar, am hartgefrorenen Ufer. Immer schnüren hier am Wasser nachts die Füchse vorbei, aber zum Reizen ist das Gelände ungünstig. Möglich, daß gerade ein Fuchs in der fast völlig geschlossenen, großen Schleife des Flusses sich herumtreibt. Wir wollen daher eine kleine Drückjagd versuchen.

An der schmalsten Stelle der Halbinsel stelle ich mich auf, halb gedeckt in einer Vertiefung, mit Schußmöglichkeit nach beiden Seiten bis an die Uferränder. Mein Junge holt weit nach links flußabwärts aus und soll dann stromauf auf mich zudrücken. Mit dem Ohr kann ich seinen Weg gut verfolgen, denn fast an jeder Biegung macht er Stockenten hoch, die laut paakend in die dunkelblaue Nachtluft aufsteigen. Da gerät mir eine ferne Bewegung ins Blickfeld meines Glases, ein langgestreckter Wildkörper, der sich wie schwebend über die große Weiße auf mich zu bewegt. Ein starker, ja sogar ein sehr starker Fuchs im Anmarsch!

Das Glas sinkt, die Hände fassen leise die Waffe. Auf hundert Meter verhofft der Fuchs und sichert nach mir hin. Ich rühre mich nicht. Da setzt er seinen Weg fort und kommt näher und näher. Das Licht ist unsicher. Ich muß ihn ganz nahe kommen lassen. Er kann mir ja nicht mehr entgehen, denn es gibt keinen anderen Ausweg aus dieser Halbinsel. Deutlich kann ich ihn jetzt erkennen, ein mächtiger Kerl mit einer herrlichen Lunte, zweifellos ein besonders starker Rüde.

»Du wirst mir deine schöne Jacke lassen müssen, alter Gauner.« Noch zehn Schritt weiter will ich ihn kommen lassen, dann soll er in den Schnee rollen. Das Gewehr ist schon im Anschlag, da ist der Fuchs plötzlich wie fortgeblasen. Gut, daß niemand da ist, mein dummes Gesicht zu sehen!

Von ferne nähert sich nun mein Junge, und ich höre schon seine in Kürze erfolgende Frage: »Warum hast du nicht – – –« Langsam gehe ich ihm entgegen, und wortlos zeige ich ihm die starke Spur und die Stelle, wo der alte, schlaue Rüde vom hohen Steilufer mit einem Satz auf das Randeis gesprungen, und, in völliger Deckung auf diesem, hart an mir vorbeigeflüchtet war und so das scheinbar unlösbare Problem des Zwangspasses glänzend gemeistert hatte. Und wir mußten beide lachen. Fuchsschlauheit ist doch kein Aberglaube!

Weiter geht es an die alten Fischweiher, deren Ränder bewachsen sind und uns Deckung bieten können. Vor uns breitet sich das vom Wald umrahmte Feld aus. Zwischen ihm und uns liegt nur ein schmaler, mit Binsen und niedrigem Gestrüpp bewachsener Streifen. Unser Standort ist nicht gerade günstig, die Ecke einer kleinen Fichtenanpflanzung. Aber ein besserer Platz ist nicht zu finden. Vieles Herumtrampeln vor dem Reizen vermindert die Erfolgsaussichten bedeutend. So müssen wir hoffen, daß uns kein Fuchs von rückwärts in die Deckung kommt. An die Pfähle eines Koppelzaunes gelehnt, warten wir ein Weilchen. Dann hole ich die Hasenklage aus der Tasche, und jammervoll schwebt der Angstschrei eines Hasen in die kalte Nacht hinaus. Kaum ist die erste Strophe verklungen, da steht, wie hingezaubert, zehn Schritte vor uns ein Fuchs am Rande des dunklen Binsenstreifens.

Der Winter bringt den Rehen eine harte Prüfung. Gefragt sind Findigkeit und Kondition. Die Nahrungsaufnahme ist jetzt auf ein Mindestmaß zurückgeschraubt; in ihrer »Fastenzeit« brauchen die Rehe vor allem Ruhe.

DER SCHUSS BRICHT DRÖHNEND IN DIE NACHT

Der Hochwinter ist die Zeit, in der die Füchse Hochzeit halten. Ruhelos streifen die Füchse jetzt durch ihr Revier, Jagen und Fressen spielen vorübergehend eine untergeordnete Rolle. Zuweilen gesellen sich zwei oder drei Rüden zu einer Fähe.

Mein Junge soll seinen »Ersten« schießen. Ich rühre mich also nicht und warte. Der Fuchs steht sichernd vor uns. Jetzt schnürt er mißtrauisch an uns vorbei, und in dem Augenblick hat mein Junge das Gewehr hoch. Der Schuß bricht dröhnend in die stille Frostnacht. Schnee spritzt auf, hart unter dem Fuchskörper. Dieser fliegt hoch auf und flüchtet in windender Fahrt auf die Fichtenschonung zu, an deren Rand wir stehen. Sein zweiter Schuß folgt, er hat ihn hinten gefaßt, und im Verschwinden lasse ich meine beiden Schüsse folgen. Wir schauen uns an und müssen wieder lachen, denn die Überraschung hat den alten und den jungen Jäger aufgeregt. Die Schrotstriemen stehen sichtbar im Schnee, und dort, wo der Fuchs in den lückigen Fichten verschwand, finden wir dunkle Spritzer Schweiß. Zehn Schritt weiter liegt der Rüde. »Den nächsten mußt du aber ohne Nachhilfe schießen!«

Wir wandern weiter, den Fuchs im Rucksack. Mein Ziel ist eine Kanzel am Rande eines nicht allzu dichten, jungen Schlages. Leise, das Knarren der Leitersprossen möglichst vermeidend, besteigen wir den alten Hochsitz. Vor uns liegt, im ungewissen Mondlicht, das junge Stockholz, überragt von weitständigen Pappeln. Einzelne Brombeerhorste und Schilfbüschel stehen, mit Schneepolstern bedeckt, zwischen den jungen Erlen, Eschen und Ahornen. Vor dem Monde ziehen zeitweise dunkle Wolkenschleier vorüber.

Wieder warte ich eine Viertelstunde, dann zittert abermals der quäkende Notschrei des Hasen in die Winternacht. Stille. Wir lauschen. Nichts rührt sich. Die zweite Strophe hallt durch den schweigenden Wald. Abermalige Pause. Jetzt kracht leise im Bruchwald der Schnee. Links von uns, an einem kleinen Hang, der sehr im Dunkeln liegt, ist eine Bewegung zu sehen. Drei Wildkörper zeigt uns das Prismenglas. Wir erkennen einen Sprung Rehe, der sich neugierig nähert. Aber nun ist rechts und geradeaus, ja sogar rückwärts ein leises Geräusch vernehmbar. Und da schieben sich zwischen den alten Stubben der Erlen drei andere längliche Wildkörper vorbei.

Während die Rehe im Frühjahr und Sommer einzeln in ihren Territorien leben, finden sie sich im Winter gerne in »Sprüngen« zusammen. Im Winterhaar tragen sie auch einen weißleuchtenden »Spiegel« an den Keulen, dessen Haar in der Erregung gespreizt wird: ein optisches Signal, das nur im »Sprung« seine Wirksamkeit hat.

IM WINTER BRAUCHEN REHE VOR ALLEM RUHE

KEIN LAUT IST WEIT UND BREIT ZU HÖREN

In der Größe zwischen Reh- und Rotwild steht der Sikahirsch, der in vielen Unterarten über Ostasien verbreitet ist. Wo er in Europa eingebürgert wurde, gedeiht er gut und scheint auch mit dem Klima keine Schwierigkeiten zu haben.

»Drei Füchse«, flüstert mein Junge.
»Suche dir den stärksten aus, warte, bis er gut steht, und schieße ruhig!« gebe ich ebenso leise zurück.
Rupp, rupp, rupp, höre ich das Herz des Jungen in der stillen Nachtluft neben mir schlagen. Ach ja, genau so erging es mir auch vor dreißig Jahren. Leise bebt das Gestänge der Kanzel. Der Lauf der Doppelflinte schiebt sich langsam über die Auflegestange. Jetzt zieht der stärkste Fuchs sehr vorsichtig über eine kleine Blöße und verhofft. Der Schuß bricht!
Alle drei Füchse sind wie vom Erdboden verschwunden. Wir rühren uns nicht. Kein Laut ist weit und breit zu hören, nur an meiner Seite das laute Pochen des jungen Herzens.
»Paß auf«, flüstere ich, »vielleicht sehen wir noch einen der beiden anderen.«
Oft wird ja ein einzelner Schuß, wenn das Wild den Jäger nicht geäugt oder gewindet hat, nicht viel beachtet, und vielleicht als Donnerschlag, jedenfalls als Naturereignis gewertet.
Die Minuten verrinnen. Hinten in den Erlen stehen immer noch die drei Rehe. Jetzt ziehen sie wieder vertraut hintereinander her. Nochmals lasse ich die Hasenklage erschallen. Hinter uns, in den unterbauten Fichten, hören wir im angefrorenen Eichenlaub deutlich einen anschnürenden Fuchs, aber er will unter keinem Preis die dunkle Deckung verlassen und entfernt sich langsam.
»Nun hole deinen ersten Fuchs, mein Männlein«, sage ich. Und der Junge baumt ab, geht schnurstracks, krachend im Schnee, zur kleinen Blöße und hebt hinter dem breitblättrigen Brombeerstrauch den starken alten Rüden in die Höhe. Zwischen dem verschneiten Gesträuch steht der junge Jäger, und silbernes Licht strahlt auf seinem glücklichen Gesicht. Dann verkriecht sich der Mond hinter grauem Gewölk.

Die heimliche Jagdnacht ist vorbei. Drei Uhr schlägt die Turmuhr, als wir daheim die zwei starken Winterfüchse zur Strecke legen…
Mitten in den fruchtbaren Weizen- und Rübenfeldern des Jülicher Landes liegt an einem schlehdornbewachsenen Hang eine uralte, mächtige Fuchs- und Dachsburg. Über und unter dieser ziehen sich, durch Feld- und Wiesenstreifen getrennt, schmale Böschungen hin, in denen zwischen Holunder- und Pfaffenhütchensträuchern die Wildkaninchen unzählige Baue haben. Am mittleren Hang erbauten wir uns eine hohe Kanzel über dem Fuchsbau, die fast den Eindruck eines Mastkorbes auf einem Polarschiff macht. Von hier aus überblickt man weit die ausgedehnten, leichtwelligen Flächen der Felder. Im Frühling und Sommer haben sowohl Füchse als auch Dachse von uns nichts zu befürchten. Die Kanzel ragt dann fast immer leer gen Himmel, es sei denn, daß sie mal jemand bezieht, um das reizvolle Gebalge der Jungfüchse oder Jungdachse zu belauschen. Im Spätherbst aber, wenn die Dachse fingerdickes Fett unter der Schwarte haben, und im Winter, wenn Reinekes Balg vor seiner hohen Zeit dicht und langhaarig ist, dann wird der schwanke Sitz im Merzbachtal oft besetzt, bevor noch das erste fahle Licht im Osten aufdämmert.

Ein eisiger Ostwind jagt über die kahlen, verschneiten Felder und heult im Gestänge der Kanzel, als ich vor Tagesgrauen im Dunkeln die leise knarrenden Leitersprossen hinaufsteige. Ein Unsinn sondergleichen, das warme Bett mit diesem grimmigen Kältepol zu vertauschen! Sicher sind die Füchse längst zu Bau gefahren, oder sie haben ihn bei dieser Hundekälte gar nicht verlassen. Eine eisige Wegstunde Anmarsch über krachenden, verharschten Schnee, immer wieder in unsichtbare Verwehungen einbrechend, über hartgefrorene, freigewehte Lehmklumpen stolpernd, auf vereisten Pfützen ausrutschend, grimmig fluchend und bereits blau gefroren, erreicht man den Ansitzplatz, um sich bis zur Erstarrung durchfrieren zu lassen und dann schließlich doch ohne Beute heimwärts zu wandern! Aber es ist ja noch immer so wie zu jener Zeit, als ich vor einem halben Jahrhundert, achtjährig, mein erstes Wildkaninchen mit dem Flobert erlegte. Rehböcke, Hirsche, Sauen, Gams, Bären und Großwildarten aus fernen Ländern folgten. Doch, wie in jungen Jahren, reizt mich immer wieder der winterliche Fuchs, der frühe Ansitz am

Der Mäusebussard lebt zwar überwiegend von Mäusen, bei hohem Schnee ist er aber darauf angewiesen, Fallwild zu kröpfen. Bei steigender Bussarddichte werden die Kämpfe um jeden lebenserhaltenden Bissen immer erbitterter...

IM KAMPF UM DEN LEBENSRETTENDEN BISSEN

Der Schwächere muß weichen, sein Energieaufwand war vergebens. Natürliche Auslese: Woran sonst, wenn nicht an Hunger und Kälte, soll der Bussard sterben, wenn ihn kein Jäger schießt?

DER SCHWÄCHERE MUSS AN HUNGER UND KÄLTE STERBEN

Der Treibjagdtag ist das Erntefest im Niederwildrevier: Nur einmal stören und dabei die vertretbare Zahl an Hasen erbeuten, ist das Beste, was der Revierinhaber für sie tun kann.

TREIBJAGD IST ERNTETAG IM NIEDERWILDREVIER

Der heilige Grundsatz des Waidmanns, den Schöpfer im Geschöpf zu ehren, muß auch für das »niedere« Wild gelten: Was erlegt werden kann und darf, hat das Recht auf einen sauberen Schuß und einen möglichst schnellen und qualfreien Tod.

DEN SCHÖPFER IM GESCHÖPF EHREN

»Faß Apport!« Schneller und besser als jeder Mensch kann der gut abgerichtete Jagdhund verletztes Wild erlösen und zur Strecke bringen. Schön wäre es, wenn Wild nie angeschossen würde; aber kein Mensch ist fehlerfrei – und Fehler des Jägers bedeuten oft Qualen für das Wild.

VERLETZTES WILD ZUR STRECKE BRINGEN

◁ Auf August F. Schelvers Darstellung »Die Treibjagd« ist die Stimmung des Biedermeier und seiner neuen, von höfischen Zwängen freien Jagd des Bürgers treffend eingefangen.
▷ Die Strecke ist gelegt, das erlegte Wild wird »verblasen«. Dieser in Deutschland entwickelte Brauch ist eine Geste des Respekts vor den erbeuteten Mitgeschöpfen.

EINE GESTE DES RESPEKTS VOR DEM MITGESCHÖPF

Wenig zeigt den Erntecharakter des Treibjagdtages im Niederwildrevier so deutlich, wie ein Blick auf den Wildwagen. Sauber ausgedrückt hängen die Hasen an langen Stangen, weit genug voneinander, damit sie nicht »verhitzen«.

AUF DEM WEG VOM FELD ZUR PFANNE

ES GEHT UM DAS GEHEIMNISVOLLE ERLEBEN

Bewegung in frischer Luft macht hungrig. Deshalb wird das Hornsignal »Zum Essen« auch so gerne gehört. Ob es nun Erbsensuppe gibt oder ob sich jeder – nach Schweizer Sitte – seine Wurst am langen Stecken an der Glut brät: ein Feuer gehört jedenfalls dazu.

Bau, wenn im Dämmerlicht des kalten Morgens der rote Gauner über die weite Schneefläche zum Bau zurückschnürt. Wie eine Peitsche treibt mich dann die alte, angeborene Leidenschaft aus dem Bett. Aber ich glaube, es geht zutiefst gar nicht um den Fuchs und um seine oft recht fragliche Erlegung. Es geht um das geheimnisvolle Erleben eines Wintermorgens zu einer Zeit, in der man sicher ist, kein Geschöpf der eigenen Gattung anzutreffen, und man sich der Illusion hingeben kann, in menschenferner Wildnis zu sein. Schnee und Eis haben ihr Tarntuch über die Spuren menschlicher Tätigkeit gebreitet. Aus der sonst durch intensive Kultur gekennzeichneten und ihres ursprünglichen Antlitzes beraubten Landschaft ist scheinbar wieder verschneite Steppe und Tundra geworden, nur einige gerade Linien erinnern noch an Pflug und Spaten, und besonders im Dämmern des Wintermorgens könnte man glauben, fern vom gezieferhaften Treiben der Menschen im Paradies eines Urlandes zu sein.

Ja, von dort hinten, aus der blauen, sternfunkelnden Nachtluft wehen die Schreie ziehender Wildgänse herüber. Rufe, hell, herrisch, metal-

DER FUCHS ROLLT DEN HANG HINAB

lisch und wild, wie aus Sibiriens weiten Wäldern oder aus Kanadas nordischer Wildnis. Und im Pfeifen des schneidenden Ostwindes dringen abgerissene, heisere Laute eines in der Ferne bellenden Fuchses an mein Ohr. Im Osten steigt ein erster, heller Schimmer empor. Ich suche mit dem Glas die weite Runde ab. In der scharfen Luft tränen die Augen, das Glas beschlägt, die Finger erstarren bei seiner Berührung. Weit draußen, dort, wo die Reste eines abgeschossenen Panzers dunkel aus dem Schnee ragen, hoppeln drei Hasen krummrückig hintereinander her, nur mit dem lichtstarken Feldstecher erkennbar. Der erste, die Häsin, ist jeder Liebe abgeneigt, und die zwei folgenden Freier sind bei diesem Wetter auch nicht so emsig wie sonst. Sie machen eher den Eindruck alter Ehemänner, die mißmutig ihre Pflicht tun.

Plötzlich, zu meiner Rechten, im holunderbewachsenen Hang, ein wildes Geraschel. Zwei Kaninchen sausen aus dem dunklen Gestrüpp aufs Freie, jagen sich wie wild zwei-, dreimal im Kreise herum und verschwinden wieder im Schatten. Das waren zweifellos zwei Rammler, die Mißgunst jagte sichtbar mit ihnen.

Stille tritt ein. In meinen weiten Stiefeln spüre ich trotz der doppelten Wollsocken die Füße kaum mehr. Nur das erste Licht will ich noch abwarten. Wenn dann kein Fuchs kommt, pfeife ich auf alle Jagd und gehe heim, denn die Kälte ist zu grausig. Unten am Merzbach meldet sich nun in einer hohlen Kopfweide der Steinkauz mit seinem klagenden, flötenden Ruf: »Hup! hup! hup! hup!« Wie im Karpatenurwald der Sperlingskauz, so ist auch er der Tagkünder. Da höre ich dort, wo die Kaninchen sich eben jagten, eines von ihnen mit den Hinterläufen das Warnzeichen auf den harten Boden vor den Bauen schlagen. Und fast gleichzeitig kracht etwas weiter weg das Eis des verharschten Schnees laut auf. Irgendein Etwas nähert sich. Ich höre nun leise, gleichmäßige Tritte. Nicht überall ist der Schnee mit Hohleis bedeckt. Es gibt Stellen, wo er so hart und fest ist, daß er selbst ein Reh tragen würde. Den weichsohligen Fuchs kann man beim Überwechseln solcher Plätze nicht hören. Es heißt also, auch die Augen gebrauchen, mögen sie noch so sehr tränen. Leise nehme ich die Doppelflinte zur Hand, die ich wegen der Kälte ans Kanzelgestänge gelehnt hatte, und meine Augen bohren sich in das Dunkel des strauchigen Hanges. Da sehe ich, schon fast unter mir, ein langes, dunkles Lebewesen sich schlangenartig zum Bau bewegen. Ein Fuchs! Leise geht die Flinte hoch, kaum ist die Laufschiene zu sehen, als der Schuß wie ein Donnerschlag durch die Kälte bricht. Der Fuchs rollt den Hang hinab, kommt unten auf der Wiese wieder auf die Läufe, aber der linke Schrotlauf wirft ihn endgültig zusammen. Regungslos liegt er im Schnee. Mechanisch lade ich neu. Also hat es doch noch geklappt. Es ist mir ein wenig wärmer geworden, und ich überlege, daß eigentlich die beste Zeit des Zu-Bau-Ziehens der Füchse, die Viertelstunde vor Sonnenaufgang, noch gar nicht gekommen, der eben erlegte Fuchs gwissermaßen ein unverdienter Gunstvorschuß der holden Diana gewesen ist und man also als anständiger Jäger doch noch etwas bleiben müsse. Schon höre ich auch wieder, irgendwo in der Bachniederung, den Schnee brechen. »Teruppel-teruppel-teruppel«, das ist aber kein Fuchs, das muß ein Hase mit seinem Gehoppel sein. Ein anschnürender Fuchs auf Harsch-Schnee macht »tupp-tupp-tupp-tupp« in gleichmäßiger Folge. Und schon sehe ich auch Meister Lampe, wie er durch die Merzbachwiesen hoppelt. Kreuzt er eine andere Hasenspur, so untersucht er mit tiefer Nase schnuppernd deren Düfte und hält sich unnötig lange an Stellen auf, wo einer seiner Art rötlichgelbe Flecken im Schnee hinterließ. Auch an seinem dicken Kopf und der starken Blume erkenne ich den alten Rammler auf Freiersfüßen. Unweit des verendeten

Weit beugt sich der Steinkauz aus dem hohlen Baum. Erdlöcher und natürliche Aushöhlungen im Feldgehölz, im Mauerwerk und in Bäumen sind die Lieblingsplätze des nächtlichen Jägers.

MIT FERTIGER FLINTE ERWARTE ICH DEN FUCHS

Wenn sich die Jäger am Feuer stärken, möchten ihre Hunde auch etwas haben. Dieser Deutsch-Langhaar zählt seinem Herrn und Jagdkumpan schon die Bissen in den Mund. Ob bald auch für ihn etwas abfällt?

Fuchses schaukelt er vorbei. Einen Augenblick bin ich in Versuchung, ihn zu meucheln; denn unser Kochtopf schreit geradezu nach einem Braten. Aber dann verkneife ich mir doch den Schuß, in Gedanken an einen zweiten Fuchs.

Und das ist gut so, denn nun sehe ich draußen, weit auf dem weißen, jetzt schon hell werdenden Feld ein Stück Wild anwechseln, das für einen Hasen zu groß zu sein scheint. Als ich das Glas hebe, um das Tier richtig ansprechen zu können, laufen mir die Augen im schneidenden Winde derart über, daß ich noch weniger sehe als vorher, und die Zähne rasseln mir vor Kälte aufeinander. Aber das Wild wechselt gerade auf mich zu über die weite Fläche. Grüngelb tönt sich hinter ihm über dem Horizont die Luft. Der Wind hat fast Sturmstärke erreicht, und von den Feldern her stehen grauweiße Schneefahnen auf, jagen pfeifend heran, und die scharfen Kristalle peitschen mir wie feine Nadeln ins Gesicht. An der Nase hängt mir ein Tropfen, aber wie ich ihn mit vorgeschobener Unterlippe fortblasen will, merke ich, daß er längst zu Eis geworden ist, und auch das Taschentuch im Muff ist bereits steif gefroren.

»Lieber Fuchs, oder wer du auch seiest«, murmle ich, »beeile dich um Gottes willen; denn lange halte ich da hier nicht mehr aus!«

Aber das Wild nimmt sich Zeit. In einer, mehr dem hoppelnden Hasen ähnlichen Gangart kommt es langsam näher. Wenn es ein Fuchs wäre, müßte dieser doch schnüren, und ein Hase müßte geringer sein! Nun biegt das Tier an der oberen Hecke ab und nimmt dann wieder spitz auf mich zu seine alte Richtung ein. Und dabei erkenne ich, daß es doch ein Fuchs ist, und zwar ein sehr starker. Aber ihm fehlt ein Vorderlauf, augenscheinlich hat er sich früher mal aus einem Tellereisen ausgeschnitten. Der darf mir keinesfalls entgehen! Mit fertiger Flinte erwarte ich ihn. Näher und näher kommt der alte, dreiläufige starke Rüde dem Bau. Ganz sicher will ich gehen und lasse ihn bis auf zehn Schritt an die obere Fluchtröhre des Baues herankommen. Dann wirft ihn der Schuß in den Nacken steintot in den Schnee. Ich versuche, mir eine Zigarette anzuzünden, aber der Wind bläst mir die Flamme des Feuerzeuges aus ...

Auch dieser Umstand neben dem zweiten Erfolg des heutigen Morgens wäre Grund genug, nun endlich nach Hause zu gehen, wo es einen warmen Ofen und heiße Milch gibt. Aber wieder ist die Leidenschaft, die mich heute nacht in die Kälte hinausjagte, stärker als alle Versuchungen, und ich will nun schon bleiben, bis es ganz hell geworden ist, denn manchen Fuchs erlegte ich in früheren Jahren am Bau, als bereits die Sonne über die Pappeln im Roertal blinkerte.

Gockend baumen nun einige Fasanenhähne in den Fichten am Güldenthal ab. Ein Schof Stockenten zieht klingend hoch über mich weg, und auf der Landstraße klappern die ersten Fuhrwerke des Tages heran.

Die ganze Zeit hatte ich auf den zwei schmalen Brettern der Kanzel gestanden und hauptsächlich nach Osten gepaßt. Nun aber wende ich mich zurück, und da sehe ich unten im Wiesengrund wieder meinen Bekannten von vorhin, den alten Hasenrammler, nach welchem unser Kochtopf so laut in Sehnsucht schrie. Rastlos sucht der lüsterne Junggeselle noch nach einer passenden Bekanntschaft. Der Schuß hat ihm augenscheinlich gar keinen Eindruck gemacht. Nun nimmt er sogar Richtung auf den Bau, hoppelt gemächlich an seinem unteren Rande vorbei, nähert sich dem ersten, auf der Wiese liegenden Fuchs, schnuppert mit vorgestrecktem Kopf seine Wittrung ein, bekommt einen Schrecken, prellt drei Meter zurück, macht einen Kegel und bietet mir so in unwiderstehlicher Form seinen sündigen Leib zur Speise an. Neben seinen Feind haut ihn die Schrotgarbe in den Schnee!

Dann aber gibt es endlich kein Halten mehr für mich. Mit fast erstarrten Gliedern steige ich vorsichtig die Leiter herab, stecke die zwei schönen Winterfüchse und den Braten in den Rucksack, und im Laufschritt geht es quer übers krachende Schneefeld, fluchend und lachend.

»Nie mehr wieder!« ruft in mir die grausige Kälte. Und zähneklappernd antwortet die lasterhafte Jagdgöttin: »Bis zum nächsten Mal!«

ELEFANTEN-JAGD IN DER SAVANNE

EDELWALD HÜTTL

Bizarr erscheint die afrikanische Savanne im Licht der Abendsonne. Gemächlich zieht eine Elefantenherde durch die Nacht. Im Mondlicht glänzen ihre wuchtigen Stoßzähne.

Auf einer mörderischen Piste hatte ich La Gata im Distrikt Birao in der Zentralafrikanischen Republik erreicht. Obzwar mir alle Franzosen, bei denen ich Erkundungen einholte, erklärt hatten, daß ich La Gata mit meinem VW-Bus nie erreichen würde, hatte ich es doch geschafft. Allerdings nur mit Hilfe meines ausgezeichneten Boys Damike. Er ging tagelang vor meinem Fahrzeug her und machte den Lotsen. Das Sisangagras war hier zwei Meter hoch, so daß man den Boden mit seinen Löchern, Gräben und Termitenpilzen nicht sehen konnte.

In La Gata war es aber auch mit dieser Fahrmethode vorbei. Das Gelände war nur noch für Hubschrauber geeignet. Ich stellte meinen Bus unter eine schattige Mangobaumgruppe, nicht ohne gleich die saftigen Früchte zu kosten.

Haben die Dickhäuter in ihrer Stammtränke den Durst gestillt, nehmen sie ein Vollbad. Genüßlich watet ein Bulle durch die Fluten, läßt sich ächzend untergehen, um prustend wieder aufzutauchen.

WÜRDEVOLL WATET DER GRAUE RIESE DURCH DIE FLUTEN

BANNT DER FETISCH DIE TÖDLICHE GEFAHR?

Wie immer, liefen auch hier alle Bewohner des Dorfes zusammen. Hier um so begreiflicher, kommt doch höchstens alle paar Jahre ein Großwildjäger vorbei.
Die wenigen Hütten des Dorfes waren armselig und primitiv, und ebenso arm waren die Bewohner. Man sah nicht einmal Hühner. Der Häuptling war ein alter klapperiger Mann. Seine Haut schien in Falten gelegt, und sein Körper glich einer Mumie. Sein Gesicht war von Ziernarben zerfurcht, und um den Hals trug er ein Band mit Löwenzähnen. Es gab hier besonders viele Fetischbäume, an denen Antilopengehörne, gebleichte Affenschädel, Tierschwänze und Fellstücke hingen. Es gab keine Hütten ohne magische Zeichen, ohne Flechtwerk für Opfergaben oder Fetischfiguren zur Anrufung der Götter und Geister. Der Ort war eine Fundgrube für die Kultforschung.
Nachdem ich dem Häuptling die üblichen Geschenke überreicht hatte, verdolmetschte Damike meine Fragen. Ich wollte vor allem wissen, wo sich die Salzfelsen befinden, von denen mir ein Mineningenieur erzählt hatte. Diese Salinen sollten sich inmitten eines Galeriewaldes befinden, der von weiten Sümpfen umgeben war. Dort fand sich alles Wild zum Salzlecken und zum Suhlen ein. Besonders kapitale Elefanten sollten dort ihren Stammplatz haben, um den sich wilde Erzählungen rankten, die arg nach Jägerlatein schmeckten.
Als mir der Häuptling Auskunft gab und von großen Elefantenherden sowie einem alten gefährlichen Bullen erzählte, rechnete ich diese Dinge zu den üblichen Übertreibungen. Doch bald sollte ich eines Besseren belehrt werden. Damike war tagelang damit beschäftigt, von den Dorfbewohnern mehr über die Salzfelsen und das Wild zu erfahren und bekam dabei interessante Dinge zu hören, wenngleich ihm alles mit einer ängstlichen Scheu gesagt wurde.
Als ich genug wußte, bat ich den Häuptling, mir einige seiner Männer zur Verfügung zu stellen, die mich zu den Salzfelsen führen sollten. Wild gestikulierend lehnte er ab, und als ich ihn drängte, wurde er sogar böse. Doch Damike erfuhr den Grund der Ablehnung. Bei den Salzfelsen sollten sich Elefanten aufhalten, in denen die Seelen getöteter Jäger lebten, und diese Riesen würden jeden zertrampeln, der sich den Felsen näherte. Man zeigte ihm die Fetischbäume, an denen Kalebassen hingen, Fetische für getötete Dorfbewohner, deren Seelen nun in Elefanten seien.

Nach vielen Tagen bat ich den Häuptling nochmals, mir einen Führer zu den Salzfelsen zu geben. Jetzt rief er nach seiner Tochter. Sie hieß Sika, war etwa zwölf Jahre alt und wunderschön. Wie Perlen glänzten ihre Zähne, und selbstbewußt blickten ihre dunklen Augen. Der Häuptling rief ihr etwas zu, und sie holte aus ihrer Hütte einen Lederbeutel. Der Häuptling öffnete ihn umständlich und entleerte daraus Knochenstücke. Ich sah, daß es Knochen eines menschlichen Schädels waren. Der Kopf mußte mit Gewalt zertrümmert worden sein, denn selbst Zähne waren gebrochen.
Als Damike nach der Bewandtnis dieser Knochen fragte, erzählte der Alte mit zitternder Stimme folgende Geschichte:
Sein ältester Sohn war ein guter Jäger und versorgte das ganze Dorf mit Wildbret. Eines Tages gelangte er zu den Salzfelsen und entdeckte dort eine große Elefantenherde. Als er in dem vermeintlichen Fels merkwürdige Röhren sah und sie untersuchte, stellte er fest, daß der Fels aus Salz bestand. Erfreut über diese wertvolle Entdeckung schlug er einen Brocken heraus, um ihn in das Dorf mitzunehmen. Und dann geschah all das, was die Begleiter seines Sohnes später berichteten. Ganz plötzlich sei ein riesiger Elefantenbulle aufgetaucht, hätte den Sohn mit dem Rüssel niedergeschlagen und dann zertrampelt. Nach den Berichten der Augenzeugen sei der Bulle mehrmals um den Salzfelsen gerannt, um dann immer von neuem auf dem toten Körper des Häuptlingssohnes herumzutrampeln. Wochen nach dem Unglück hätten sich einige Burschen zu den Salzfelsen gewagt und die Schädelknochen des Getöteten mitgebracht. Die Seele des Sohnes, die im Elefanten gefangen sei, könne erst wieder frei werden, wenn der Bulle getötet würde.
Ich erklärte dem Häuptling, daß ich den Bullen schießen würde, um die Seele seines Sohnes zu befreien. Ich bat nochmals um einen Bur-

SIE GEHT GRAZIÖS WIE EINE GAZELLE

schen, der mich führen solle. Aber der Häuptling lehnte wieder ab und erklärte, daß jeder getötet würde, der sich den Salzfelsen nähere, auch ich. Allein würde ich die Felsen nie finden, es sei denn, seine Tochter Sika, der »Medizinmann« des Dorfes, würde mir mit Fetischen helfen.
Sika hatte die Unterhaltung mitgehört und sah mich mit großen Augen durchdringend an. Die Knochen wieder in den Beutel gebend, nahm sie mich beim Arm und bedeutete, ihr zu folgen. Damike rief noch nach, alles zu tun, was sie von mir verlange.
Das Mädchen schritt graziös wie eine Gazelle vor mir her: Sie ging wundervoll aufrecht, wie alle Frauen im Busch, weil sie alle Lasten auf dem Kopf tragen. Sika war mit mir kreuz und quer gegangen, wir hatten uns schon weit vom Dorf entfernt. Als ich ihr mit Gesten meine Frage nach dem Wohin klargemacht hatte, war ein überlegenes Lächeln die ganze Antwort.

An einem seichten Bach machte sie halt. Geschickt fertigte sie aus Zweigen ein Geflecht und legte es in den Bach. Es trieb langsam ab und blieb an einer flachen Stelle liegen. Sika stieg in den Bach und setzte sich auf den geflochtenen Kranz. Dann zeichnete sie mit einem messerähnlichen Gegenstand unter Wasser Figuren und Linien in den Sand. Wenn das langsam fließende Wasser die Zeichnungen zerstört hatte, begann sie von neuem.
Plötzlich hörte sie auf, erhob sich und zeigte aufgeregt auf ihre Zeichnung. Ich erkannte, daß Sikas Furchen im Sand nicht mehr von rieselnden Körnern ausgefüllt waren und meinte, deutlich die Darstellung eines Elefanten zu erkennen. Sika begann zu tanzen und stieß dabei merkwürdige Schreie aus. Dann rannte sie davon. Nur mühsam konnte ich ihr folgen und erreichte atemlos das Dorf.
Indessen hatte zwischen Sika, dem Häuptling und Damike ein lautes Palaver begonnen. Nach langer Unterhaltung erklärte mir Damike, dem Sandorakel sei zu entnehmen, daß ich den Elefanten mit der Seele des Häuptlingssohnes finden würde. Von Sika würde ich einen Fetisch erhalten, der mich den Salzfelsen finden ließe. Zudem würde ich einen »Walaka«-Kranz erhalten, damit mich der Elefant nicht töten könne. Am nächsten Tag zog ich früh mit Damike und meinem Fetisch los. Wir nahmen Richtung Ost, und unser Weg führte durch abwechslungsreiches Gelände. Bald überquerten wir flaches Grasland, dann hügeligen Busch, bald wieder Galeriewälder und Savannen.
Als ich wieder einmal eine Uferböschung hinabstieg, rutschte neben mir ein dicker langer Ast weg. Doch rasch erkannte ich meinen Irrtum. Es war eine Pythonschlange, die in das Wasser rutschte und mit erhobenem Kopf dahinschwamm. Damike reichte mir rasch die Schrotflinte, und ich setzte dem Python die Ladung in den Kopf. Wild bäumend wälzte er sich, daß das Wasser hoch aufspritzte. Dann wurden die Bewegungen langsam und zuckend, bis er still im Wasser trieb. Damike zog die Schlange an Land. Es war ein prächtiger 5,20 Meter langer Python und herrlich gezeichnet. Geschickt enthäutete Damike den Python, dann zogen wir weiter.
Wir waren bereits einige Stunden unterwegs, und das Gelände wurde immer feuchter. Öfter mußten wir tiefe Bäche durchwaten, wobei das Wasser bis zur Brust reichte. Dann wurde das Bach- und Flußnetz so dicht, daß wir mehr im Wasser als auf dem Boden marschierten. Der Schlammbrei, den wir immer wieder durchqueren mußten, zeigte tiefe Trittlöcher von Elefanten. Unter den Bäumen lagen auf dem Moorboden frisch abgerissene Zweige und Blätter. Jetzt hieß es aufpassen, zumal wir kaum zehn Meter Sicht hatten. Überall konnten die Dickhäuter stehen oder sich suhlen...
Als Damike wieder einmal zu mir aufschloß, deutete er an sein Ohr, das Zeichen, daß er etwas gehört habe. Bewegungslos lauschten wir. Nun hörte auch ich es – ganz deutlich war das kullernde Magengeräusch eines Elefanten zu hören. Manchmal schien es von weit her zu kommen, dann wieder meinte ich, es käme vom Busch her, hinter dem ich stand. Ich sah mir meine Umgebung näher an und schaute dann verzweifelt zu Damike. Nach den Seiten kaum fünf Meter Sicht, dicht vor mir ein undurchsichtiges Gestrüpp, dabei mit den Beinen bis zum Knie im zähen

Ein einzigartiges Bilddokument: Der Tod eines Elefanten. Die Elefantenkuh hat sich zum Sterben niedergelegt; die Angehörigen ihrer Herde fordern sie auf, sich zu erheben. Selbst die Kälber nehmen Körperkontakt mit ihr auf, da die Kuh sich in einer für sie ungewöhnlichen Lage befindet. Nach ihrem Tod wird die Herde ihre Wanderung wieder aufnehmen.

TOD EINES ELEFANTEN

EIN WILDER TROMPETENSTOSS ZERRISS DIE STILLE

Nach Herzenslust austoben dürfen sich Elefantenkälber in den ersten Lebensjahren. Elefantenkühe haben von allen Säugetieren die längste Tragzeit: 20 bis 23 Monate. Die Babys trinken täglich etwa zehn Liter Milch.

Schlamm. Damike schüttelte den Kopf und gab mit einer Handbewegung zu verstehen, daß unsere Lage hoffnungslos sei.
Ich überlegte, was ich tun müßte, wenn plötzlich aus dem dichten Buschwerk ein Elefant hervorbräche. Da müßten wohl Sehen und Schießen zusammenfallen, wollte ich nicht zertrampelt werden. Ein Ausweichen war unmöglich, dauerte es doch mehrere Sekunden, bis man einen Fuß aus dem Schlamm brachte. Während mir diese Gedanken kamen, zeigte Damike nach oben. Über uns breitete sich die Krone eines krummen Baumes, dessen Stamm jenseits des Gebüsches war. Und nun sah ich, wie sich ein einzelner Ast bewegte. Bald hob und senkte er sich ganz langsam, dann wieder schwang er auf und ab. Der Grund für dieses Bewegen mußte auf der anderen Seite des Gebüsches liegen. Und nun hörte ich es deutlich – auch das Magenkullern kam von drüben. Wir waren also kaum sechs Meter von einem Elefanten entfernt, ohne etwas zu sehen.
Was nun, wenn…, wenn der Elefant Wittrung von uns bekommt… In dieser Hilflosigkeit dachte ich an den Glauben des Häuptlings, daß jeder getötet würde, der sich den Salzfelsen nähert. Und ich dachte an die schwarze Diana, an Sika, die überzeugt war, daß mich ihr Fetisch beschützen würde. Ungewollt tastete ich nach dem Fetisch in meiner Tasche und spürte den Knochenkranz. In unserer Situation war der beste Jäger, die beste Büchse machtlos. Hier entschied nur noch der Zufall oder das Glück – um mit Sika zu sprechen, der Fetisch. Damike stand die Angst im Gesicht, die Minuten schienen mir wie Stunden.
Plötzlich wurde die unheimliche Stille von einem gellenden Trompetenstoß hinter dem Gebüsch gebrochen. Was dann geschah, ließ das Herz stocken. Nach dem Brüllen des Elefanten ein Wasserklatschen, ein Brechen und Poltern. Erst wenige Meter vor uns, dann überall ringsum. Dazu begann nun ein ohrenbetäubendes Trompeten vieler Elefanten und das Flüchten dieser Sechstonner. Um uns her brachen Bäume, von den vorbeihastenden Dickhäutern niedergewalzt. Auch hinter uns hasteten die Kolosse vorbei, daß uns die Schlammklumpen um die Ohren flogen…
Wie lange dieser Höllenspuk dauerte, vermag ich nicht zu sagen. Dann noch vereinzeltes Trompeten, Flüchten – und dann Stille.
Als ich mich aus dem Schlamm erhob, glaubte ich gelähmt zu sein, so mühevoll zog ich die Beine aus dem Morast. Auch Damike erhob sich – er zitterte. Um uns herum sah es aus, als hätten hier Panzer ein Manöver gehabt. Es war ein unbeschreibliches Bild der Zerstörung. Es dauerte lange, bis sich unsere Nerven von dieser Zerreißprobe erholt hatten, bis wir auf einer der Fluchtschneisen der Elefanten die Pirsch fortsetzten. Der Weg bestand aus übereinander gestürzten Bäumen, aus tiefen Schlammlöchern und schmutzigem Wasser.
Endlich wurde es lichter, als ein zerwühlter Pfad bergan führte. Bald hatten wir festen Boden unter den Füßen, und dann erhob sich vor uns ein hoher Fels, aus dem eine armstarke Quelle sprudelte. Da gab es nur noch den Wunsch nach Durstlöschen, Hinlegen und Schlafen.
Das sprudelnde Wasser war kühl und klar, und ich tat gierig einen kräftigen Schluck. Doch Trinken und Spucken war eins. Das Wasser war salzig, und der Fels, aus dem es kam, war der Salzberg. Jetzt sah ich auch die vielen Saugröhren und Leckwannen. Und gleich kam mir die Erzählung des Häuptlings ins Bewußtsein.

Dieses herrliche Pulverhorn aus dem Ende eines Stoßzahns hat ein persischer Künstler gefertigt. Das Elfenbein ist mit Jagd- und Naturmotiven beschnitzt. Das Pulverhorn stammt aus dem 18. Jahrhundert.

Die urgewaltige Kraft des Kaffernbüffels ist in diesem Bild verdeutlicht. Die Kuhreiher suchen auf dem breiten Rücken der Büffel nach Zecken und Ungeziefer. Eine Symbiose, die dem Vogel Schutz bietet und den Büffel von Parasiten befreit.

DIE KRAFT DES KAFFERNBÜFFELS IST GEWALTIG

© Robert Bateman - 1979

Heikler als der Elefant ist das graue Nashorn in seinen Ansprüchen an einen speziellen Lebensraum. Niemals lebt es in Herden, nur die Brunft bringt die Einzelgänger zusammen. Um so inniger ist die Beziehung zwischen Kuh und Kalb.

DER KOLOSS IST VOM AUSSTERBEN BEDROHT

Zweimal im Jahr durchqueren riesige Gnuherden die Savannen Afrikas. Ein endloser Zug auf der Suche nach Nahrung. Müssen Flüsse überwunden werden, ist der Druck der nachfolgenden Tiere oft so groß, daß Jungtiere zerquetscht werden oder ertrinken.

RIESIGE GNUHERDEN ZIEHEN DURCH DIE SAVANNE

Die Jagd ist vollendet, die Beute gesichert, das Mahl kann beginnen. Die Natur kennt keine Sentimentalität, nur das Gesetz, daß der Tod des einen Geschöpfes für das andere Leben bedeutet.

OHNE DEN TOD DER BEUTE KEIN LEBEN FÜR DEN JÄGER

PLÖTZLICH BRICHT DER RIESE AUS DEM BUSCH

Willkommene Abkühlung in der Mittagshitze: Tief in die Rüssel gesogenes Wasser spritzen die Elefanten ausgelassen auf ihre heißen Rücken.

In seinen Reaktionen auf Begegnungen mit Menschen ist dieses Relikt aus Urzeiten völlig unberechenbar: mal lethargisch, mal von bedingungsloser Aggressivität.

Hier war also der Häuptlingssohn in die Erde gestampft worden. Während ich mir das vorstellte, hatte ich das merkwürdige Gefühl, beobachtet zu werden. Aber das waren wohl die überreizten Nerven. Darum winkte ich Damike und stieg mit ihm weiter bergauf. Oben bot sich uns ein weiter Rundblick. Als oberhalb von uns Graupapageien kreischten, kauerte sich Damike tief zur Erde und zeigte nach oben. Ich hockte mich rasch nieder und suchte den Hang ab. Da stand doch ein riesiger Elefantenbulle mit klobigen Stoßzähnen, den Rüssel zu uns her ausstreckend!

Während ich die Büchse hochnahm, setzte er sich quer zu uns in Bewegung. Die meiste Zeit war er verdeckt, nur ab und zu für Augenblicke frei. Dabei hatte er auf rasche Gangart geschaltet. Es war unmöglich, einen sicheren Schuß anzubringen.
Der Bulle hatte indessen einen Halbkreis beschrieben und mußte bald auf unsere Spuren stoßen. Genau unten am Hang würde er Klarheit über seine Wittrung erhalten. Kaum gedacht, geschah es. Ein wilder Trompetenstoß zerriß die Stille. Dann brach der Riese aus dem Gebüsch und stürmte mit nickendem Schädel zu uns herauf.
Ich ging ins Ziel und zog ab. Aber ohne zu zeichnen, stürmte er weiter. Ich ließ die zweite Vollmantel fliegen. Da taumelte er und ging mit den Vordersäulen in die Knie. Er schlug mit dem Rüssel um sich, begann zu wanken und fiel um. Damike reichte mir zitternd die Hand und lallte ein unverständliches Waidmannsheil. Dann kramerte er den Whisky aus der Jagdtasche und reichte ihn mir. Selten hat er mir so gut getan.
Als ich vor dem gestreckten Sechstonner stand, dachte ich an Sika, die schwarze Diana, und nahm den Knochenkranz aus der Tasche. Der Bulle vor mir war wohl ein alter Raufbold gewesen, denn seine Stirn, seine Ohren waren voller Schrammen. Der Einschuß meiner ersten Kugel saß zu hoch. Da ich talwärts schoß, hätte ich tiefer zielen müssen. Doch der zweite Einschuß lag richtig, die Kugel drang ins Hirn.
Ob der Bulle Herr und Wächter des Salzfelsens war? Es mußte wohl so sein. Denn daß dieser Bulle allein zurückblieb, während die ganze Herde flüchtete, war nicht anders zu erklären. Ob er es vielleicht war, der den Häuptlingssohn zertrampelt hatte? Ob ich mit meinem Schuß dessen Seele befreite? Ich betrachtete die zerfurchten Fußsohlen der Vordersäulen und sah vor mir die Schädelknochen im Lederbeutel des Häuptlings. Meine Gedanken kreisten um den tiefen Fetischglauben der Schwarzen und gingen in das Dorf zu Sika, zum Bach mit den Sandzeichnungen, zur schwarzen Diana.
Ich war ihr auf jeden Fall dankbar.

ZWISCHEN FELS UND LATSCHEN

LUDWIG HOHLWEIN

n den Alpen, dem
)ach Europas, wo vier-
ausend Meter hohe
ipfel in den Himmel
agen, sind die Gemsen
u Hause. Nur extrem
iderstandsfähige
flanzen und Tiere kön-
en hier überleben.

Ich wache langsam mit einem halben Auge schlaftrunken auf und sehe vor mir einen langen, langen, sanft ansteigenden kahlen Hang. Dieser sanfte Höhenzug ist rot kariert. Und links über ihm erhebt sich ein haariger Bergwald. Das ist mein Pelzmantelkragen, den ich in der kalten Winternacht über mein Bett gebreitet und hoch hinaufgezogen hatte. Über mir dehnt sich weißgetünchtes Firmament, die Hüttendecke, an der roter Feuerschein hinzuckt. Der Jäger hantiert klappernd am Herd, und die Buchenscheite krachen und knistern: Der Morgentee wird gemacht, und »Huthei« und »Gamsei«, die beiden Hunde, rumpeln spielend durch die Bude. Der Hans reibt ein Streichholz an, und zögernd ersteht ein trübes Öllichtchen überm Herd, leise klirrend stülpt sich der Glaszylinder drüber,

STILL STEIGEN WIR DURCH DEN WALD

Vorsichtig äugt die Gams hinter dem schneebedeckten Baumstumpf hervor. Wenn der Schnee sehr tief wird, wird sie diesen Einstand wohl wieder mit den höchsten Regionen vertauschen, wo Wind und Lawinen die karge Äsung freilegen.

und nun verbreitet sich ein sanfter, ruhiger Lichtschein rings im Zimmer.
Da taucht ein großer, schwarzhaariger Kopf dicht vor meinem Gesicht auf, und eine kalte, feuchte Hundenase tupft grüßend an die meine, eine krallige, dicke Pfote legt sich schwer auf meine Schulter: »Gamsei«. Sie hat einen Knochen im Maul und lacht mich fröhlich an. Dahinter steht der ernstere Rüde, der schwarze »Huthei«. Seine Augen funkeln, und er denkt sich wohl so manches über den Langschläfer. Na ja, ich komme schon.
Langsam werde ich ganz wach und tauche zwischen Pelzbergwald und Kopfkissen höher empor zum »rosigen Licht«. Es ist langsam Zeit geworden, sich aus warmer, schläfriger Versunkenheit allmählich zur schneekalten, tagdämmernden Wirklichkeit der winterstillen Bergeinsamkeit aufzuraffen. Draußen springt der schwarze Gamsbock suchend durch den verschneiten Lahner. Also auf! Immerhin – gar so pressiert's ja nicht, denn auch der Gams ist kein Frühaufsteher und sitzt lange im windgeschützten Schneebett, ehe ihn der erste Sonnenstrahl zum Aufstehen lockt. Also endlich auf! Hu, ist der Boden kalt, und am Herd ist eine Bullenhitze. Beide Faktoren beschleunigen und erleichtern die Toilette, und bald sind wir soweit, daß noch ein letzter Blick prüfend auf die übergehängte Büchs geworfen wird: Alles in Ordnung. Wir treten vor die Hütte in die schneekalte, blaue Dämmerung. Noch zittert der Morgenstern einsam fröstelnd droben über der schwarzen Wetterfichte im stahlklaren Firmament, und unser Weg ist nicht gar weit, aber im hohen Schnee anstrengend.

Große Stille breitet sich um uns, nur der Schnee knurpst unter unseren Tritten, wie wir schweigend über die Almlichten stapfen hinauf zum dunklen, schwarzen Waldrand, wo ernst und groß die alten Tannen stehen in düsterem Schweigen. Den Graben dahinter müssen wir durchqueren und langsam, teilweise durch Altholz, den schmalen Pirschsteig hinauf zur Platte der Saualm. Das ist ein guter Platz, und da geht's in der Gamsbrunft hin und her wie im Theater. Man braucht da nur Sitzfleisch zu haben und zu warten, bis ein Guter daherkommt, zwischen den Latschenköpferln am drüberen Hang geht's immer durch, und der Schuß ist nicht gar zu weit, man kann sich auch meist ruhig Zeit lassen zum Schuß.

Still und im halben Traum schnüren wir hintereinander durch den weichen Schnee im Hochholz, da schlupft drunten zwischen den dunklen Stämmen ein schwarzer Klumpen – ein Gams. Dann noch einer dicht dahinter. Langsam das Glas ans Auge: Es sind zwei geringere Böcke, die sich gegenseitig treiben, nichts Schußbares. Gottlob, Wind haben sie nicht bekommen, aber der Tag läßt sich hoffnungsfreudig an. Also weiter!
Da dehnt sich im Morgendämmern der weite Lahnergraben vor uns, vieldurchfurcht von ziehenden und flüchtigen Gamsfährten. Ein vielverheißender Platz – bei gutem Wind. Der drobere auf der Alm ist für heute besser und günstiger. So durchqueren wir ihn stumm und möglichst unauffällig und steigen drüben langsam an. Jetzt sind wir an den ersten Bäumen des Almwaldes und gönnen uns eine kurze Verschnaufpause. Das Steigen mit dem ungewohnten, vollen Rucksack macht doch ein bisserl warm, aber um die Lederweste bin ich froh und um die Thermosflasche. Da droben nah an der Schneid weht es oft eiskalt, der Wettermantel hält nur das Allergröbste ab und gibt nicht aus, wenn man oft einen ganzen geschlagenen Tag still auf den Schattseiten hockt. Und wenn man gar durch zu schnelles Ansteigen in Schweiß kam – doch halt, was schiebt sich denn da drüben aus den Randfichten? Ein geringes Hirscherl, ein Sechserlein. Jetzt wechselt es im Graben herunter. Und die Gams stehen heut auch tief, sollte das für morgen Schnee bedeuten? Nun kommt das Hirscherl auf unsere warme Fährte, stutzt, ein grober Fahrer, und nun wird es nach abwärts flüchtig. Gottlob stumm und ohne zu schrecken.
Langsam ist es auf unserem Wege nach aufwärts Büchsenlicht geworden, aber wir haben höchstens noch fünfzehn, zwanzig Minuten. Vorn zwischen den dicken Stämmen wird's hell, und weißglänzend flimmert die Almlichten durch. Still steigen wir am Holzrand noch die zehn Schritte, und nun sind wir am

Gegen Kälte ist die Gams gewappnet: Dickes, schwarzes Winterhaar ersetzt das kurze, gelbliche Sommerfell. Die Alpen-Schneehühner (unten) schützt ihr dichtes, weißes Gefieder nicht nur gegen tiefe Temperaturen, sondern auch vor Feinden.

Ein Wildfotograf braucht – bei allem Können – auch Glück. Sonst käme ein so einmaliger Schnappschuß, wie dieser von Gamsbock und Schneehase, in einem ganzen Leben nie zustande.

FLÜCHTIGE BEGEGNUNG IN SCHNEE UND SONNE

UM UNS IST NOCH ALLES TOTENSTILL

Platze unter der etwas vorgeschobenen alten Tanne, von wo aus wir guten Überblick und Ausschuß nach drüben haben. Leise sind ein paar Daxen geschnitten als Unterlage auf den Schnee, die Lederweste angezogen, ein Schluck aus der wärmenden Thermosflasche, die Büchs griffbereit neben dem Bergstock, und dann kann er getrost kommen, der gute Bock. Auch die blauen Rauchwölkchen der Pfeife zeigen uns günstigen Wind – es stimmt.

Alles ist noch totenstill um uns, nur droben ziehen rufend zwei Aasraben vorüber. Ich freue mich darüber, denn ich nehm' es immer als gutes Zeichen.

Lange sitzen wir. Der weite Almkessel und die Hänge drüben scheinen wie ausgestorben, und schon komme ich auf den Gedanken, daß vielleicht der kommende Wettersturz heut schon alles Wild hinuntergedrückt hat, da sehe ich rechts unter uns in den schwarzen Latschenköpferln einen noch viel schwärzeren Punkt sich bewegen – einen Gams. Der gute Hensold-Dyalit, ein herzerfreuendes Glas, zeigt mir – eine einzelne Geiß. Aber halt, was ist denn da rechts noch dahinter? Noch eine schwächere Geiß. Doch wenigstens etwas. Und als ob es nur auf den Anfang gewartet hätt', hören wir plötzlich drüben links einen Gams pfeifen. Lange tastet das Glas die Wandeln drüben ab. Da, jetzt sehe ich ihn droben stehen, ein schwächerer Bock. Er äugt pfeilgerade auf uns herunter, stampft mit den Vorderläufen und pfeift. Die Geißen stört das gar nicht, sie bummeln äsend herum.

Das Böckerl weiß gar nicht, was es aus uns machen soll, es pfeift andauernd. Dann kratzt es sich ein schneefreies Platzerl aus und – tut sich ruhig nieder. Jedenfalls haben wir das beruhigende Gefühl: Wir stören nicht. Nur Geduld, es ist ja alles da – bis auf den guten Bock. Aber der wird und muß ja ganz gewiß einmal kommen, drüben und drunten gehen ja die besten Wechsel, und die beiden Geißen erhalten sicher noch vor Mittag ihren längst erwarteten Besuch. Wir haben ja Zeit, viel Zeit, und hier oben in der reinen Schneeeinsamkeit gibt es für offene Augen viel zu sehen und zu sinnieren. Wie herrlich ist doch das weiße »Leichentuch« in der immerlebenden Natur! Und wie schön das Gamsjagern!

Freilich darf man nicht allzuviel auf die Salbadereien der Jägerstammtisch-Erzählungen hören, wo man ewig lügt von den Klimmzügen an vereister Wand, von dem Versinken in den brusttiefen Schnee, vom »Ankleben mit dem eigenen Blut, um ein armselig Grattier zu erjagen«. Freilich gibt es kritische Situationen, aber das ewige aufgeblasene Renommieren der eigenen göttlichen Schwindelfreiheit an der kirchturmhohen Steilwand, der ewigen Lawinengefahr und so weiter, das geht einem doch allgemach auf die Nerven. Es ist im Gegenteil auch einmal recht witzig, wenn es einmal weniger seiltänzerisch abgeht. Alles, was recht ist. Und wem es allzu sanft dünkt, wenn er auf weichem Wettermantel sitzend, gar noch behäbig die Büchs am sicheren Bergstock anlehnen darf, der soll meinetwegen vor solchem Schuß noch zehn bis zwölf Kniebeugen machen oder seinen Bock meinetwegen mit Linksanschlag per Spiegel über den Rükken zusammenschauen. Wie gesagt: Mir soll es recht sein. Meinet-

Auf einem Gobelin wird mittelalterliches Jagen im Gebirge und ein Jagdfest des Kaisers dargestellt. In den Revieren des obersten Landesherrn durfte niemand sonst jagen - auch kein Edelmann.

DA STEHT DER SCHWARZE, ZOTTIGE TEUFEL

wegen kann er auch mit Zielfernrohr auf 200 Meter schießen, und noch getrost achtzig Meter, es kommt ja nun doch nicht mehr darauf an, hinzulügen – wenn er nur »seines Schusses gewiß« ist. Es richtet sich ja immer und endlich ganz danach, wie du deinen Bock im letzten Moment »haben kannst«. Doch jetzt pfeift es von der Schneid her, droben blädert einer! Wie das elektrisiert, der schwache, brunftige Ton, und wie weit man ihn hört in der feinhörigen Stille hier oben.

Unser Böckerl ist aufgestanden und äugt nach oben – die Geißen machen lange Hälse. Da steht er ja droben, der schwarze zottige Teufel. Er äugt mit schiefgehaltenem Grind aufs Almkar herunter, und der gesträubte Bart wackelt im frischen Wind der Schneid. Es sind höchstens 180 Meter bis hinauf. Aber wie ich den Sicherungsflügel herumlege, macht er ein paar Fahrer herunter auf die Geißen zu, daß der Schnee nur so aufwirbelt um den hupfenden, kohlschwarzen Pelzball. Dann steht er breit und blädert geilbrunftig zurück zum Böckerl als wie: »Was will denn der Schnaufer da?!« Der schaut einstweilen ruhig zu, wie der Platzbock jetzt schnurgrad auf die Geißen zuzieht, die Oberlippe weit und sinnlich emporgezogen, daß man den stoßweisen heißen Atem sieht. Nun ist er dicht bei ihnen und hat die volle Brunftwitterung in der Nase. Sofort macht er »Kopf zurück, Brust heraus« und stolziert krampfig steif wie ein Schwan zu der einen abspringbereiten Geiß. Wenn ich mich nun nicht beeile, ist »der Moment« verpaßt, und die tolle Jagd geht los – wer weiß, wohin. Es ist doch was Schönes, so auf alte Gebirglerart im Sitzen und am Bergstock angelegt zu schießen. »Da kannst halt net aus.« Ein kurzes Zielen, fest steht das Silberkorn am schwarzen Blatt des Hochzeiters, und im Schnall haut es ihn in den weißen Schnee. Der Schuß reißt rollend von den Wänden zurück, und der Bock schlegelt wild um sich, daß der Schnee stiebt, und krampfig hebt sich das schwarze Haupt mit den dicken, weißen Backen. Ich repetiere und gehe langsam auf den Armen zu, um längere Leiden durch einen nahen Schuß auf die Drossel zu enden. Schade, daß ich so gar keine Deckung habe, um

Es ist schon imponierend, wie der kraftvolle Steinbock den Urgewalten der Hochalpen trotzt. Das massige Tier ist ein phantastischer Kletterer. Für ihn gibt es keinen zu steilen Kamin und keine zu schroffe Felswand.

Aus kühlen, schattigen Lagen zieht es die Gemsen im Winter zur »Sonnseiten« hinauf. Den Gefahren, die ihnen hier drohen, vermag auch das berggewohnte Wild nicht immer zu entgehen: Jedes Frühjahr findet man in abtauenden Lawinenresten verunglücktes Gamswild.

TRITTFEST IM »GEMSENMARSCH« DEN STEILEN HANG HINAUF

DER SCHUSS LÄSST IHN SCHNELL VERENDEN

ihm die Angst, diese wehrlose Angst vor dem Herannahen seines Todfeindes zu ersparen. Wie ich auf zehn Schritte vor ihm stehe, hebt er noch einmal den Grind hoch nach rückwärts, und der zweite Schuß fährt ihm durch die Drossel und läßt ihn blitzschnell verenden.

Nun liegt er regungslos, und ich kann ruhig die starken Krucken bewundern und den guten Bart. Schnell nehme ich den Photoapparat heraus und mach' eine Aufnahme, ehe der Jäger hinzukommt, um ihm den Bart zu rupfen, ihn herumzuwenden und sonstwie aus seiner Lage zu bringen...

Nun kommt das Bartrupfen, das Aufbrechen und all die rote, notwendige Arbeit. Der Aufbruch wurde an den nahen Bach getragen, wo ihn schon am nächsten Tage die Aasraben aufgearbeitet hatten. Na ja, ich sagte es ja schon: Glücksvögel. Und gleich nach dem ersten Schuß schon hörte ich ihren Ruf. Nun war alles gutgegangen und die Freude groß, denn der Bock war sehr gut, ebenso gut die Krucken wie der Bart. Wenigstens glaube ich diese Beobachtung gemacht zu haben.

Wie schmeckt ein einfaches Frühstück und ein Schluck aus der Thermosflasche herrlich, wie göttlich eine gute Pfeife Tabak, wenn man droben im nunmehr sonnigen Lahner vor einem guten Gams sitzt und den langen Bart (ich meine hier den frischen Gamsbart) fein säuberlich in Papier gewickelt und mit einem Latschenzweiglein gesteift am Busen trägt!

Den Heimweg spürt man gar nicht, und die trauliche Hütte ist auf einmal so gemütlich, daß man bis spät noch beieinander hockt und sich Jagd- und Wilderergeschichten erzählt, und wie die Sach »nausging«, und wie es jenem erging, wie dieser sich angestellt hat und wie jener sich benahm – ein ewig neues Kapitel von Schubarts ewig neuem Kimmerlinger. Morgen kannst du ausschlafen und kannst du eine gemütliche Pfeif' im Bett rauchen, und das helle Schneelicht scheint dir in die Hütte, als ob es vor Weihnachten wär', und Mutter hätte blitzfrische, weiße Vorhänge aufgemacht. Und draußen im Stadel hängt dein guter Gamsbock, den dir kein Teufel mehr abnehmen kann.

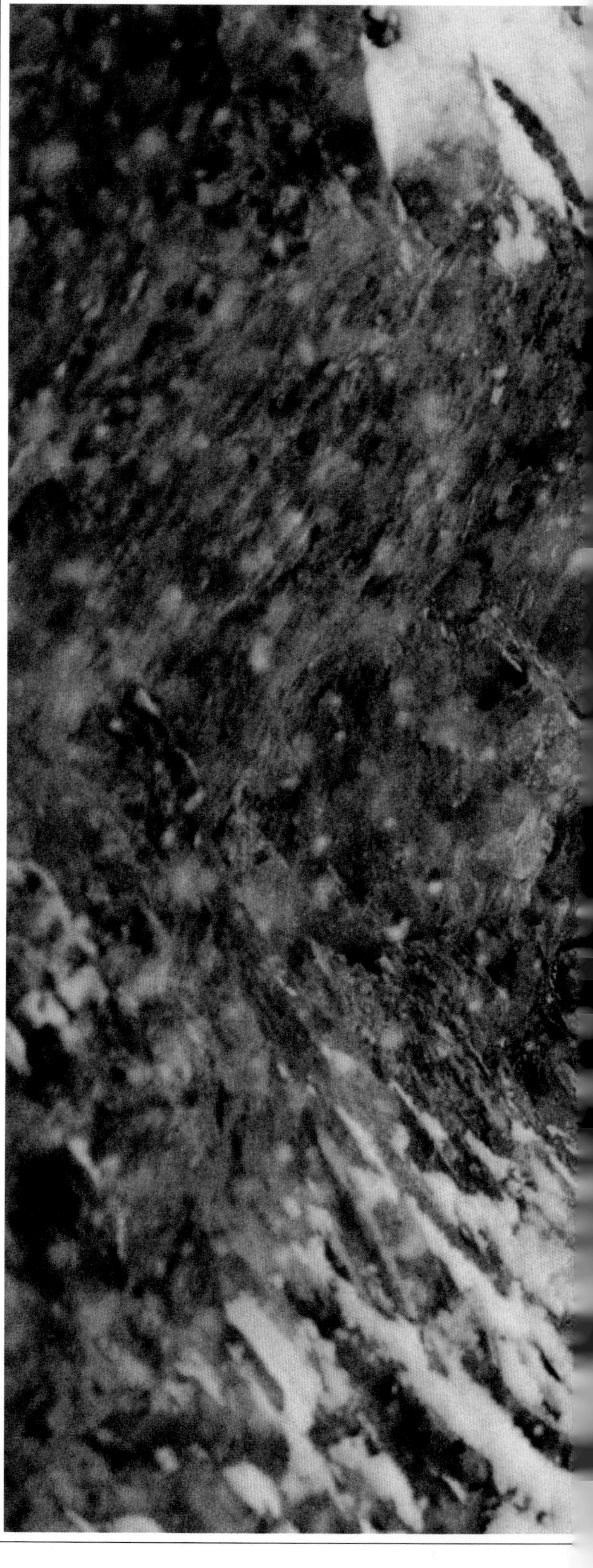

Schmal sind die Gamswechsel über schroffem Gefels und steiler Wand. Aber der Tritt ihrer breiten Schalen ist sicher – auch bei der Flucht über schwindelerregenden Abgründen.

AUF ELCHE IN DER TUNDRA

JOHANNES K. HOGREBE

Kanada mit seinen zauberhaften Laubwäldern und seinen im Winter eisstarrenden grandiosen Bergen ist für Jäger und Fischer nach wie vor ein Paradies. Die Bergwelt über der Baumgrenze ist der Lebensraum des weißen Dickhornschafes – aber auch den Grizzlybären führen seine Streifzüge dort hinauf.

Auf der Bootsfahrt zum Zeltplatz hatte uns der Nebel überrascht. Schließlich brodelte und wallte er so dicht, daß ich meinen Jagdbegleiter nur noch als unwirklichen Schatten im Bug erkennen konnte. Mit gedrosseltem Motor tastete ich mich voran, ohne die Augen vom Pendelkompaß zu lassen. Plötzlich gab es einen Ruck im Boot, wir waren auf einen treibenden Baumstamm aufgelaufen. Ich schaltete den Motor ab, weil es mir aussichtslos erschien, den Lagerplatz finden zu können. Zum ersten Male befuhr ich diesen See, dessen viele kleine Inseln mich schon am Tage mehrmals irritiert hatten. Oftmals lagen sie so dicht beisammen, daß es gefährlich war, durch die Engen zu fahren. Mein Freund und ich beschlossen darum, die kommende Nacht im Boot zu verbringen, und

DIE SONNE VERSPRACH EINEN SCHÖNEN HERBSTTAG

richteten uns darauf ein, so gut es ging.
Kein Lufthauch war spürbar. Daß wir abtrieben, erkannten wir erst, als die verschwommenen Schatten der bewaldeten Inseln gespenstisch an uns vorbeiglitten. Auch kein Laut war vernehmbar, und es erschien uns, als ob wir in einer unwirklichen Welt dahinschweben würden. Dann knirschte es unter dem Boot, wir waren auf eine Kiesbank aufgelaufen. Erst allmählich erkannten wir, daß sie einer kleinen Insel vorgelagert war. Erleichtert verließen wir das Boot und richteten uns für die Nacht auf ihr ein. Wie wir es immer zu tun pflegten, wenn wir unter freiem Himmel nächtigen mußten, schlugen wir mit den großen Waidmessern Tannenäste ab und schafften mit ihnen eine trockene und gegen Bodenkühle isolierende Unterlage für die Schlafstätte. Die Segeltuchplane des Bootes sollte uns zusätzlich warm halten.
Bald war auch die nähere Umgebung von allem Fall- und Driftholz befreit, wir legten ein Feuer an und brauten uns einen steifen Grog, die beste Medizin gegen Erkältungen bei solchem Herbstwetter. Die große Schöpfkelle des Bootes diente dabei als Kochtopf, wie sie es schon öfter hatte tun müssen.

Fröstelnd erwachten wir im ersten Dämmerlicht des neuen Tages. Eine leichte Brise ließ den Nebel wallen, und seine dicken Schwaden begannen langsam über den See zu steigen. Es wurde lichter, so konnten wir die Umrisse von zwei anderen Inseln erkennen, die etwa 25 bis 30 Meter entfernt südlich von uns lagen. Daran erkannten wir, wo wir waren, denn diese drei kleinen Inseln lagen unmittelbar vor der Durchfahrt zu einem anderen See, dessen Fluten den Fluß speisten, auf dem wir auf einer Bootsfahrt voller Hindernisse und kritischer Situationen die beiden Seen erreicht hatten. Wir beschlossen aufzubrechen, um den Lagerplatz zu finden, der etwa 200 Meter hinter der Enge am Ufer des nächsten Sees lag.
Sorgfältig löschten wir die glimmende Asche, bestiegen das Boot und paddelten langsam auf den Durchfluß zu. Abermals liefen wir auf einer Sandbank auf, in die sich der Bootkiel hineinfraß. Wir mußten aussteigen, um freizukommen. In diesem Augenblick sahen wir vor und über uns schemenhaft im Nebel die Konturen eines riesigen Elchhirsches, der im Wasser auf der Sandbank stand. Wie ein Fabelwesen aus einer anderen Welt wirkte der Recke, doch nur für Sekunden, dann verdeckten ihn wieder die grauen Schwaden. »Hast du dieses Schaufelpaar gesehen?« flüsterte der Freund mir zu. Ich nickte nur, noch ergriffen von dem eigenartigen Anblick. Wir hatten einen Hirsch auf der Höhe seiner Jahre gesehen.

Wir verweilten an Ort und Stelle, bis sich eine Stunde später der Nebel hob. Leise paddelten wir am Ufer entlang und fanden die mächtige Fährte des Schauflers auf dem Rückwechsel in den Urwald siegelfrisch im goldenen Sand. Langsam folgten wir ihr, nach wenigen Schritten immer wieder verweilend und lauschend. Auch im Wald gut sichtbar, führte sie uns zu einem kleinen Waldsee, dessen Nordbucht stark verschilft war. Hier ästen ein Tier und Kalb. Vom Hirsch war nichts zu sehen, doch wir wußten nun, wo er seinen Einstand hatte. Still setzten wir uns ab.
Zum Boot zurückgekehrt, fragte mich der Freund: »Wo sollten wir uns am besten ansetzen?« Ich hatte im Jahr zuvor meinen »Traumelch« erlegt, worüber ich in meinem Buch »Abenteuer der Wildnis« geschrieben habe. Darum antwortete ich: »Ich möchte, daß du dein Heil auf diesen starken Hirsch versuchst!« Mein Begleiter nickte mir dankbar zu, denn trotz seiner Passion war er bisher nie auf einen guten Schaufler zu Schuß gekommen. Die schwachen Hirsche hatte er stets geschont. Auch in Kanada sind starke Trophäen nicht leicht zu gewinnen! Gerade beim Elchwild verstreichen oftmals viele Jahre, bis sich der Erfolg einstellt.
Der Hunger mahnte uns, zum Zeltplatz zu fahren. Als wir ihn erreichten, brach die Sonne durch die Wolken und versprach einen schönen Herbsttag. Andächtig genossen wir das bunte Bild, das nirgends sonst als in den nordischen Wäldern dieses Landes in allen Farben leuchtet. Eilig strichen Wildenten von der Seemitte ihren Äsungsplätzen zu. Ein Fischadler schoß steil herab und griff zielsicher einen Fisch, der

Schneeziegen sind scheue Bewohner der kanadischen Rocky Mountains. Sie sind hervorragende Kletterer. Selbst im extremen Fels suchen sie nach Flechten und Moosen. Gemalt wurde das Bild von Robert Bateman, einem in Kanada lebenden Tiermaler

Wie alle Wildziegen haben auch die Schneeziegen einen äußerst kräftigen Körper und stämmige Beine. Ihr kurzer und breitstirniger Kopf trägt starke Hörner. Auffallend ist der steife Bart unterhalb des Kinns.

DIE WELT DER SCHNEEZIEGE IST DAS HOCHGEBIRGE

DAS GEHEUL VON TIMBERWÖLFEN WECKTE UNS

nach den von den Bäumen gefallenen, erstarrten und auf der Wasseroberfläche treibenden Fliegen schnappte. Mit kräftigem Schwingenschlag trug der große Greif seine fast zweipfündige Beute davon, um sie zu kröpfen. Schweigsam genossen wir die wundersame Stimmung des Augenblickes.

Ich wußte, daß sich der Schaufler heimlich halten würde, denn die Begegnung mit uns hatte ihn sicher vergrämt. Darum beschlossen wir, nicht nach ihm zu suchen. In dem noch stark belaubten Wald würde ein solches Unternehmen unsinnig sein. Deshalb setzte sich mein Freund am Durchfluß zwischen den beiden Seen an, wo ich ihn erst nach Schwinden des Büchsenlichtes wieder abholte. Er hatte Tier und Kalb gesehen, die am gegenüberliegenden Ufer ausgetreten waren und dort an den Weidenbüschen geäst hatten. Den Hirsch aber hatte er nicht zu Gesicht bekommen. Um ihn durch Rufen zu reizen, war es noch zu früh. Erst wenn Frost die Luft abkühlte, würde diese Methode Aussicht auf Erfolg haben. So verschwiegen wir, um ihn nicht noch mehr zu vergrämen.

Wo die nordamerikanischen Felsengebirge besonders abweisend werden, über schwindelerregenden Abgründen und in den steilsten Wänden, hat die Schneeziege ihre ökologische Nische gefunden.

Zwei Tage später pürschten wir die weitere Umgebung ab, wo wir auch frische Elchfährten fanden. Sorgfältig nahmen wir ihre Maße und konnten feststellen, daß noch zwei andere Alttiere und ein schwacher Beihirsch hier ihren Einstand hatten. Die mächtige Fährte des Schauflers aber sahen wir an diesem Tage nicht. Erst am nächsten Morgen stießen wir wieder auf sie, etwa eine halbe Meile entfernt im Urwald, wo der Heimliche an einem kleinen Wasserlauf entlanggetrollt war. Es schien der Abfluß eines Bibersees zu sein, denn gefällte Pappeln verrieten uns die Anwesenheit einer Kolonie der großen Nager.

Während mein Freund wieder am Durchfluß ansaß, fischte ich nicht weit entfernt vom Zelt und folgte dem Ufer. Hier sah ich unvermutet die Fährte des Schauflers wieder, die in ein Schilfbett führte. Darum riet ich dem Freund, sich dort auf den »Nebelelch« anzusetzen. Doch bald drehte der Wind und verbot uns weiteres Passen. Als wir dann gemeinsam die Angelruten schwangen, trat dort ein Alttier aus, wo der Freund sich vorher angesetzt hatte. Eine Stunde lang äste es

Beinahe allgegenwärtig in Nordamerika – von Küste zu Küste – lebt der Coyote. Allen Ausrottungsversuchen von Viehzüchtern und Behörden hat er erfolgreich widerstanden.

im Schilf. Bedrückt saß mein Begleiter abends am Lagerfeuer. Ich störte seinen Jägerkummer nicht, für den es sowieso keine Medizin gibt. Fische warfen sich aus ihrem Element, und zwei junge Otter balgten sich übermütig um ein Stück Treibholz und drehten ihre Purzelbäume, ein immer wieder gern gesehenes, drolliges Bild. Der feiste Altbiber, der nicht weit vom Zelt entfernt seine Knüppelburg hatte, war eifrig damit beschäftigt, Winternahrung zu horten. Ohne daß er selbst sichtbar war, bewegten sich Büsche auf dem Wasserspiegel; ein komischer Anblick.

Dann brach die vorletzte Nacht an. Wortkarg war der Freund früh in den Schlafsack gekrochen, denn wieder hatte er einen Tag vergebens angesessen. Dann trieb auch mich ein eisiger Nordwind in das Zelt. Es schien ein Wetterumschlag bevorzustehen. Kurz vor vier Uhr morgens weckte uns das Geheul von Timberwölfen, das minutenlang anhielt. Es schien mir Frost und Schnee zu verkünden. Bevor es wieder Tag wurde, ertönte noch einmal die schaurige Nachtmusik, und von der gegenüberliegenden Seite des Sees kam Antwort. Als wir aus dem Zelt traten, prangte die Landschaft im glitzernden Rauhreifmantel!

Auch der vorletzte Jagdtag verging, ohne daß wir den »Nebelelch« sahen. So brach der Tag an, an dem wir heimfahren wollten. Leichter

DÄMMERUNG SENKTE SICH ÜBER DEN SEE

Nebel geisterte über dem Wasser und hob sich erst gegen zehn Uhr. Ein kalter, trüber Tag legte Schwermut über den Herbstwald, dessen farbige Blätter nun zu Boden taumelten. Die letzten Hoffnungen, den urigen Hirsch noch zu Gesicht zu bekommen, schienen zu schwinden.

Ich hatte mich neben dem Freunde angesetzt, um seine bedrückte Stimmung durch meine Gesellschaft zu zerstreuen. Schließlich sahen wir ein, daß ein längeres Lauern hier zwecklos sein würde, und beschlossen, uns noch ein lekkeres Abschiedsmahl zu fangen. Als wir unsere Ruten vom Zeltplatz holten, sah ich zu meinem Erstaunen, daß mein Begleiter seine Büchse nicht mitnahm. »Geh und hole deine Waffe«, vermahnte ich ihn, »ein guter Jäger gibt seine Hoffnungen niemals auf, und schon mancher Erfolg wurde in letzter Minute beschieden!« Wortlos ging er zurück, um die Büchse zu holen. Dann steuerte ich das Boot zu einem großen Felsen, der wie eine Wand aus dem Wasser stieg. Dieser lag dem Schilfbett gegenüber, in dem wir das letzte Alttier gesehen hatten. An einer Wurzel, die wie eine Öse aus dem Felsenriß herausgewachsen war, vertäute ich das Boot.

Der Wind saß günstig, und so hatte ich das gute Gefühl, daß hier noch eine Chance gegeben sein könnte, hielt aber meinen Mund. Erstes Dämmerungsahnen senkte sich über die weiten Wälder und den leicht gekräuselten See, als wir die Spinner in die Flut tauchen ließen, und schon bald brachten wir jeder einen Zander in das Boot. Während ich den Drilling des Spinners auslöste, glaubte ich, ein leises Plantschen vernommen zu haben. Auch mein Freund lauschte bewegungslos mit verhaltenem Atem. Mit meinem Glas leuchtete ich die uns gegenüberliegende Schilfbank ab, konnte aber nichts ausmachen.

Gerade wollten wir das Spinnfischen fortsetzen, als wir nun deutlich ein saugendes Geräusch hörten, wie es ein durch Morast ziehender Elch verursacht. Langsam beugte sich mein Freund nieder, legte leise die Rute ab und griff nach der Büchse. Behutsam lud er drei Patronen und setzte sich hin. Wir ließen das Schilffeld nicht aus

Eine Unterart des Dickhornschafs ist das Dallschaf. Es lebt wie die Schneeziege oberhalb der Waldgrenze und ist außerordentlich scheu und vorsichtig. An die lebensfeindlichen Bedingungen der hochnordischen Gebirge ist es gut angepaßt.

Nichts nützt dem Elch sein weitspannendes Schaufelpaar gegen ein Wolfsrudel im Angriff; denn bereits im Spätwinter ist es abgeworfen. Nur zum Kampf mit dem Artgenossen hat die Natur den Elch mit diesen Waffen ausgestattet.

EINE URWELTHAFTE GESTALT: DER ALASKA-ELCH

Morgens und abends zieht der Elch auf Äsung. Den mächtigen Körper erhalten die saftigen Schößlinge der Birken und Weiden, der Espen und Erlen. Junge Laubbäume reitet er nieder, um an die frischen Wipfeltriebe zu kommen.

WEIDENSCHÖSSLINGE SIND SEIN TÄGLICH BROT

Ob beim Kampf, beim Spiel oder vor einem Hindernis: Trotz seiner Körperfülle vermag der Elch ohne große Anstrengung senkrecht emporzusteigen. Ebenso gelingt es ihm, in mächtigen Sätzen meterbreite Wassergräben zu überspringen.

KAMPF ODER SPIEL AUF SCHWANKENDEM MOORGRUND

Wenn der Winter besonders hart ist, vereinigt sich die Wolfsfamilie mit anderen Rudeln und unternimmt weite Streifzüge durch das verschneite Land. Das Bild stammt vom kanadischen Maler Robert Bateman.

BEI EINBRUCH DER NACHT HEULT SICH DIE MEUTE ZUSAMMEN

Robert Bateman

den Augen. Bald sah ich durch mein Glas auf etwa 80 Meter eine Bewegung, und der urige Schaufler wanderte tatsächlich in mein Blickfeld! An den Spitzen des Schilfes äsend, zog er sehr langsam auf uns zu. Mit einem Fuß stieß ich meinen Freund an, doch dieser hatte den Elch auch schon wahrgenommen.

Uns ergriff eine ungeheure Erregung, und unsere Herzen begannen zu rasen. Als der Freund langsam die Waffe hob, stieß ich ihn abermals an. »Zu früh!« flüsterte ich ihm zu, denn der Hirsch stand halbspitz und also nicht gut für einen Schuß mit sicherer Wirkung. Schnell schwand nun das Licht, und meine Augen tränten durch Überanstrengung.

Schließlich war der Koloß bis auf etwa 70 Meter herangekommen, äste aber immer noch spitz auf uns zu. Mein Freund ließ nun einen kurzen scharfen Pfiff ertönen. Der Schaufler warf auf und ließ seine großen Lauscher spielen. Dann drehte er langsam ab. Die in schneller Folge über den See hallenden drei Schüsse ließen ihn nach wenigen hohen Fluchten niederbrechen!

Nur sehr kurze Zeit warteten wir, dann beeilten wir uns, zum anderen Ufer zu kommen, wobei der Freund für einen Nachschuß bereit im Boot stand. Er war nicht mehr nötig, denn wir fanden den Hirsch mit drei guten Einschüssen am Schilfrand vor den Büschen des Waldes verendet liegen! In herzlicher Mitfreude umarmte ich den überglücklichen Schützen, dessen sehnlichster Wunsch jetzt in Erfüllung gegangen war. Immer wieder betrachteten und betasteten wir die kapitalen Schaufeln. Schnell wurde es nun dunkel, ich fuhr zum Zelt zurück, um zwei Taschenlampen zu holen. In ihrem Licht lüfteten wir den Hirsch.

Bis wir in dieser kalten Nacht in die Schlafsäcke schlüpften, waren viele Stunden vergangen, denn dicht am flackernden Feuer sitzend, hatten wir den »Nebelelch« lange abgefeiert, während die Timberwölfe eine Totenklage intonierten. Als wir die Lasten zum Auto gebracht hatten, war es wieder Abend geworden, und als ich die Wagentür schloß und den Motor anlaufen ließ, fing es an zu schneien. Der Winter begann!

Der schwache Punkt des mächtigen Tieres: Um seine Nahrung verwerten zu können, muß es ruhen und wiederkäuen. So geht selbst der verfolgte Elch immer wieder ins Lager.

DIE SEELE DES GROSSEN JÄGERS

ZSIGMOND SZECHENYI

Der Rothirsch, der größte wildlebende Pflanzenfresser in weiten Teilen Europas, ist geradezu zum Symboltier für Jagd und Jäger geworden. An den Bemühungen, ihn als freilebende Tierart zu erhalten, obwohl er wirtschaftliche Schäden verursacht, scheiden sich die Geister.

Ich habe wiederholt erwähnt, daß mir mein Vater im voraus, schon in meinem zarten Kindesalter, ausdrücklich erklärt hatte: einen Hirsch erst nach der Matura! – Das war eine inappellable Sentenz, unanfechtbar, nicht zu erweichen. Da konnte man sich nur dreinfinden. Was nicht leicht fiel, ja nach Ablauf der Flegeljahre sogar immer schwerer.

Und doch – so war es richtig! Ich bin meinem Vater dankbar, daß er sich an die Familientradition hielt, die auch ihn erst im Mannesalter zu seinem ersten Hirsch gelangen ließ…

Ich bin wieder per Wagen aufgebrochen, genau wie vor vier Jahren, als ich auf meinen ersten Rehbock fuhr. Die mehrstündige Fahrt war mir bekannt.

Doch im September fuhr ich jetzt zum erstenmal. Und als ich in dem verschleiert sonnigen Nachmittag

IN DIESER STILLE DER ORGELTON EINES HIRSCHES

Schon früh wurde in Europa die Jagd auf den »hochgeweihten« Hirsch zum Privileg der Großen. Kunstvoll verzierte Jagdschwerter waren die Waffen, mit denen die »hohen Herren« dem von der Meute gestellten Hirsch den Todesstoß gaben.

freudetrunkenen Herzens gegen mein fernes Ziel fuhr, ahnte ich wahrhaftig nicht, daß ich mit diesem Besuch eine lange Reihe wunderbarster Jagderlebnisse eröffnen würde...

Es dunkelte schon, als wir den Rand des Waldes von Bakonynána erreichten.

Dort erwarteten mich der Jagdwagen von Alsópere sowie Prém, der mir zugeteilte alte Wildheger...

Etwa zehn Minuten horchten wir noch unterm Wald, am Rande der Wiese, die mit Herbstzeitlosen übersät war. Es wurde plötzlich kühl. Hinter dem in der Nachbarschaft sich schwarz abhebenden Berg von Királyszállás sickerte mutlos der Glanz des verdeckt aufsteigenden Mondes durch.

Unbewegte Stille.

Nur das melancholische Zirpen der herbstlichen Grillen.

Wunder erwartender Friede überzog die silbrigdämmrige Wiese, den dunkel horchenden Wald, die Seele des mit offenem Munde lauschenden Hirschjägers.

Wir warteten noch eine Weile, wir lauerten.

In dieser ungestört träumenden, nach Heu duftenden Stille, in diesem andachtsvollen Waldestempel brauste der Orgelton eines Hirsches auf.

Da hörte ich in meinem Leben zum erstenmal den Schrei des Hirsches.

Bei diesem Kapitel bricht mir der Schweiß aus!

So vielfältige Erinnerungen drängen sich auf...

Das kleine Zimmer des unter dunklen Nadelhölzern verborgenen, mit Holzschindeln gedeckten Jägerhauses... Der übermäßig geheizte Eisenofen – ich konnte nicht genug lüften... Das harte, mir leider etwas zu kurze Eisenbett... Die darin schlaflos verbrachte Nacht! Die immer von neuem angezündete Kerze!... Der um mich herum sich verdichtende Geweihwald mit seinem doppelt so langen Schatten verworrener Stangen und Zakken... Der Glanz der unter dem Kerzenlicht des Nachtkastens aufleuchtenden Schönauer-Patronen – welche wird wohl die Auserwählte, die Vollbringerin der großen Tat sein?...

Und durch die geöffnete Fensterspalte der fast pausenlos hereinschmetternde Ruf der Hirsche!

Dann endlich, um halb fünf, das aus dem Quartier der Wildheger schwach hörbare Rasseln des Weckers, die erste Begegnung des erwachenden Hauses...

In dem kleinen, freundlichen Speisezimmer – wir könnten es auch Wohn-, Rauch-, Schreib- oder Lesezimmer nennen – flackerte ein kleines Feuer im Kamin; verbrauchte Lederfauteuils mit schlechten, überalteten Federn darin. Auch dort hingen rundherum unendlich viel Geweihe. Seit Jahrzehnten sind alle schlechten Geweihe hierher geschafft worden, alles war voll von ihnen. Man konnte sich keinem nähern, ohne Gefahr zu laufen, aufgespießt zu werden, sogar im Bett wagte ich, mich nur mit gesenktem Kopf aufzusetzen, damit die eine oder andere hervorstehende Augsprosse mein Auge nicht noch vorzeitig aussteche. Unter meinen Verwandten waren ohnehin schon zwei einäugig, ich wollte nicht der Dritte im Bunde sein. Ich hatte die vielen Geweihe stets gern, aber nur diesseits der Lebensgefahr.

Außer meinem Vater hielten sich noch zwei Jagdgäste dort auf, zwei ältliche, schwerhörige Nimrode, unter die ich nunmehr schon getrost hineinpasse.

Nacheinander versammelten wir uns um den auf dem Eßtisch dampfenden Tee. Die andern gut ausgeruht, aber noch eifrig gähnend, wie es gegen Ende der Brunftzeit üblich, wenn das Aufstehen vor der Morgendämmerung immer schwerer wird...

ICH SASS WARTEND IN JUBELNDER FREUDE

Ich dagegen wach – seit gestern ohne Unterbrechung!

Der eine von den alten Gästen ließ seine Augen auf dem am Tisch hergerichteten, mit Sorgfalt behandelten Schönauer ruhen. Er musterte ihn kopfschüttelnd und bemerkte dann mißbilligend, die Augenbrauen in die Höhe ziehend:

»Auf röhrenden Hirsch – eine Sechsmillimeter-Waffe?«

Mehr sagte er nicht. Dann fuhren die Jagdwagen vor – man brachte sie in entfernter gelegene Reviere. Ich mußte mich noch etwa eine halbe Stunde lang gedulden, ich sollte zu Fuß in den nahen »Tunyok« gehen, wo ein seit langem bekannter, alter, zurückgesetzter Zehner-Hirsch für mich ausgesucht war – als erster!

Die Alten brachen langsam auf, ihre Wagen rasselten davon, allmählich nur verlor sich das Geräusch.

Das Jagdhaus stand auf dem Grund des Tales, zu beiden Seiten erhob sich der Wald, und das von dort erschallende Röhren, vermengt mit dem eigenen Echo, verdichtete sich zu einem pausenlosen Grollen. In diesen Waldungen war der Hirschbestand überhöht, er war zwei- bis dreimal größer, als die Fläche zu ertragen imstande war. Die Brunftzeit neigte sich ihrem Ende zu, außer den reifen Exemplaren begannen nun auch die jungen Hirsche zu röhren. Gegen das Wetter war ebenfalls nichts einzuwenden, es war windstill und frisch, der Wald war betaut, in der Kühle der Talschatten sogar schon bereift, es knackte beim Auftreten...

Die Hirsche schrien aber um mich herum, als posaunten sie nur für mich eine festliche Premiere! Ich aber saß verzaubert, in jubelnder Freude vor dem Jagdhaus unter den schläfrig blinzelnden, langsam entschlafenden Sternen und empfahl dem neben mir sitzenden und horchenden Prém wohl gerade zum neunzehntenmal: »Laß uns endlich gehen, ich bringe die Geduld nicht mehr auf...«

Ihn jedoch störte die überschäumende Leidenschaft des Jünglingjägers nicht. Er war sich im klaren über den Nachteil eines zu frühen Aufbruchs in den stockfinsteren Wald und des damit verbundenen Geräusches. Er kannte die Möglichkeit des unsichtbaren Wildabsprungs, die Gefahr, sich die Gunst eines verheißungsvoll beginnenden Morgens zu verscherzen.

So nahm er denn pflichtgemäß auf meine Frage jedesmal seinen in einem mächtigen Blechgehäuse gehaltenen Zeitmesser zur Hand, öffnete ihn, stellte die Uhr zur Rede, klappte das Gehäuse wieder zu, steckte es ein, knöpfte die vorhin geöffnete Knopfreihe seines Anzuges wieder sorgsam zu und antwortete mit unbarmherziger Ausdauer:

»Warten wir noch.«

Das taten wir denn auch. Drei bis vier Minuten lang, bis zur nächsten Konsultation der Uhr. Im ganzen etwa eine gute halbe Stunde.

Inzwischen aber schlürfte ich gierig, wie der durstige Wanderer das Wasser der Quelle, den Zaubertrank des erstrangigen Erlebnisses der ungarischen Wälder ein, die Symphonie des Hirschrufes.

Ich machte mich mit ihm bekannt, versuchte ihn zu verstehen, zu deuten und all das viele in meinem Gedächtnis Aufgespeicherte an Beschreibungen und noch mehr an Gehörtem auszulegen.

...des alten Hirsches seltener und schläfrig gezogener Orgelton – des wütenden, eifersüchtigen Hirsches metallenes, weitschmetterndes Hornsignal – des einsam, das Tier suchenden, unruhig irrenden Hirsches lauter Sehnsuchtsschrei – des die Auserwählte langsam treibenden Paschas abgerissenes Rülpsen – des unreifen Flegels ängstlich meckernde Bravade – der zum Kampf bereiten Kämpen

TASTEND SETZTEN WIR DIE FÜSSE AUF

Die große Rolle, die die Jagd – besonders auf den Hirsch – an den europäischen Fürstenhöfen schon sehr früh spielte, ist durch zahlreiche künstlerische Dokumente belegt.

drohendes Geschrei... – Diese so mannigfaltige, in vielen Büchern erklärte, von noch mehr Sachverständigen gelehrte Tonskala, die der Hirschjäger seit jeher studiert, bis zu seinem Tode zu deuten versucht, deren Nachahmen sein Rufhorn jeden September von neuem erlernt. Wie selten doch gelingt es ihm, diese Tonskala fehlerlos wiederzugeben, unmißverständlich nachzuahmen...
»Na, jetzt können wir gehen«, schreckte mich Prém endlich aus meinen unruhigen Träumereien.
Das Jägerhaus, sagte ich, duckte sich im Tal in einem Fichtenhochwald. Aber einige hundert Schritte weiter wurde der Talboden lichter, öffnete sich zu einer langen, weiten Wiese. Auf der einen Seite erhob sich der Csengö-Berg, auf der anderen der Tunyok. Die etwa zwei Kilometer lange und einen halben Kilometer breite Wiese war ein beliebter Brunftplatz. Sie war von ausgetretenen Wechseln durchkreuzt. Die Hirsche des Tunyok und Csengö hielten ihre nächtliche Hochzeit im September auf dieser Wiese.
Vorhin noch, als wir vor dem Hause saßen, war von dort aus der Richtung der großen Wiese der lebhafteste Wortwechsel zu hören...
Wir waren auch schon dabei, den Stimmen nachzugehen, wir näherten uns vorsichtig. Der Himmel über uns wurde fahl, der Tag brach an. Doch unter unseren Füßen lag der durch den Fichtenwald führende Pfad noch im Finstern. Tastend setzten wir die Füße auf.

Wir pirschten in die Richtung des schallenden Konzerts, mit gutem Wind lautlos schleichend, immer wieder stehenbleibend, der Morgendämmerung reifende Pausen einhaltend. Die Lage dort draußen wurde offenbar von drei verschiedenen Hirschkehlen beherrscht. Zwei, die einander Rede und Antwort standen, aber sich anscheinend respektierten, während der dritte seltener, schläfrig, gelangweilt wie ein alter Herr, brummte.
»Das wird der unsrige werden«, flüsterte mir Prém nach hinten zu, »diesen Ruf kann man nicht verwechseln – als käme er aus einer Stiefelröhre...«
Der Wiese abgenütztes Grau trat hervor, niedrige Nebelstreifen deckten noch ihren Grund. Doch das Schwinden der Dämmerung geschah nur allmählich; uns hinter einen Baum duckend, mußten wir noch einige Zeit verstreichen lassen.

Der diesseitige Teil der Wiese deckte sich schon auf – Wild war aber darauf nicht zu sehen. Trotzdem hörte man das Röhren der drei Hirsche weiter draußen auch jetzt noch stark. Noch dazu, als wenn »unser Hirsch« um einiges näher zu uns stünde als die beiden andern... Doch später, als wenn er sich wieder entfernte und sich dem drüberen Waldesrand näherte...
Prém drehte sich mit plötzlichem Entschluß um:
»Laufen wir ihm vor, schneiden wir ihm den Weg ab...«
Und schon machten wir kehrt, setzten uns in Bewegung mit raschen, aber geräuschlosen, knieweichen, federnden Tritten. Im Halbdunkel des Hochwaldes mußten wir einen großen Haken schlagen, damit wir unbemerkt den Pirschweg des gegenüberliegenden Waldrandes erreichen konnten.
»Wenn wir uns beeilen, können wir ihn noch draußen kriegen...«
Am Tempo fehlte es nicht. Wir vergrämten auch einen unsichtbaren, aber groben Rehbock, der an die dreimal schreckte – die Hirsche schwiegen daraufhin...
Na, jetzt haben wir die Sache verdorben, dachte ich.
Doch Prém gab nicht nach:
»Jetzt ist es schon egal – gehen wir drauflos, vielleicht beruhigen sie sich...«
So gingen wir denn weiter, das

Das noch unfertige, vom »Bast« umhüllte Geweih ist ein sehr schmerzempfindliches Gebilde. Selbst bei gelegentlichen Auseinandersetzungen zu dieser Zeit bemühen sich die Rothirsche, ihre künftige Waffe »herauszuhalten«.

Während der Brunftzeit sind die Hirsche bereit, um die weiblichen Tiere, das Brunftrudel, zu kämpfen. Das hochragende Geweih dient dabei zum Imponieren und zum Kräftemessen. Verletzt, »geforkelt« wird der Rivale – wenn überhaupt – nur mit den Augsprossen.

BRUNFTKAMPF – SPIEGELBILD DES MENSCHLICHEN DASEINS?

Joh. El. Ridinger del. Sculps. et excud. Aug. Vind.

Der Anjagts Hirsch wird

Dises geschihet mit einem Leith oder alten guten par force Hund beÿde werden an dem hengseil auf die brüche und von
solchen wider anfallen henget auf der Fæhrte nach biß an den Hirschen und lanciret das ist sprenget ihne, dañ heist es la
get die man aber so bald der hirsch lancirt ist stopffet; Bedient man sich der ersten Art so löset man die erste Harde welches
gen und vorjagen damit sie den Anjagts Hirschen en vüe das ist zu gesichte bexomen um Denselben an dem Gehörne
Hirsche gexomen wære, der erste der ihne zu gesichte bexomt solle ihn mit vollem halse und mit den worten Ta jo! Ta jo a
alle andere so viel besser vernehmen wohin er sich wende, ist der hirsch gesprengt la lancer und gehet flüchtig il va fuiran
rauf attaquiren die Piquers und wird die gantze Meute auf die Fæhrte angebracht da fængt sich die Jagd recht an und wird
couragiert werden sind folgende: Doch! Doch ca faux ca fau

dem Lancier Hunde geſprengt!
weiters auf die Fæhrte gebracht, hat der Hund dieſelbe richtig aufgenom̄en spricht er dem hund zu liebet ihn ab und læſſet
urre; an einigen orten hat man 3. biß 4. beſondere Lancier Hunde welche man bey den brüchen frey auf die Fæhrte anbrin=
orit hunde ſeyn als die die Fæhrte am richtigsten aufnehmen der Comandeur und die Piquers ſollen denſelben zur seite fol=
be und dem Gewæchse aus andern zu erkeñen fals er Change machte sich verlohren oder nidergethan oder unter andere
n und eine fanvara blaſen, es ſollen aber mehr nicht als ein oder zwey ſo die næchſten am Hirschen ſeyn blaſen damit
Piquers haben Ihne auch aufgenom̄en so ziehet der Lancier Knecht seinen hund an dem hengseil ab und nach Hauſe, hie=
hörigem blaſen der erforderlichen thone und zuruffen der hunde und ihrem laut continuiret, die Worte womit die Hunde en=
baux. S'eu va Chiens il va la Chieus outre vous mes Chiens &

Die Herbstnacht war von seinem Röhren erfüllt; jetzt ringt der neue Tag mit dem Morgennebel, das Rudel beginnt einzuziehen.

NIEDRIGE NEBELSTREIFEN DECKTEN NOCH DEN GRUND

Die Jäger

Aüf großer Herrn große Sorgen,
läßt sich nicht beßre Freüde borgen,
als von der Lüst-erfüllten Jagd.
Drüm aüf, ihr Bürsch, fangt an zü blase
verfolgt den Hirsch, das Reh, den Haase.
Gebt aüf die Hünde güte Acht.

25.

…ürsche.

Bestellet hier und dort die Büsche,
damit uns ja kein Wild entwische.
Der Lohn der Arbeit ist nicht schlecht.
Der Herr genießt es mit dem Munde:
So haben auch, nebst uns, die Hunde,
das so genante Jäger-Recht.

◁ »Bestellet hier und dort die Büsche, damit uns ja kein Wild entwische.« Frühe Darstellung der – lange verpönten – Hirschjagd mit Feuerwaffen.
▷ Nach der Brunft ist jede Zwietracht zwischen den Hirschen wieder beendet. In den Winter ziehen sie, allein oder in kleinen »Herren-Clubs«, getrennt vom Kahlwild.

WIEDER FRIEDLICH ZIEHEN SIE GEMEINSAM IN DEN WINTER

DER GRÖSSTE TEIL ÄSTE NOCH ARGLOS

konnte niemand leugnen. Die Hirsche jedoch blieben still.
Doch nach einigen ängstlichen Minuten – welche Erleichterung – fingen sie wieder an! Erst die beiden sich Widersprechenden, doch dann, bald darauf, brummte auch der »Unsrige« dazwischen! So waren sie also noch draußen auf der Wiese, hatten das Schrecken des Bockes verziehen...

Wir gingen eilenden Schrittes, kaum länger als eine Viertelstunde; der Schweiß rann an mir herunter, als wir den oberen Pirschweg erreichten, trotzdem alles bereift war. Wir sahen wieder hinaus auf die Wiese, es war ganz hell geworden. Die Nebelschwaden waren abgezogen, der Horizont öffnete sich weit genug – doch Wild zeigte sich auch jetzt nicht. Und das Röhren war immer näher zu hören, aus unveränderter Richtung. Die Wiese war jedoch ungleich, sie stieg vor uns an, man konnte sie nicht übersehen.
Unser Hirsch gab wieder einen Ton von sich. Näher als die andern beiden.
Möglich, daß er nur uns zugewendet röhrte, daher schien er näher...
Wir schlichen uns längs des Pirschwegs am Wiesenrand immer näher. Prém drehte sich nicht um, nur mit dem Zeigefinger der rechten Hand sprach er mir zu: Vorwärts, vorwärts...
Plötzlich – erstarrte er.
Nicht nur sein lockender Zeigefinger – der ganze Mensch.
Seine Hand erstarrte, »Halt« gebietend, und ich selbst wurde zur Salzsäule hinter ihm.
Er sah offenbar etwas – ich noch nichts.
Unbewegte Stille – ich traute mich kaum zu atmen.
Dann – »brüllte« wieder einer von den weiter Entfernten...
Und als Antwort – »murrte« auch der »Unsere«...
Prém ließ sich lautlos in die Knie nieder, gleich einem zusammenklappenden Zollstock.
Ich machte dasselbe – was hätte ich anderes tun können?
Sein aufmunternder Finger machte mir Zeichen, an seine Seite zu kommen.
Ich kroch hin. Meine Zähne klapperten, die Sehnen zitterten. So zusammengekauert, konnte ich erst recht nichts sehen. Sobald aber mein Kopf in der Höhe des seinen war, hauchte er mir ins Ohr:
»Hier steht unser Hirsch vor uns! Warten Sie auf seinen nächsten Schrei, dann kriechen Sie dorthin zum Fuße der dicken Zerreiche – von dort sehen Sie schon hin... Es sind viele Tiere um ihn herum, der Teufel noch mal, achten Sie nur auf ihre Lauscher, nicht auf das Geweih des Hirsches...«
Ich bemühte mich zu folgen.
Und als ich die dicke Eiche erreicht hatte, als ich, in Deckung, mich sehr achtsam erhob – bot sich meinem Auge ein unvergleichlicher Anblick! Und da ich es noch heute, nach sechsundvierzig Jahren, klar vor mir sehe, kann ich es auch genau beschreiben:
Sie standen an die hundertfünfzig Schritt vor mir, noch draußen auf der Wiese, jedoch nicht mehr weit vom Waldrand. Ein großes Rudel Tiere, es mochten an die fünfundzwanzig bis dreißig sein. Der größte Teil äste noch arglos, aber zwei bis drei waren dem Waldrand schon nahe, die vorsichtige Gestalt des Leittiers mit ausgemergeltem Haupt war sogar schon dabei, in den Wald einzuziehen...
Der Hirsch jedoch stand um vieles weiter draußen auf der Wiese mit einem einzigen Tier, er war hinter den andern etwa fünfzig Schritt zurückgeblieben.

Die in einiger Entfernung sich »Widersprechenden« ließen sich wieder hören, draußen auf der Wiese, aber noch immer unsichtbar – offenbar in der Deckung der nächsten Biegung. Daraufhin warf »unser Hirsch« das Haupt empor, doch äugte er in die Richtung der Nachbarn, drehte mir den Rücken...
Den klopfenden Herzschlag einigermaßen beruhigend, schaute ich in der Sicherheit der Eiche den arglos abgewendeten Hirsch durch mein Fernglas an. Er war nahezu zweimal so groß wie seine Tiere, und seine graue Gestalt stach von den rötlichen Haaren der Tiere auffallend ab. Das weit ausgelegte, in zwei langen Gabeln endende Geweih vergesse ich nie! Er stand immer noch am selben Platz, mit dem Spiegel zu mir, sein Haupt gegen die unsichtbaren Rivalen gewendet. So konnte ich natürlich nicht schießen. Er mußte jeden Augenblick seinem Rudel

◁ Die »Grande Vénerie«, die Jagd hinter der Meute und zu Pferd, gleicht dem Jagen des Wolfsrudels – und erfüllt auch dessen biologische Funktion. Hier zählt nicht das »prächtige Geweih«, sondern Geschick, Ausdauer und List – kurz Lebenstüchtigkeit. (Gustave Courbet: Halali einer Hirschhatz im Winter).
▷ »Der König der Wälder« – ein Rothirsch in der Vollkraft seiner Jahre ist zweifellos eine beeindruckende Erscheinung.

In vielen Büchern erklärt, von Sachverständigen gelehrt und vom Hirschjäger seit jeher studiert: die so mannigfaltige Tonskala des Hirschrufes.

SINNBILD EDLER KRAFT – DER RÖHRENDE HIRSCH

ENDLOSE, NERVENZERMÜRBENDE MINUTEN...

nachziehen, sich querstellen... Doch er bewegte sich nicht. Röhrte nicht. Seine Aufmerksamkeit wurde von drüben in Anspruch genommen.
Ich wußte, die Windrichtung war gut, daß es keine Gefahr gab, und mein Gewehr verläßlich war... Daß der Hirsch, wenn ich ihn jetzt nicht versäumte, wirklich »mein Hirsch« würde...
Es gelang mir trotzdem nicht, meiner Herr zu werden, mein unbarmherzig quälendes Jagdfieber zu überwinden.
Endlose, nervenzermürbende Minuten...
Bis zu dem Augenblick, wo das neben dem Hirsch äsende Schmaltier sich zusammenpackte und, seine Lauscher zurücklegend, mit einigen spielerischen Sprüngen sich gegen das Rudel zu in Bewegung setzte...
Der Hirsch drehte sich zur Seite, legte sein Haupt bequem als großer Herr nach rückwärts und sandte seinem einziehenden Rudel aus schwellender Kehle einen tiefen, heiseren Posaunenton nach. Sogar sein Atem rauchte – wie man es auf Bildern gemalt sieht und wie es sich für solch einen besonderen ersten Hirsch geziemt.
Die Mitte seines reglosen Blattes nahm ich ins Ziel. Meinen hastigen Atem unterdrückte ich, und mit der »Ruhe«, die mir die Umstände erlaubten, krümmte ich meinen Finger auf den gestochenen Abzug...
Der Hirsch zeichnete den Schuß nach Vorschrift, er hob sich vorn etwas – und raste dann in die Richtung seines sich in Bewegung setzenden Rudels. Die Flur erdröhnte in der Fährte des entschwindenden Hochwildes...
»Er hat gut gezeichnet, er wird nicht weit liegen.«
Die fachgemäße Erklärung Préms hatte einen beruhigenden Einfluß auf mich.
Doch diesmal war auch ich meiner Sache sicher. Vor allem mußte ich mein Taschentuch vornehmen, so war ich von der halbstündigen Nervenprobe in Schweiß gebadet, wie ein nasser Pudel.
Dann eilten wir zum Anschuß.
Wir fanden ihn auch dort. Das reifbetaute Gras verriet uns ferner klar die tiefen Eindrücke der Schalen, und nach zwei bis drei Fluchten – erster Schweiß!
Nicht viel, nur einige Tropfen, doch wir erwarteten auch nicht mehr von der schlanken Schönauerkugel. Wir schlenderten auf diesen Spuren bis zum Waldrand und konstatierten, daß das Projektil den Hirsch durchschossen hatte, er schweißte nach beiden Seiten.
Doch wenig. Schwach.
Hei, diese dünne Schönauerkugel – vielleicht hätte man doch nicht sollen...
»Er trägt sie nicht weiter als hundertfünfzig Schritt – ich wette um was immer! In Kürze schneiden wir ihm die Grandeln aus! Doch jetzt setzen wir uns und stecken uns eine an. Wir müssen so lange warten, bis wir eine Pfeife ausgeraucht haben!«
Wir setzten uns hin. Auf dieser Seite des Tunyok war tiefe Stille, aber drüben auf dem Hang des Csengöberges röhrten die Hirsche auch jetzt noch ungestört. Sonnige, trotzdem etwas traurige, frische, trotzdem etwas welk duftende Morgenstille, wenn sich der Wald in hundertfältigen Schattierungen von Grün und Gold so ahnungsvoll färbt, wenn alles von so weit zu hören ist, nicht nur der Ruf des Hirsches, auch das heisere Kreischen des Hähers, aber auch das Klopfen der fallenden Eichel.
Wir saßen wartend und schmauchten.

Préms Pfeife brannte auch ganz ordentlich, aber meine ging ständig aus. Sicherlich vernachlässigte ich sie, so besorgt war ich, so ängstlich. Er konnte nicht weit sein – er ist doch so gut getroffen! Wäre es möglich, daß die Kugel nicht dort einschlug, wohin ich sie bestimmt hatte, in dieses handflächengroße Stück hinter dem Schulterblatt?... Es ist wohl wahr, er stand ein bißchen weit. Auf hundertzweiundsiebzig Schritt. Wir können sogar ruhig hundertachtzig sagen. Als Prém die Distanz soeben maß, nahm er so große Schritte, daß er fast entzweiriß. Das waren nahezu Meterschritte. Wir können demnach getrost hundertachtzig annehmen. Hundertachtzig aber, ohne Fernrohr, besonders wenn es sich um den ersten Hirsch handelt, ist doch kein so todsicherer Schuß... Er war aber doch so groß wie ein Kasten, und mein Gewehr trifft noch auf zweihundert die Weinflasche mit Sicherheit – ich habe es unzähligemal ausprobiert... Ich habe ja doch mit aufge-

ICH WAR BEREIT FÜR DEN FANGSCHUSS

stütztem Lauf gefeuert – habe den Schuß nicht verrissen!... Natürlich die Aufregung, die atemberaubende Annäherung, die schlaflose Nacht... Vielleicht hätte der krächzende alte Herr doch recht?... Hätte ich mir doch ein Gewehr mit größerem Kaliber beschaffen sollen?...
Ach, wie nervenzermürbend langsam schmauchte Prém jenen Pfeifentabak!
Wir kennen alle den vielfältigen Komplex des beklemmenden Erlebnisses, wenn man der Schweißfährte folgt. Das auf- und absteigende Wechselfieber von Zuversicht, Kleinmut, Hoffnung, Zweifel, Besorgnis, Selbsttäuschung.
Ich ging voran, bereit für den Fangschuß. Der Hirsch schweißte anhaltend, aber auch jetzt nicht viel. Häufig waren wir uns unserer Sache nicht sicher, bis wir den nächsten Spritzer fanden.
Wir gingen nicht weit.
Wir mochten keine dreißig Schritt mehr vom Wiesenrand sein, als der hinter mir gehende Prém unerwartet ein leises Zischen von sich gab.
Ich erstarrte.
Da ich nichts Verdächtiges entdekken konnte – wandte ich vorsichtig einen fragenden Blick nach hinten... Préms starres Auge zeigte stumm in die Richtung vor uns...
Jetzt sah auch ich auf fünfundzwanzig Schritt uns gegenüber das aus dem dichten Hagedorn blickende Haupt des Hirsches mit weitausladendem Geweih.
Von seinem Körper war aber nichts zu sehen. Nur sein Geweih, sein Haupt und seines Trägers oberster Teil. Er lag im Wundbett, aber noch sehr aufmerksam, sehr lebendig...
Ich traute mich nicht, den heiklen Trägerschuß zu wagen – nicht einmal auf so nahe Distanz!
Ich wollte etwas seitlich treten, vielleicht konnte ich von dort mehr sehen, einen sicheren Schuß anbringen. Ich tat einen, zwei Schritte. Doch von dort war die Situation noch schlechter, es war nur mehr das Geweih zu sehen. Ich mußte mich zurückziehen...
Und als ich noch einen Schritt tat – wurde der Hirsch hoch! Und verschwand!
Doch nicht langsam, etwa schwerkrank, wie es von einem getroffenen, sehr bald im Wundbett liegenden Hirsch billig zu erwarten gewesen wäre! Sondern mit plötzlichem Schwung, einem einzigen Krachen, ohne daß ich mein Gewehr auch nur auf ihn erheben konnte!
Wir ließen die Nachsuche natürlich sofort bleiben und gingen nach Hause.
Von Préms Seelenverfassung könnte ich jetzt, aus der Perspektive von nahezu einem halben Jahrhundert später, keinen genauen Bericht mehr geben. An meine erinnere ich mich hingegen auch heute sehr klar, und ich kann sie infolgedessen in zwei kurze Worte zusammenfassen:
Verzweifelte Bitterkeit oder von mir aus auch bittere Verzweiflung. Es wäre schade, darauf eine weitere Beschreibung zu vergeuden. –
Es gab keinen Schweißhund.
Nicht nur keinen Schweißhund – nicht einmal einen Vorstehhund. Weder beim Oberförster noch bei den Wildhegern. Wie absurd es auch immer klingen mag, es war keinerlei Hund zu finden. Das »keinerlei« ziehe ich zwar – nach genauer Revision – feierlich zurück. Ein Wachhund war vorhanden. Ein zorniger, tauber, tagsüber in einem Zwinger gehaltener, bissiger Komondor.
Diese Hundsituation – nach sechsundvierzig Jahren kann ich dies getrost aussprechen, ohne daß man mir böse Nachrede vorwerfen kann – war das Nonplusultra der Nachlässigkeit und Gewissenlosigkeit! Ein unverständlicher, unverzeihlicher Leichtsinn!
Wenn wir von der Überzüchtung absehen, so handelte es sich hier um einen gut gepflegten, ausgezeichnet gehandhabten, gut gefütterten, auf allen Gebieten verzärtelten Hirschbestand. In gutem Zustand erhaltene Pirschwege, Hochstände, Futterplätze, Salzlecken! Erstklassiges, in der Anzahl entsprechendes, verläßliches Jagdpersonal, ein bequemes Jagdhaus! Doch weder ein Schweiß- noch ein Vorstehhund noch ein Dackel.
Soll ich mit einem tauben Komondor meinem angeschossenen Hirsch nachgehen?
Nach Ablauf einiger Stunden gingen wir alle hinaus, Gäste und Heger. Alles war voller Zuversicht: Wir werden ihn sehr bald haben – wiederholten sie immer wieder – man sollte auch den Wagen an den Fuß des Tunyok bestellen, damit der

WIR SUCHTEN BIS MITTAG – VERGEBENS

Hirsch nicht an der Sonne herumliege, die Fliegen das Wildbret nicht beschmutzen...
Auch der alte Herr, der vor dem morgendlichen Aufbruch mein Gewehr kopfschüttelnd so gering eingeschätzt hatte, hielt die Sache für sicher. Wir finden ihn bald, ermunterte er mich...
Wir suchten den ganzen Tag.
Im ersten Wundbett – auf etwa hundertfünfzig Schritt vom Anschuß, wo ich ihn bei entsprechender Sachkenntnis und Schnelle leicht hätte erlegen können – zeigte sich ziemlich viel Schweiß. Was es für ein Schweiß war, wußten wir eigentlich nicht. Der eine sagte, es sei Lungenschweiß, der andere Wildbretschweiß. Der eine behauptete dies, der andere das, ich aber verstand noch zu wenig, um die Art des Hirschschweißes zu bestimmen.
Dann – vom Augenblick des Aufspringens aus dem Wundbett – hörte der Schweiß auf, als hätte man ihn abgeschnitten. Eine Zeitlang hielten wir noch irgendwie die Fährte. Dann führte sie in eine endlose Dikkung, wo mangels von Schweiß kein Anhaltspunkt mehr gegeben war.
Wir suchten bis Mittag – vergebens. Wir aßen rasch etwas, ruhten eine halbe Stunde. Dann suchten wir bis abends – vergebens.
Was für einen Abend und hauptsächlich was für eine Nacht ich im Jagdhaus verbracht habe, darüber sage ich lieber nichts. Wer die Leiden der bitteren Vorwürfe, der zerfleischenden Selbstbeschuldigung kennt, der wird mit mir fühlen. Besonders wohl der, dem man wie mir von Kindheit an jene Regel in den Kopf gehämmert hat, daß man lieber zehn Stück Wild fehlen solle als eines anschießen. Und wenn er es schon angeschweißt hat, dann soll er es suchen. So lange suchen, bis er es findet, bis er seine Sohlen durchgewetzt hat, bis ihm das Kreuz entzweibricht. Und hat er es auch dann nicht gefunden, tut er gut daran, gar nicht nach Haus zu kommen. Denn der Verlust eines angeschweißten Wildes, die Niederträchtigkeit, es zu Holze geschossen zu haben, übersteigt jede weidwerkliche Sünde.
Ich aber bin zurückgekehrt – ohne Hirsch, nicht einmal meine Sohlen waren durchgewetzt, und mein Kreuz war nicht entzweigebrochen.
Nur schlafen konnte ich nicht. Vergebens empfahl ich mich dem alten Morpheus...
Sogar die Wonne des beim Fenster hereindringenden Hirschrufes wurde mir zur Bitterkeit.
Sobald am nächsten Morgen der Tau abgetrocknet war, fingen wir von neuem zu suchen an. Diesmal kamen die andern nicht, ich nahm nur Heger und etliche Holzarbeiter mit.
Ich werde ihnen zeigen, wo der Hirsch liegt!

Wir suchten vom Morgen bis zum Abend. Gründlich, systematisch, bis ins kleinste. Wir durchkämmten – soweit von Durchkämmen die Rede sein konnte – die ungangbare, mit Brombeerranken und Hagedorn durchwachsene Dickung von etwa zweihundert Joch. Bald hier, bald dort sprang ein Hirsch ab. Wir beunruhigten den Wildstand auf Wochen hinaus.
Vom angeschweißten Hirsch – »von unserem Hirsch« – fehlte jegliche Spur. Prém nannte ihn so, als wir ihn an jenem unvergeßlichen Septembermorgen in höchster Spannung anpirschten!
Prém aber – hatte doch recht gehabt. Denn nach etwa anderthalb Monaten, nachdem der erste Schnee gefallen war, stieß Prém auf die Reste des Hirsches. Auf den alten, zurückgesetzten Zehner von Tunyok...
Die Wildsauen haben ihn draufgeführt, da diese Feinschmecker allerhand Luder als Delikatesse empfinden. Den Einschuß zu bestimmen war natürlich nicht mehr möglich. Sein Geweih wurde mir nachträglich zugeschickt. Dieses weitausladende, in zwei Spannen lange Gabeln endende, edle Zehnergeweih, meines ersten Hirsches bittere, aber mit der Zeit immer schöner werdende Erinnerung. Damals war ich schon Soldat.
Daß ich auf einen »Brunfthirsch« nie mehr mit Sechsmillimeter-Schönauer schießen würde, schwor ich mir noch am selben Tag nach der erfolglosen Nachsuche.
Ich habe später noch viele Hirsche mit diesem ausgezeichneten kleinen Gewehr geschossen. Viele Abschußhirsche, nicht nur junge, auch alte. Viele Tiere und Kälber.
Jedoch einen Brunfthirsch – nie wieder.

Der edle Hirsch in seiner hohen Zeit, der Brunft, ist die Sehnsucht unzähliger Jäger. Auch die vielen, die nie den Vorrang genießen werden, die Jagd auf ihn zu erleben, tun alles, daß er uns erhalten bleibt.

PASSION IN DER STEPPE

EGON FREIHERR VON KAPHERR

Kältenebel liegen über dem Fluß. Wenn das Eis geschmolzen ist, kommen die Gänse. – Linkes Bild: »Der Monat November« von Joachim von Sandrart; Bayerische Staatsgemäldesammlung, Schloß Schleißheim.

Der Gänsezug an den großen sibirischen Strömen ist das fabelhafteste, was man sich vorstellen kann. Bei Beginn des Eisganges schon zeigen sich die Vorboten der Nordwanderung verschiedenster Vogelarten. Zuerst ziehen Zwergschwäne und Eisenten, dann kommen große Scharen Singschwäne und die ersten kleinen Gänschen der nördlichen Tundra; verschiedene Tauchentenarten folgen. Dann aber setzt, wenn das Wasser bereits gefallen ist und nur noch wenig Eis auf den Strömen treibt, der ungeheure Enten- und Gänsezug ein. Zwerg-, Bleß- und Ringelgans sowie kleine Schwärme der Rothalsgans kommen zuerst, in großen Scharen folgen Nonnengänse, Saat- und Ackergänse und endlich zuletzt die große Graugans. An Uferstrecken, die im ersten Frühling ein feines, grünes

IN SCHAREN ZOGEN GÄNSE ÜBER UNS HINWEG

Wasser gibt Leben: Im Ufergebüsch nistet die Singdrossel, auf dem See balzt ein Haubentaucherpaar, die jungen Reiher hoch oben im Horst warten auf Nahrung. Auch die Saatgans verbringt jede Nacht auf dem Wasser.

Gras zeigen, fallen die Gänse oft in Scharen ein, um zu äsen.
Diese Stellen sind den Eingeborenen und den russischen Fischern wohlbekannt. Dort werden halbunterirdische Hütten, die mit Rasenplatten oder Erde bedeckt sind, angelegt, und der Schütze lauert, so lange es hell ist, auf seine Beute. Auch werden Lockpuppen ausgestellt. Mitunter nehmen die Leute sogar einen Samowar und einen kleinen Blechofen mit in die Hütte. Dann geht die Kanonade los. Als Flugschütze ist der Sibirier im höchsten Grade ungeschickt. Es fällt ihm auch gar nicht ein, auf ein einzelnes Stück zu schießen; dazu sind Pulver und Blei viel zu kostbar. Fast jeder Schütze nimmt einen Ostjakenjungen mit in die Hütte. Der Bengel entdeckt mit seinen Falkenaugen die ziehenden Gänse schon unglaublich weit und weiß auch sofort, welcher Art sie angehören. Je nachdem, welche Gänseart nun angeflogen kommt, lockt der Junge mit Hilfe eines Streifens Birkenrinde. Er macht den Schrei jeder Gänseart so täuschend nach, daß die Tiere angelockt werden und nun bei den Puppen einfallen. Dann hält der »Jäger« mitten in den dichtesten Haufen und bremst sein kanonenartiges Rohr ab. Es gibt dort Vorderstopfergewehre der abenteuerlichsten Form und von unglaublichem Kaliber, und ich glaube, daß selbst eine belgische Entenkartaune Kaliber 8 gegen diese fürchterlichen Rohre noch ein »kleinkalibriges Gewehr« zu nennen ist. Auf einen Schuß müssen fünf, sechs, sieben Gänse fallen; was angeschossen fortstreicht, schert den Schießer nicht. Jedes Jahr fallen Hunderttausende von Gänsen dieser Schießerei zum Opfer, ja, die guten Uferstrecken werden sogar verpachtet. Das Geschäft ist dabei die Hauptsache. Die ersten nach Süden fahrenden Dampfer nehmen die Beute mit, und als wir endlich nach der Knallerei auf dem »General Pleschtschéjew« dem fernen Tobolsk zudampften, hatte der Dampfer gegen zehntausend Gänse an Bord.
Wir allerdings betrachteten die Gänseschießerei nicht als Geschäft. Zwei- oder dreimal saßen wir auf Gänse an und schossen sie aus unseren gewöhnlichen Schrotgewehren oder teilweise mit der Büchse, während Baron Budberg sich ausschließlich der Tellbüchse bediente. Nach einigen Tagen der Ansitzjagd stellten wir uns bloß in leidlicher Deckung am Ufer an und schossen auf die Scharen der verschiedenen Gänse, die über unsere Köpfe zogen. So kamen wir auf unsere Rechnung. Wir machten zwar keine Massenstrecken, erbeuteten aber doch eine genügende Menge und hatten die Freude des weidmännischen Flugschießens.

Südlich und südöstlich der von mir bejagten Urwaldreviere gibt es endlose, öde Feldflächen mit einzelnen kleinen, jämmerlichen Birkengehölzen, an die sich dann die unabsehbare Grassteppe anschließt. Auf diesen Fahrten in der Tartaren- und Kirkisensteppe hatte ich einmal ein interessantes Erlebnis. Ich wollte die Jagd mit Windhunden auf Fuchs und Hase in der Steppe kennenlernen und wenn möglich auch die Jagd mit dem Adler auf Wölfe. Leider standen mir nur wenige Tage zur Verfügung, so daß ich bloß zweimal in den Sattel steigen konnte. Am zweiten Tag ereignete sich das charakteristische Steppenerlebnis.
Zwei Hasen baumelten schon aufgeheßt am Sattel meines Kosaken Foma Wassiljew. Die kleinen, schnellen Windhunde hatten sie gegriffen. Wir hatten hübsche Hatze gehabt. Jetzt war ein Fuchs da vorn: Er schlüpfte aus den Büscheln des wilden Wermuts und lief geduckt in die Steppe hinein. Jetzt galt es schnell sein; denn auch der kleine Steppenfuchs ist geschwind auf den Läufen, und nicht allzuweit flimmerte die Sonne auf den hohen Stengeln der Rohrwälder und der hohen Kameldisteln, dem Burjan sumpfiger Niederung. Ibrahim, der Tatar, schnallte die Hunde, und in fliegendem Galopp eilten wir hinterdrein.
Jetzt merkte wohl der Fuchs, was die Glocke geschlagen hatte; denn fein sind die Sinne des Raubtiers der Steppe, und das dumpfe Dröhnen der Pferdehufe auf dem sonnengebrannten, harten Lößboden der Steppe war weithin zu hören. Krähen krächzten, schwerfällig erhob sich ein erschreckter Steppenadler. Graugrüner Wermut knisterte unter den Tritten der Pferde, harsches, gelbes Dürrgras rauschte, Zurufe feuerten die Hunde zu

DA HABEN DIE HUNDE DEN FUCHS GEFASST

größerer Eile an. Es waren keine langhaarigen, großen Kosakenwindhunde, sondern kleine, glatthaarige, wie sie die Tataren und Kalmücken führen, schlanke, schwache Tiere; dem Wolf der Steppe kein Gegner, doch Fuchs und Hase gefährlich. Windschnell wie englische Windhunde durchsausten die weißbunten Tiere die Steppe, und vor ihnen flitzte der rote Schatten des Fuchses. Die Hunde kamen schnell auf, wir aber hatten Mühe zu folgen. Denn es war nicht leicht, in dieser tollen Fahrt die Jagd im Auge zu behalten und gleichzeitig den vielen Gefahren tückischer Ziesellöcher zu entgehen. Ein falscher Tritt, und Pferd und Mann wälzen sich am Boden und können froh sein, wenn sie sich nicht das Genick brechen und sich abends, übel zerschlagen, nach Hause schleppen können.

Immer näher kam der Fuchs an das schützende Dickicht, doch immer schärfer rückten die Hunde auf. Jetzt – der entscheidende Moment. Ich treibe mit der Nagaika mein Pferd zu äußerster Eile an. Weit sind Foma und Ibrahim zurückgeblieben. Da haben die Hunde den Fuchs gefaßt. Eine kurze Beißerei, ein Hin- und Hergezerre – das kleine Steppendrama ist zu Ende. Da bin ich auch schon bei der Gruppe, atemlos, mit pochenden Schläfen, springe aus dem Sattel, lasse das schweratmende, schweißflockige Pferd stehen, bin mit zwei Sprüngen am Fuchs. Ja – hat sich was; jetzt sind die drei Köter widerborstig, ärger als der Wildfuchs selbst, wenn man ihn greifen wollte. Mit grün funkelnden, zornflimmernden Augen sehen sie in mir den Feind, fletschen die Gebisse und knurren drohend. Da ist schon der Tatar neben mir. Seine Hetzpeitsche klatscht, er faßt den Fuchs und hebt ihn hoch. Übel genug zersaust ist der Balg. Aber Herbstfuchs ist Herbstfuchs und ohnehin nicht viel wert.

Als der Kosak heranreitet, leint er die Hunde an, und wir verschnaufen ein wenig auf der Höhe eines kleinen Kurganes, des alten Grabens irgendeines längst verschollenen, längst vergessenen Steppenfürsten. Im Westen ist schon sanftes, rotes Glühen, die Sonne taucht hinter den Höhenzügen ins Nichts.

»Es ist weit nach der Staniza«, meint der Kosak, »und wenn wir morgen doch noch in der Steppe jagen wollen, wird es am besten sein, wir koppeln unsere Pferde und lassen sie grasen. Selbst aber bleiben wir hier, machen uns ein kleines Feuerchen und hüllen uns in die Pferdedecken, wenn wir schlafen wollen. Um sechs Uhr früh ist es ja wieder Tag.«

Der Tatar war schon dabei, die Pferde abzusatteln, Foma koppelte die Vorderbeine der Tiere und ging dann, um aus irgendeinem Sumpfloch Teewasser zu holen. Gemeinsam rafften wir dürres Rohr und anderen brennbaren Kram zusammen, fanden auch ein wenig dürres Süßholz und machten uns ein kleines Feuerchen, um wenigstens warmen Tee zu haben. Sibirischen, gepreßten Plattentee, von dem man mit dem Messer ein Stück absticht, wie von einer Tafel Schokolade, dann ein paar Stückchen Zucker dazu und den ganzen Sud in dem halb morastigen, gelbbraunen Wasser der fast trockenen Lagune gebrüht – Steppe ist Steppe, und Asien ist Asien; wer filtriert da Blätter, wer denkt da an goldklaren Trank? Dick wie sie ist, wird die Brühe geschlürft und knochentrockenes Dürrbrot dazu geknackt. Dann aber liegt man an der glimmenden Asche, gewickelt in schweißige Pferdedecken, den Sattel unter dem Kopf, raucht die unvermeidlichen, selbstgedrehten Zigaretten, schaut zum dunkelblauen, sternbesäten Himmel auf und lauscht dem Zirpen und Geigen der unzähligen Grillen und Zikaden und dem Rascheln und Pfeifen der Steppenmäuse. Hin und wieder dringt ein verworrener, ferner Ton ans Ohr; ein dumpfes Wolfsheulen, der zornige Blökschrei eines Kameles, Gott weiß wo, auf welcher Straße, und das Brüllen ferner Rinderherden...

Ein Jahr später hatte ich wieder Reisefieber, packte Drilling und Flinte ein und fuhr über Petersburg nach Osten.

Die Reise ging auf dem sibirischen Trakt, der alten Heer- und Verbrecherstraße, unserem Bestimmungsorte, dem Dorfe Istok, zu.

Ein wunderschöner, taufrischer Tag; der Himmel klar, heller Sonnenschein, daher allgemein beste Laune. Neben dem langhaarigen

AUS DER LUFT SCHALLT DER GÄNSE RUF

bärtigen Russen sitzt mein bayerischer Jäger auf dem Bock. Die Straße ist uneben, heftig werden die Leute auf ihrem hohen Sitze aneinander gebeutelt…
An einem großen Dorfe machen wir halt. Ob Istok noch weit sei? – Istok? Dann hätten wir einen ganz anderen Weg fahren müssen… – Wie weit es noch sei? So zwanzig Werst. Der Kutscher weigert sich, weiterzufahren, und nur durch Androhung von Gewalt können wir ihn dazu bringen, auf dem Bock zu bleiben. Und dann geht's stundenlang bergauf, bergab, durch Kiefernheiden, über Wiesen, auf Waldwegen und Schneisen, bis wir schließlich das Dorf Istok erreicht haben…

Die zwei nächsten Tage regnete es wie aus Kannen. Endlich ist wieder schönes Wetter. Ich sitze auf dem Heuwagen des Bauern, neben mir mein bayerischer Jäger, und von der Peitsche Wassilis angetrieben, setzt sich der kleine Gaul in Trott.
Auf langen Gestellen geht es kreuz und quer durch den Wald, auf vielgewundenen Holzwegen durch die Heiden, über Wiesen, durch kleine Bachläufe, an kleinen Schilfmooren vorbei, deren halbdürre Birken und Kiefern einen unsäglich traurigen Anblick bieten, und dann wieder an Holzschlägen vorbei und quer durch den jungen Laubwald, dessen Blätter wie ein brauner und goldiger Regen kreiselnd und schwankend zu Boden gleiten. Über den Bergen flammt es violett, gelb und rot, und hoch aus der Luft schallt der Ruf ziehender Gänse…
Endlich kamen wir in Káschino an und wurden von der Familie des Jägers freundlich aufgenommen. Ein hübsches, sauberes Gehöft mitten im Dorf, drei prachtvolle, sibirische Verbellerhunde; aber im Innern der typische Arme-Leute-Geruch und eine derartige Unmasse von Schaben und Wanzen, daß der Aufenthalt besonders zur Nachtzeit zur Hölle wurde. Nur durch Anwendung ungeheurer Mengen Insektenpulvers waren wir imstande, einigermaßen auf unseren Strohsäcken zu schlafen. Der Jäger zog es vor, auf der harten Bank in der Küche sein Lager aufzuschlagen, da hier zwar viele Schaben, aber weniger Wanzen sein sollten.
Nun ging es täglich mit Atnaschein in den Wald… Uber Wiesen und

Immer erregter war ihr Rufen geworden, jetzt erheben sich die Gänsescharen wie auf ein Kommando; die Luft ist erfüllt von ihren Stimmen und dem Donner, den Tausende schlagender Schwingen erzeugen.

UNSERE BEUTE ABER IST GERETTET

Blänken führte der Weg, an Mooren vorbei, bergan, bergab, durch prachtvolle Schluchten, über rauschende Bäche.

Als unser Wagen an einem großen mit Espen bestandenen Berg entlangrumpelt, geben die Hunde plötzlich Hals. Im Augenblick ist der Wagen angehalten, Gewehre und Patronen hervorgezogen, und hinauf geht's die steile Höhe. Immer lauter, immer deutlicher der Hals. Elch? Bär? Dort, hinter der Dickung schallt's... Geröll, Felsengewirr. Mühselig der Anstieg. Das Herz hämmert, die Pulse fliegen. – Da – ein Hund: »Wérnyi« – dort der zweite, der alte »Malká«, und halb unter Steinen die buschige Rute des dritten »Péstryiás«. Nanu? Dies Geheul, Gekläff – und kein Wild? Richtig – jetzt verschwindet auch »Malká« mit dem halben Körper: Dachse werden's sein, die dort unter der Felsplatte sitzen, oder gar ein Luchs oder Jerf? Dumpfes Murren da unten. Und im Dunkel der Höhle zwei grünlich leuchtende Punkte: für Luchs zu klein, also Dachse – denn der Vielfraß ist hier selten, wie Atnaschein sagt. Wie aber ihrer habhaft werden?...

»Murr«, geht's da unten, als die lange Rute hineingeschoben wird. Aha! Hier ist was Weiches... Drehen. Drehen. Ziehen. Schwupp! Die Rute fliegt zurück... Kein Dachs daran – aber graues Haar. – Nochmal. Und noch einmal... Vergebens. Jetzt ist die Rute aber zerbissen. »Murr«. Nichts zu machen. Also die Hunde angebunden, Feuer von der anderen Seite unter den Stein. Astwerk, Genadel, Gras. Pfft! Ein Zündholz. Großer Qualm...

Da fliegt die Büchsflinte an den Kopf: mit unglaublicher Geschwindigkeit verläßt ein Dachs die Öffnung! Als es knallt, wälzt er sich um, zuckt, zappelt und wird von den Hunden, die sich im Tumult losgerissen haben, gebeutelt. Mit ein paar Sätzen sind wir da, die Gerte schwirrt, ein derber Stiefel fährt dazwischen – unsere Beute ist gerettet. Als ich mich umdrehe, sehe ich gerade noch einen zweiten Dachs über dem Felsen verschwinden – und ehe die neue Patrone im Gewehr ist, ist die Bildfläche leer! Die Hunde jagen den Dachs noch eine Weile, dann ist's still: Grimbart hat sich in den Hauptbau gerettet.

Geborgen im Schilfgrund sitzt ein Rothalstaucher brütend auf seinem Nest. Seltsam wie seine rotleuchtenden Augen sind seine wiehernden, gackernden und stöhnenden Rufe.

EIN DACHS VERSCHWINDET ÜBER DEN FELSEN

Auf einer herrlichen Waldwiese das Lager: unser Zelt, ein paar Pflöcke, unser Gaul am Wagen angebunden, die Hunde daneben im Heu...
Der Abend sinkt, über dem Feuer hängt der Kessel: Erbswurst mit Speck, eine Kost für Jäger und Touristen, wie's keine zweite gibt. Daneben der brodelnde Teekessel, im Zelt alles zur Mahlzeit bereit: Aluminiumteller, Löffel und Gabel aus demselben Metall, das blanke Weidmesser, der blecherne Trinkbecher. Im Sack das große Weißbrot, Salz und Zucker: Herzliebchen, was willst du noch mehr?
Aber – die Schnaken und Mücken! Wer den nordischen Urwald nicht kennt, macht sich keinen Begriff von der Plage, der der Jäger – selbst zu Herbstbeginn noch – dort ausgesetzt ist. Das summt und singt die ganze Nacht, das sticht und krabbelt, daß Schlaf und Ruhe dahin. Man verzweifelt, man möchte weinen vor ohnmächtiger Wut! Da hilft kein Tabakqualm, kein Scheuchen, kein Schleier, Nelkenöl ist eine Spielerei, Pfefferminzöl schafft nur für Minuten Ruhe und treibt uns die Tränen in die Augen. Bleibt als einziges Mittel, das Feuer über Wind anzulegen. Und doch wird man gequält, dazu muß man husten und niesen. Jede Medaille hat eben ihre Kehrseite. Auch der Jäger hat seine Lust teuer zu büßen. Endlich hat uns die Müdigkeit übermannt. Trotz Mückenplage und Schnakennot schlafen wir, dicht eingewickelt, vermummt, vom Rauch umschwelt. Plötzlich fahre ich auf: Irgendein Geräusch muß mich geweckt haben...

Auch der Jäger fährt auf: »Wölfe!« Wieder beginnt der tiefe Baß: Uhh – uuh uuuuh. Und dann ein Kläffen und Jaffen und Gellen, als wäre die Hölle im Walde: Jeff, jaff, jeck, jeck, huuuuuuuuuuu! Hauuuuuuuuuüüü! Hauauauu! Der Junge zittert vor Angst, Atnaschein und ich greifen nach den Gewehren – keine fünfzig Schritt weit können die Bestien sein. Alte und Junge: eine ganze »Tucht«, oder gar eine »Rotte«. Fünfzehn Stück sind's mindestens, die Kanaillen. – Haben wohl Lust auf Hundefleisch oder Pferdeschinken... »Paß gut auf – ich mache ein hohes Feuer.« Schlohweiß lodert die prasselnde Flamme. Finster der Wald – bloß

Gänse fühlen sich sicher, wo ihresgleichen eingefallen sind. Die im Bild von zwei amerikanischen Jägern geübte List, durch Attrappen weitere Flüge anzulocken, läßt sich auch mit anderen Gänsen auf der gesamten Nordhalbkugel praktizieren.

AUCH DER JÄGER FÄHRT AUF: WÖLFE!

die nächsten Büsche leuchten rot und gelb.
»Cholera, Pech, schwarze Blattern über sie«, flucht Atnaschein. »Das gibt heute nacht keine ruhige Stunde! Noch neulich haben die »Grauen« am Goldsucherlager da drüben einen Gaul gerissen – keine hundert Schritte von den Zelten. Und zwanzig Mann leben da!... Huhuuuuuüüü, jauaüüüü! – Jetzt klingt's etwas weiter, drüben, im Hochholz am Flüßchen... Dann wird's still: Die Wölfe sind fort. Trotzdem unterhalten wir die ganze Nacht ein großes Feuer. Der Bande ist nie zu trauen... Warum sie nur so heulen mögen? Sie werden satt davon, meint der alte Jäger...

Endlich dämmert der Morgen. Unsere Augen schmerzen, das Gesicht brennt. Müdigkeit in den Gliedern brechen wir zur Jagd auf. Es ist ein schwerer Weg, den wir ziehen: Gestein, das die Füße drückt, Morast und tiefes Moos, dann sumpfige Wiesen mit gürtelhohem Gras. Unsere Mokassins sind durchweicht, jeder Schritt quatscht, nur schwer läßt sich pirschen. Die Hunde sind Gott weiß wo. Schnüffeln irgendwo im Dickicht, suchen auf dem Moore nach Fährten. Blutrot geht die Sonne auf. Hinter den gelben Moorkiefern blauen ferne Berge, glänzen und blinken Felsmassen. – Einige Birkhühner schwirren heraus, ein paar Bussarde kreisen im Blau, Schnepfen klatschen in die Höhe, schwanken durch die Wipfel, fallen wieder ein. Keine frische Elchfährte weit und breit: auch hier soll unsere Hoffnung zuschanden werden. Weiter durch das taunasse Gras. Dann bergan, bergab, über Schutt und Steine, Moos und Windwurf. – Als die Sonne Mittag kündet, auf dem Waldwege heim. Überall Wolfsspuren auf dem Wege, Losung. Eine Schnepfe und ein paar Haselhühner werden zum Abendessen geschossen, ein Auerhahn mit der Büchse vom Wipfel der Lärche geholt...

☆

Schon steigt das Frührot über die Wipfel der Tannen, schon flötet der Nordlandshäher im Busch, Auerhühner streichen am blassen, frostigen Morgenhimmel dahin, fernen Bergen zu, wo die schlanken, gold-

Wenn Flugwild in großen Scharen über dem Schützen erscheint, heißt es, die vibrierenden Nerven in der Gewalt zu behalten. Nie in den »dicken Haufen«, nur auf den einzelnen Vogel schießen. Und nahe genug muß er sein.

Revierkämpfe rivalisierender Bläß-rallen sind an der Tagesordnung. Drohend heben sich die Tiere aus dem Wasser, wild flattern die Flügel. Dabei stoßen sie heisere, bellende Laute aus.

DROHGEBÄRDEN RIVALISIERENDER BLÄSSRALLEN

ENTEN ZIEHEN ÜBER DER NIEDERUNG

laubigen Lärchen stehen, die blutblättrigen Espen. Silhouetten, Gespenster der Luft. – Flügelsausen. Im Busch spißt der Haselhahn.

Trapp, trapp... auf dem Saumpfade, über den steinigen Waldweg. Der Ritt von gestern liegt mir noch in den Knochen... Was so ein unzugerittener, steifer Gaul doch stoßen kann! Sicher auf den Beinen sind aber die struppigen »Ziegenböcke«, das muß man sagen; kein Fehltritt, kein Stolpern, wenn's über Stamm und Block geht, über Moor und Bruch. Aber es ist, als würden einem die Eingeweide aus der Gurgel hinausgestoßen. – Hoch über den Wipfeln glastet die Sonne. Enten ziehen über der Niederung sausend dahin, von den Lärchen schwingen sich die Auerhähne, hoch im Blau kreist der Steinadler.

Laut schallt der Hals der Hunde zu uns herüber: am Flüßchen ist's: Standlaut, Elch! Unbarmherzig sausen die Birkenäste auf die Flanken der Gäule: Galopp! Kochäppel, kochäppel...

Hauhauauuu! Huch, huch! Hau! Dort unten... Wenn's nur ein Schaufler wäre... Galopp! – Hauhau! Näher... Plantschen, Prusten, Plätschern. Im toten Flußarm haben die Hunde das Wild gestellt! Hell klingt der Hals herüber. – Raus aus dem Sattel – die Büchse zur Hand! Da, im Wasser, eine schwarzgraue Masse...

Mit zitternder Hand wird der Zügel am Stamm angeknüpft. Schnell herangepirscht! Heller Hals der »Laiki«. – Enttäuscht halte ich an: Zwei Elche im Wasser, wütend die Hunde abwehrend: Kahlwild und Hirschkalb! Da ist die Büchse unnötig – die Kamera hat hier ihre Jagd. – Zurück zum Pferde, Platten und Apparat heraus. – Nun kann's losgehen. Nahe heran – knips! Wütend äugt mich die Kuh an. Himmel, was für eine Situation für den »Kientopp«! Die Hunde, ermutigt durch mein Erscheinen, setzen heftiger zu: Lauthals rennen sie um den Tümpel, winseln, jappen, stürzen sich ins Wasser... »Herr, wenn nur nichts passiert! Die Bestie wird meine Hunde in den Schlamm stampfen!« schreit, zitternd vor Angst um seine wertvollen Tiere, der alte Sibirier. Patsch! Schon hat das Alttier »Wernyi« unter sich! Hochauf schäumt das trübe Wasser... Doch –

Und mag die farbliche Tarnung noch so perfekt sein: Wer immer auch dem scharfen Auge des Luchses entgangen sein sollte, seine feine Nase findet ihn doch. Jetzt kommt es darauf an, wer der bessere Sprinter ist.

DER GROSSE JÄGER HAT ZUGESCHLAGEN

unversehrt taucht der tollkühne Hund wieder auf, schwimmt ans Ufer, schüttelt sich, gibt von neuem Hals! – Knips! Eine zweite Aufnahme. Ein prachtvoller Anblick: das zu höchster Wut gereizte Tier, dies riesige, vorsintflutlich aussehende Geschöpf im bewegten Wasser – das teilnahmslos danebenstehende Kalb, auch schon ein gar strammer Bursche. Wenn ich nur mal beide zusammen auf die Platte kriegte...

Der Russe jammert: »Schieß doch, Herr – meine Hunde! Meine guten Hunde! Und so viel »Fleisch«... Sicher für siebzig Rubel zusammen...« Knips! – die dritte Aufnahme. – »Fang die Hunde ein, Alter.« Seufzend geht der Waldläufer ans Werk: Mit diesen deutschen Jägern ist wirklich kein Staat zu machen! Erst knipsen sie mit dem Apparat, dann schießen sie nicht! Udjiwitjelno, merkwürdig... Nur der phlegmatische, lahme »Péstryia« kann weiterkläffen. Der trägt seine Haut nicht mehr zu Markte, seit ihn der Schaufler – vor Jahren – unter sich kriegte... Hauuuuu, hau! Ruhig äst das Kalb an den Wasserpflanzen, würdigt uns keines Blickes. Die Hunde sind angeleint, jaulen, winseln. – Knips! Jetzt habe ich das Kalb auf der Platte. Wieder allein. Au weh! Bin wohl zu nahe herangegangen. Die Alte braust durch das Wasser gerade auf mich los! »Dai Bog nogi«, sagt der Russe. Das heißt: »Gott gib Beine.« Wahrhaftig, ich wünschte mir lange Ständer mit Siebenmeilenstiefeln daran... Pardautz! Das kommt davon: Eile mit Weile! Platten und Apparat fliegen im Bogen, ich kollere über die Wurzeln.

Als ich aufstehe, plantscht die Alte ruhig wieder im Wasser herum. Gottlob – das hätte nett werden können! Eben plätschert das Kalb ans Ufer – schnell noch ein paar Aufnahmen, ehe auch die Alte retiriert! Wieder knackt der Verschluß, die Jalousie rasselt. Langsam trollt das Kalb davon. Die Kuh bleibt, fixiert mich mißtrauisch, mit rot unterlaufenen Lichtern, krausem Windfang, in den Nacken gelegten Lauschern. Knips... Herrjeh! Da kommt sie wieder! Und – »Gott gab Beine!« Dann gibt's wieder Frieden. Ich werde vornehm ignoriert. Und ich knipse. – Schließlich werfe ich mit Knütteln und Steinen:

Der Luchs war der Schnellere. Mit einem raschen Prankenschlag wirft er seine Jagdbeute aus der Bahn. Nun gibt es kein Entkommen mehr.

Die zahllosen Schneehügel im blauen Licht entpuppen sich als ruhende Singschwäne. Sie wirken gleichsam verwachsen mit der weiten, eisigen Arktis, wo ihre Rufe wie Glockengeläut ertönen.

RUHENDE SINGSCHWÄNE IM EISIGEN, BLAUEN LICHT

Gemeinsam
die Natur erfahren.
Mißerfolg und
Freude teilen. Kaum
eine Beziehung
zwischen Mensch und
Tier ist so harmonisch, vielfältig und
intensiv wie die
Beziehung zwischen
Jäger und Hund.

HERR UND HUND – BEIDE VEREINT DIE JAGDPASSION

EIN STEINADLER KREIST ÜBER DER STEPPE

ich will die Kuh los sein, weiterreiten, jagen. Ehe aber die Alte da auf den Trab gebracht ist, kann ich nicht daran denken, die Hunde loszulassen... Platsch! saust ein dicker Knüttel in das Wasser. Wutschnaubend kommt der Elch heran – schnuppert – wird hoch – schlägt mit den Vorderläufen nach dem Holz. – Puff: ein Stein in die Flanke! Und ich retiriere: Vorsicht ist besser als Nachsicht. Nun trifft ein Stock die Ramsnase. Das ist zuviel. Selbst für eine zehn Zentner schwere Elchdame. »So ein Knote«, mag sie wohl von mir gedacht haben, als sie endlich ärgerlich das Feld räumte und ihrem Kalbe nachtrollte. –

Nur ich war vergnügt. Der Russe brummte. Er bedauerte das viele schöne »Fleisch«. Und – na – wenn man die Gedanken der Hunde lesen könnte: ich denke, dann hätte ich heute »gar kein Gesicht« mehr...

Wieder sank im Westen das Licht. Hoch im blassen Blau ziehen Gänse. Nebelschwaden flattern über dem grasigen Moor, der Wind raschelt in den Blättern der Espen, Stück auf Stück löst sich vom Zweig, kreiselt, schwankt, fällt zu Boden. – Auf den Lärchen nadeln Auerhähne – wie schwarze Klumpen heben sich ihre Silhouetten vom gelbroten Westhimmel ab. Unten am Flusse quaken Enten, ein Rabe zieht trägen Fluges dem Schlafbaum zu.

Es pirscht sich gut hier unten. Das Gras beginnt sich zu legen, die Büsche sind kahl, weit zu überschauen ist die Fläche. Was hier kommen mag: Bär oder Elch, Reh oder Wolf, es muß zu sehen sein. Vorsichtig geht's gegen den Wind. Überall im Grase die Wechsel der Rehe, alte Pfade, täglich bezogen. Dort am Busch hat ein Bock gefegt, längst sind die Male trocken. Hier hat er geplätzt, dort gesessen...

Die Fährten sind frisch. Nun scharf aufgepaßt; die Dämmerung kommt, grau ist das Gras. Dort, am Busch, bewegt sich nicht etwas? Durchs Fernrohr geschielt... Nebel schwankt, grau in grau die Fläche, und doch: es bewegt sich etwas... Sind meine Augen trüb geworden in der rauchigen Hütte? Alles verschwimmt. Sausend streichen ein paar Auerhähne herüber; schwarze Schatten im Abendgelb...

Jetzt teilt sich der Nebel, schließt sich, teilt sich wieder... Und mitten auf der Vorwiese steht ein Bock mit hochverecktem Gehörn und verhofft herüber! Nur Ruhe jetzt, nur Ruhe! Da – langsam senkt er das Haupt, äst, zieht näher. Hinter dem Gesträuch bleibt er lange, endlos lange stehen... Pung, pung, pung, hämmert's mir an die Rippen... Endlich! Hat der aber hoch auf... Ruhe, Ruhe! Grau der Bock, grau das Gras. Die Konturen verschwinden, wenn er stillsteht. Unsicher tanzt das Fadenkreuz auf dem unsicheren Ziele. – Wasser tritt in die Augen: scharf ist der Wind. Mit dem Ärmel über die Lider... Ruhe! Rumms! Donnernd dröhnt's vom Hochwald nieder. Und in den Hall mischt sich's hoch und tief, ein Chor der Hölle: Huh, uhüüü, uuuuüüüü! Die wilde Rotte ist wieder da!

Ich muß sagen, wie Feuer und Eis lief's mir durch die Glieder. Und sagt man sich's tausendmal: »Was kann denn passieren? Hast ja das Gewehr, ist dir ja kein Fall verbürgt, daß Wölfe sich an gesunden, erwachsenen Menschen vergriffen«, unheimlich ist die Sache doch...

Eilig über die Moorwiese, emsig suche ich im Gras. Grau flimmert in Grau. Schwapp! Da liege ich, im Bogen fliegt das Gewehr, unter mir liegt was Weiches: der Bock! Ich klaube meine Knochen und mein Gewehr zusammen, quetsche den nassen Ärmel aus, knie nieder, betaste meine Beute, das starke Gehörn. Vergessen sind Wölfe und Ungemach: hoch und stolz die Stangen, märchenhaft lang! Plötzlich ist mir's, als hörte ich jemand kommen – erschreckt drehe ich mich um, entsichere die Büchse: »Iwán!«

»Na, Herr, jetzt aber flink, den Bock an einen Baum und in die Äste! Heut schaffen wir ihn doch nicht heim mit seinen hundert Pfund aufgebrochen. Und hoch müssen wir ihn schon hängen: du hast wohl die Grauen gehört?« Sofort macht sich der Alte ans Werk: Aufbruch heraus, in den Moorbach, den Bock geschränkt, an den Wald gezerrt. Dann den Gurt, zwei Gewehrriemen zusammen – über den starken Ast der Kiefer: hupp! Zoll für Zoll hoch. Das Gehörn, das Gehörn! Ich kann es nicht im Walde lassen. Kopfschüttelnd sieht der Alte zu: Verrücktes Volk, diese Herren! Was denn nur gar so viel an den

DIE WILDE ROTTE IST WIEDER DA

Knochen liegt? Fertig. Los: hupp! Oben ist er. – Und nun zum Lager! Eile haben wir heute. 's ist komisch: trotz aller Räsonnements, gruslich ist die Sache; denn wieder tönt das Heulen der Rotte – diesmal vom Moor, ganz nah! Wauuuuuuüüü, uuuuh! Mit gespannten Gewehren vorwärts, aufmerksam gespäht. Grau in grau die Fläche. Grau das Haus, grau der Wolf. – Uuuuuüüü huuuuu... wauuuuuuüüüü!

Hoch ragen die Silhouetten der Berglärchen zum grauen Morgenhimmel. Ein fahles Gelb über dem Walde im Osten. Stille – nur die Habichtseule heult fern im Moor. – Das Revier hier gefiel uns, die Lage am Fluß war günstig, für später wollten wir deshalb, ehe wir aufbrachen, eine ältere Hütte am Uwál instand setzen. Im Spätherbst und Frühjahr unter freiem Himmel zu übernachten, gehört nicht zu den Annehmlichkeiten. Lange hält niemand eine solche Lebensweise aus. Besonders gefährlich sind die feuchten Nächte im Herbst und im Frühjahr – im Winter, bei trockenem Frost, geht's noch eher.

Da lobe ich mir die Pelzjägerhütte, selbst wenn ich mit einem halben Dutzend Karelen, Wogulen oder Ostjaken meine Unterkunft teilen muß. – Wenn auch die Luft zum Schneiden dick ist, der Machorkaqualm beizt und andere Gerüche die Nase kitzeln. – Warm und trokken: das ist die Hauptsache. –

Wir nahmen also die alte, halbverfallene Hütte auseinander, ebneten den Boden und machten uns ans Bäumefällen. Dann kam die Zimmermannsarbeit, der Ofenbau, die Dachdeckerei. Bald stand das Werk fertig da: geräumiger, höher und solider als je zuvor. – Behaglich machten wir's uns, bequem.

Früh brechen wir auf. Die Hunde, die nachts einzeln eingetroffen waren, sind müde und unlustig. Nur ein schlanker, junger Köter, den Atnaschein kürzlich von einem Bauern gekauft hatte, machte uns vielen Spaß. Er rannte emsig herum, machte Schneehasen hoch und fing sie fast regelmäßig! Binnen weniger Stunden hatten wir drei Hasen im Wagen, ohne daß nur ein einziger Schuß gefallen wäre. – Als aber der Köter eine im Dickicht herausprasselnde Auerhenne anfiel, ließ ich ihn doch – trotz aller Hochachtung vor seinen Leistungen – anbinden. Unterwegs wurden noch ein paar Waldschnepfen und Haselhühner geschossen; kurz, mit Wild waren wir reichlich versorgt, als wir in der Niederung des Ssyssértflusses anlangten und eine Hütte bezogen.

Von ferne winkte der Gipfel des »Márkowski kámen«, des Markowskisteins, in blutiges Abendrot getaucht, weit drüben dehnte sich das rotbunte Moor, die »Berésowaja bolota«, der Birkensumpf, und die lange Bergkette des »Poljewoi«.

Trunken schweift der Blick über alle diese Herrlichkeit. Geheimnisvoll winken die fernen, blauen Wälder herüber – Sehnsucht überkommt den Jäger. Wie mag es drüben sein? Was bergen diese Wäldermeere? Flügel wünscht man zu besitzen, über die Fernen will man schweben, schau'n. Weit, weit. Dort liegt Avalun.

Leises Knistern und Knacken im Kamin. Ein paar Funken, ein züngelndes, bläuliches Flämmchen, zuckende Reflexe an der schrägen Hüttenwand: das Feuer ist am Verlöschen. Gähnend und frierend erhebe ich mich, taste nach der Uhr, halte das Zifferblatt gegen das schwache Licht der matten Glut. – Einhalb fünf... Noch früh – in einer Stunde erst wird's hell. Ich stoße die Hüttentür auf. Feuchtkalte Nachtluft. Stille. Nur das monotone Plätschern des Flüßchens und der Schrei ziehender Wandervögel. Scheite in die Hütte, ins Feuer; Kienholz dazu. Und dann geblasen, daß die Asche stäubt. Hell wird's und belebend warm.

Nun klettert auch Atnaschein aus den warmen Decken, ein Rippenstoß weckt den Jungen: »Hallo! Nicht gefackelt, den Teekessel aufs Feuer!« Kopfkratzen, Gemurmel, Gähnen. Und dann erscheint der wirrhaarige, blonde Kopf. Bald brodelt's, schäumt's. Und der heiße Trank dampft in den Blechbechern. Als es rot wird im Osten, sitzen wir im Sattel, der Alte und ich. Nicht feurige Rosse sind's, die ungeduldig den Boden stampfen, kleine unlustige Mähren mit rauhem Haar und wilder, filziger Mähne, störrisch und faul. Aber sicher auf den Beinen, die den plumpen Heubauch tragen. Und das ist die Hauptsache in Moor und felsigem Bergland. Im Urwaldrevier. Himmel, was so ein vollgefressener Grasvergasungsmotor für Töne von sich gibt, wenn

MIT WILD WAREN WIR REICHLICH VERSORGT

die Gurten fest angezogen werden! Er brummt wie ein Bär, grunzt wie ein Schwein, ächzt, stöhnt, prustet. Und dann – schwapp – hat er dich mit den nimmer rastenden Zähnen am Kittel, und du kannst froh sein, wenn du keine Veranlassung hast, mit Schmerzenstönen in das Konzert einzustimmen. Dazu flucht der Jäger, schimpft auf den Jungen, und die Hunde winseln und jaulen. Dann hockt man im Sattel, einem harten, hölzernen Bock, zieht an den Leinen: »kkkkk« feuert man das Rößlein an; und los geht die Reise – Schritt vor Schritt. Neues Grunzen, neues Stöhnen. Und andere Töne. Jawohl. Aber davon berichtet man nichts; denn auch ein Jäger hat Zartgefühl.
Bergland, grünes und rotes Herbstlaub, goldene Wipfel, in feuchtem Glanz strahlende Blöcke, Schroffen, Felsen. Und rotbunte Moore da unten, stille, flimmernde Seen. Nebelfetzen noch zwischen Busch und Strauch, über Wiese und Blänke, rotglühendes Feuer am Morgenhimmel. Und blattstill die kühle, feinduftige Luft; Erdgeruch, Odem der Blätterfäule. Herbstmorgen, wie ihn nur der Jäger kennt, der fern vom Rauschen der Kultur stillwilde Pfade zieht. Wege des alten Gottes. Pfade, die zu Wode führen, zu Balder und Thor...

Und im Morgenglast und heiligen Frührot ziehen rufende Geschwader der Nordgans. Im reifigen Busch kreischen und zanken Häher, der Schwarzspecht klopft und hämmert am Dürrstamm, daß Borke und Span fliegen, und hoch über Gipfeln und Schroffen kreist der Adler.
Klipp, klapp, klipp, klapp. Unsere Rößlein fühlen sich behaglicher. Sogar ein kleiner Trab kann gelingen, Hundetrab, Schunkeltrab, aufundab, klipp, klapp, klipp, klapp. – Auf dem Waldwege, wo links und rechts die roten und braunen Pilze, die Edelreizker und die Schafsschwämme, die Fliegen- und Stockpilze, neben »Borowik«, einem echten Steinpilz, und Birkenschwamm stehen. Und ein schuppiger Zweig mahnt das Hottehü zur Eile. Horch: heller Hals!
Vom Moore her schallt's herauf. Der alte »Málka« ist's, der Spürer... Galopp! Die Rute klatscht auf die dikken Flanken. – Ein mißvergnügter Grunzer noch: nitschewo, wird

Keinem Greifvogel fällt seine Beute in den Schoß; oft sieht man ihm die Erschöpfung nach schwieriger Jagd – hier auf ein Waldhuhn im nordamerikanischen Urwald – deutlich an. Robert Bateman hat diese Situation mit Meisterhand festgehalten.

Robert Bateman.
1973

Timberwölfe heulen sich zusammen. Die Jagd bestimmt das Leben dieser in streng hierarchisch gegliederten Verbänden lebenden Jäger. Selbst die Größe der Rudel und die Fortpflanzung richten sich nach den Erfordernissen gemeinsamen Jagens.

SCHAURIGES LIED DER WILDBAHN – WÖLFE IN ARKTISCHER NACHT

WAHRHAFTIG, DER HIRSCH HAT SICH GESTELLT

Anpassungsfähig in jeder Hinsicht ist der Fuchs; vom Käfer bis zum Kitz und von Aas bis zum Fallobst reicht sein Speisezettel. Auch den Menschen und dessen Wohnstätten meidet er nicht mehr als unbedingt notwendig. So konnte er auch Zeiten unnachsichtiger Verfolgung meisterhaft überstehen.

schon gehen – und Stock und Steine klappern. »Hau, hau!« – Standlaut! Heute hat's geklappt, endlich! All die Mühen und Nöte sollen nun doch gelohnt werden? Keine vierzehn Tage mehr, und die Maschine zieht mich nach Westen, Tag um Tag, Nacht um Nacht...

Wahrhaftig: der Hirsch hat sich gestellt, fest gestellt! »Hau, hau!« Auch »Péstryia« ist dabei, der zweite Hund. Ein Glück, daß wir nun die beiden alten, ruhigen Hunde mitnahmen, nicht die ganze wilde Bande; dann ging die Hetze wieder in die aschgraue Pechhütte... Galopp! Durch Busch und Astgewirr, quer über die Halbinsel, zum Schilfmoor. Und nun – aus dem Sattel.

Schon hat der Jäger die Zügel gefaßt: »Nahe heran, Herr, sie halten ihn.« Schon bin ich im Dschungel, im herbstroten Schilf. – Wasser, Fallholz, Astgewirr, Wildhopfen, Gestrüpp, Hümpel und wieder Wasser...

»Hau, hau, hau!« – Sie halten ihn, sie halten ihn wahrhaftig! Schilf, Schilf! Dann das dumpfe grunzende Brummen des gereizten Hirsches. – Wo ist's, in dreier Teufel Namen, wo ist's? Bis an den Leib bin ich im Wasser. Hier: die Kaupe, der Stubben. – Hinauf. Drüben – die große, graue Masse – dort, zwischen den hellen Birken... Sie bewegt sich – lauter klingt der Hals der Hunde! Hast gut reden, Alter: »Nahe herangehen!« Wieder das Wild aus den Augen verlieren, wieder den kürzeren ziehen, das Nachsehen haben, hören, wie Hundeblaff und Geläute hinter fernen Bergen verhallt? Die dreieinhalb Gramm Blättchenpulver, die Mauserbüchse müssen's machen... Da leuchten die Stangen – hell gefegt! Schaufler oder nicht, wenn's nur kein Spießer ist – fünf Wochen bin ich im Sattel...

Reißend der Knall... Und im Aufjubeln der Hunde rast der Elch durchs hohe Ried, brechend, polternd, in schwimmendem, fliegendem Troll – kaum ragt der Kamm des Riesen über die Halme, so macht er sich niedrig. – Der Verschluß rasselt zurück, klappert vor: noch einmal – gut vorgehalten... Stämme, Schilf – Busch – Schilf – Baum – Hubertus, hilf! Paff! – Und in Busch und Ried sind Elch und Hunde verschwunden. – Das Herz klopft mir hochauf im Halse...

»Herr, hättest du nur mit dem Schuß gewartet, wärst du näher gegangen; das ist vorbei!« – »Vorbei? Nein, alter Freund – gibt's heute nicht, heute ist Glückswetter!« Und jauchzend klingt der volle Hals der Hunde. – »Hau, hau!« Jetzt klingt es zornig, wild, in gemessenen Pausen: der alte »Málka« ist's. Jetzt – tief wie eine Glocke, die andere »Huch, huch!« »Péstryia«. Gestellt! Todwund! Was schert uns Wasser, Holz und Stein? Pustend folgt der Alte. Und was Herz und Lungen noch hergeben, geht's bergan. Da steht er. Das Haupt gesenkt, zur Abwehr bereit. Hoch gesträubt sind Kamm und Mähne, wie Bälle springen die Laiki um ihn herum. Flimmern vor den Augen. Zittern im Arm. Näher... Die hellen Hosen des Elches schimmern. Nun schnell – sonst ist's gefehlt; er hat uns weg. Paff! Rückwärts ein Gleiten, Schieben – Sinken... Schon hängen ihm die Hunde an Drossel und Nacken. Mit zwei, drei Sätzen ist der Alte beim Elch – scharf knallt der Fangschuß, langsam sinkt die braungraue Masse zusammen. Ein dumpfes Gurgeln noch, ein Stöhnen, Zittern...

Stunde um Stunde schweres Werk. Ein Messer nur, kein Schleifstein. Doch endlich ist's getan: Fels schärfte die Klinge, Ausdauer vollendete das Schwerste. Den Rest besorgte das Beil. Und dann hinein in die Mulde, zwischen die Blöcke, Stück um Stück. Wildbret, Haupt und Decke. Knüppel und Stangen, Astwerk und Stämme dicht darüber, Steine darauf. Denn lange kann's dauern, bis man den Wagen hierher fährt, weit ist's zur Hütte, beschwerlich der Weg. Und der Grauhund schweift hier zur Zeit, da die Sonne sinkt, der Rabe hält Umschau.

Heim geht's. Schritt vor Schritt. Ungern, träge folgen die Hunde. Sie schlagen sich voll mit Gescheide und stückigem Rot, mit Fetzen vom Wildbret. Nur der Gewalt gehorchen sie, nur Hiebe treiben sie auf. Nun trotten sie mürrisch hinterdrein. Schon sinkt das Licht, als wir die Hütte erreichen. Und ich beneide den Alten nicht, der noch heute die Beute holen will. – Ich aber werde am Feuer sitzen und die Stunden zählen und horchen. Und werde das Knistern der Flamme hören und das Sausen des Windes und das Heulen des Wolfes in der Heide...

DIE JAGD MIT DEM FALKEN

FRANCES HAMERSTROM

ie Beizjagd mit Pferd
nd Hund stand im Mittel-
lter als »wahrhaft ritter-
ich Vergnügen« in ho-
er Gunst, ohne dabei ein
rivileg des Ritters zu
ein: Auch manch edle
ame lernte den Umgang
nit dem empfindlichen
alken meisterlich zu
eherrschen.

Eines Tages, im Spätfrühling, seilte sich mein Freund Jim Weaver, ein Vogelberinger, zu einem Steinadler-Horst ab, in dem ein Jungadler so schwer von Zekken befallen war, daß man um sein Leben fürchten mußte. Er brachte ihn nach Hause. Obwohl der Bauer im Tal früher Adler töten durfte, ist es doch gesetzlich verboten, einen lebenden Adler mitzunehmen. Jim zog den Adler auf und arbeitete etwa ein Jahr lang mit ihm. Das Gefieder war vollkommen und der Adler in prächtiger Kondition. Ich hatte keine Ahnung, daß Jim ihn besaß, bis er mich eines Tages, im Frühsommer 1964, anrief. Jim wußte nämlich, daß ich einen Adlerschein habe. Er hat eine leise Stimme und kennt so leicht keine Furcht, aber selbst durch den Fernsprecher schien mir der Klang seiner Stimme verändert, und plötzlich bekam ich

MANCHE MENSCHEN HABEN STARKE ZUNEIGUNG ZU ADLERN

eine Gänsehaut: Das klang nach Angst! Leider konnte ich ihn kaum verstehen.
»Erlöse diesen Vogel«, flehte er, »ein Steinadler... noch nie habe ich so viele Zecken auf einem Vogel gesehen...ich wollte gerade die Fahrt in den Westen antreten, um ihn freizulassen... die Polizei ist gekommen, hat ihn mitgenommen, als Beweis...Er ist in einem Kerker, und er ist gerade in der Mauser, mitten in der Mauser... in einem dunklen Steinkäfig, hinter Stangen... und er kann die Sonne nicht mehr sehen! Kannst du ihn retten?«
Jetzt muß ich Folgendes erwähnen: Manche Menschen haben eine so starke Zuneigung zu einem Adler, daß ihr ganzes Wesen davon geprägt wird. Sie sind von dieser Adler-Liebe so besessen, daß sie manchmal kaum noch vernünftig denken können. Mir ist es so ergangen und daher konnte ich Jims Verfassung gut verstehen.
Die Abmessungen dieses »Kerkers« weiß ich nicht genau, aber auf Jim muß dies Quartier überaus grausam gewirkt haben. Er sah ja in Gedanken schon seinen Adler in freier Wildbahn über dem Hochgebirge kreisen. Jim hatte den Vogel spät am Nachmittag besucht und konnte deshalb nicht wissen, daß die erste Morgensonne doch manchmal durch das Gefängnisgitter blinzelte. Statt die Größe des Kerkers wahrzunehmen, reagierte Jim nur mit Erschütterung: sein Adler hinter Gittern – im dunklen Gefängnis!

Die Klage gegen Jim wurde später abgewiesen. Es lag schon eine gewisse bittere Ironie in der ganzen Sache: Zwar war der Adler hier der Eingesperrte, aber gerade dies war für Jim die größte Strafe.
Der Adler hieß »Nancy«, nach dem Mädchen, das Jim in wenigen Wochen heiraten wollte.
Der Zeitraum von Jims Bericht über den Kerker, in dem sein Adler eingesperrt war, bis zu Nancys Freilassung schien mir eine Ewigkeit zu sein. Eines Tages haben die Beamten mir dann tatsächlich den Adler bereitwillig und höflich überlassen. Das Telegramm lautete:
»Adler-Freilassung mit Herrn Hart Kustosassistent Zoologischer Garten Lincoln Park besprochen. Kopie dieses Telegramms ist Bevollmächtigung für Herrn Hart, Ihnen den Adler für Wiederaussetzungszwecke zu überlassen.«
Ich handelte prompt. Innerhalb einer Stunde nach Ankunft des Telegramms hatte ich einen Block in meinen VW-Bus gestellt, etwas Leder, Drahle und Langfessel zum Festlegen des Adlers zusammengesucht, und war unterwegs, um ihn von dem 360 Kilometer entfernten Ort abzuholen.

☆

Die Polizei hatte mir deutlich klargemacht, daß Nancy Eigentum des Staates sei, es auch für immer bleiben müßte. Ich selbst hatte mehr als zwanzig Jahre für den öffentlichen Dienst gearbeitet und es freute mich zu sehen, wie die Hüter des Gesetzes nicht nur ihre Pflicht taten, sondern darüber hinaus schnell und sinnvoll handelten, wie in diesem Fall.
Es war wirklich Zeit, Nancy zu befreien. Aus Jims Bericht hatte ich den Eindruck gewonnen, daß ihre Lage äußerst kritisch sei, falls sie nicht schnellstens herausgeholt würde. Sie war mitten in der Mauser und gerade, als sie gute Pflege und viel Licht brauchte, befand sie sich im dunklen Kerker. Ich hatte die noch mit Blut gefüllten Kiele der zarten und empfindlichen Schwungfedern vor Augen. Die durften in dieser Zeit keinesfalls gestoßen werden.
Dan Berger, ein Experte im Umgang mit Greifvögeln, kam mit mir. Als wir uns der Stadt näherten, freute ich mich bei dem Gedanken, daß ich hier einen Steinadler abholen würde, heraus aus seinem Kerker, hinweg von der Stadt und zurück aufs Land. Ich hoffte nur, daß es nicht schiefgehen möge. Kaum konnte ich es erwarten, den Vogel bei mir im Auto zu haben.
Der Spätnachmittagsverkehr quoll aus der Stadt heraus, wir aber wollten uns in diese Stadt – Chicago – hineindrängen! Büros, Geschäfte und Fabriken würden bald geschlossen sein – wie, wenn das auch beim Zoologischen Garten so wäre? Bald war uns klar: bis fünf Uhr konnten wir den Zoo nie erreichen. Bei der ersten Tankstelle machten wir halt, um den Zoodirektor anzurufen. Wir hofften, er könne einen Wärter beauftragen, uns die Schlüssel zu Nancys Käfig zu geben. Ich versuchte, meiner Stimme

Die Beizjagd nahm schon den großen Stauferkaiser Friedrich II. gefangen – eine Kunst, die mit Mitteln des menschlichen Geistes die freiesten Geschöpfe, die Vögel, an eine unsichtbare Fessel zu legen vermag. Das von ihm verfaßte Werk »De arte venandi cum avibus« (»Über die Kunst, mit Vögeln zu jagen«) gehört noch heute zu den Standardwerken der Falknerei.

Die Beizjagd mit dem königlichen Adler ist bis heute in den Steppen Zentralasiens erhalten geblieben. Noch immer beizen die Kirgisen auf schnellen Pferden sogar Wölfe und Gazellen. Auch in Europa werden noch vereinzelt Adler zur Beizjagd auf Fuchs und Hase abgetragen.

BLITZSCHNELLE JÄGER SIND DES HASEN TOD

DER GRÖSSTE ADLER, DEN ICH JE GESEHEN HATTE

Uralt und traditionsbeladen ist die Ausrüstung, die der Falkner seinem Beizvogel anlegt.

einen sachlichen und offiziellen Klang zu verleihen, der Direktor aber antwortete: »Nein. Dr. Hamerstrom, Sie dürfen den Adler nicht selbst herausholen, diese Verantwortung können wir nicht übernehmen. Einige Wärter werden ihn inzwischen für Sie einkisten.«

Wärter! Einkisten!

Lange, wachsende Federkiele, zart mit Blut gefüllt und empfindlich – Hoffnung auf starke Federn zum Fliegen, Kreisen und Jagen... Wärter – einkisten – und dann einen flugunfähigen Adler!

Meine Stimme hatte den offiziellen Klang verloren: »Ach, bitte nicht, bitte! Er ist ja in der Mauser – in Mittelmauser!«

Der Direktor eines großen Zoologischen Gartens hat wohl nicht nur für Tiere Verständnis, sondern auch für Menschen. Seine Antwort war kurz und trocken: »Der Assistent von der Vogelabteilung ist Falkner. Es ist möglich, daß er noch hier ist und warten kann, bis Sie ankommen. Ich werde versuchen, ihn zu erreichen und ihn darum zu bitten!« Endlich fuhren wir durch die Pforten des Zoologischen Gartens, wo Herr Rick Tidrick, Leiter der Vogelabteilung – ohne Abendessen – noch auf uns gewartet hatte. Als wir uns dem Käfig von Nancy näherten, meinte er: »Wenn es nach mir gegangen wäre, hätte ich den Adler draußen auf einem Block gehalten!« Mit einem Schlüssel öffnete er die schwere Tür, und wir schauten in die halbdunkle Kammer hinein: Der größte Adler, den ich je gesehen hatte, stand dort ruhig auf einer Stange. Leise und langsam »pirschten« wir ihn an, dann griff ich flink beide Ständer. Ich wiegte ihn wie ein Baby in meinen Armen, hielt aber seine Beine fest! Kaum konnte ich beide Ständer in einer Hand halten, als ich ihn sorgsam zum Auto trug. Die beiden Männer hielten den Ad-

DIE FÄNGE DES ADLERS SIND ES, DIE GEFÄHRLICH SIND

Große Kulturen kamen und gingen, doch die hohe Kunst der Beizjagd ist bis heute im Fernen Osten, in China und Korea, aber auch auf dem indischen Subkontinent erhalten geblieben.

ler vorsichtig fest, ohne die Federn zu beschädigen, während ich ihm die Fesseln anlegte. Manchen Leuten sind »Fesseln für Greifvögel« ein neuer Begriff, aber ebenso sind Zügel »Fesseln für Pferde«. Adler können beißen und tun es auch manchmal, aber die Fänge sind es, die gefährlich sein können, die Klauen sind größer als die Fangzähne eines Löwen. Adler – wie auch Habichte und Sperber – »treten« ihre Beute durch Knetbewegungen ihrer ungemein kräftigen Klauen tot.

Vorsichtig, damit er mich nicht greifen konnte, stellte ich den Adler auf den mitgebrachten Block. Er schaute kurz um sich und dann lokkerte er schüttelnd seine Federn …

☆

Wir leben im Lande der Viehwirtschaft und unsere Farm hat, wie die meisten in dieser Gegend, eine große Scheune. Da wir kein Vieh halten, brauchen wir kein Heu. So steht der Heuboden leer. Er ist etwa 13 m breit, 22 m lang und sehr hoch. Ein moderner Falkner-Raum ist er nicht gerade, aber für einen mausernden Adler genau passend.

Als Kurheim für kranke Greifvögel hatte die Scheune mehr Vögel gerettet, als ich zählen kann. Wenn ich glaubte, ein Vogel könne ohne allzu viele Schmerzen wahrscheinlich wieder gesund werden, habe ich mich immer bemüht, ihn möglichst rasch – und gebessert – in die freie Wildbahn zu entlassen. Nancys Lage schien mir durchaus nicht hoffnungslos.

Oft braucht ein kranker Vogel nur Ruhe und für kurze Zeit gute Nahrung, dann kann man ihn wieder freilassen.

Aber Nancy war vom Nest genommen, hatte sozusagen keinerlei Jagderfahrung und brauchte Geschicklichkeit, Erfahrung und trainierte Muskeln. Einfaches Pflegen wäre nicht genug: mit ihr müßte ich auch jagen, so daß sie wie ein Beizvogel in guter Kondition sein würde.

Sobald ich heimkehrte, stellte ich sie auf einen Baumstumpf oben in der Scheune. Sie hatte die gesamte Scheune für sich, aber der Baumstumpf war monatelang ihr Lieblingsplatz, als ob ich zu ihr gesagt hätte: »So, da – sitz! Das gehört dir!« Nancy konnte nicht einmal einen Meter weit fliegen, es war jammervoll, ihre Flugversuche zu beobachten. Ich muß allerdings

Die Beizjagd ist alles andere als ein Kampf mit ungleichen Waffen: Jahrtausendelang waren Wendigkeit und Schnelligkeit der Beutetiere ein bestimmender Auslesefaktor in deren Entwicklung.

TÖDLICHES BALLETT IN DER ACKERFURCHE

FLIEGEN LASSEN – RHYTHMISCH UND SCHÖN WIE EIN MENUETT

zugeben, daß die meisten ihrer Schwungfedern nur blutgefüllte Federkiele waren und ihr Körper schwer wog. Im Zoo hatte man sie mit gutem Fleisch reichlich gefüttert. Ein mausernder Vogel sollte in guter Kondition sein (fett), aber ich war doch erstaunt, wie lange es dauerte, bis sie flugfähig wurde.

Täglich machte sie den Sprung (höchstens einen Meter!) auf meinen Handschuh. Immer aber, wenn ich den Handschuh ein wenig weiter forthielt, konnte sie nicht hoch genug fliegen, obwohl sie meine Faust mit klappernden Schwingen zu erreichen suchte. Der Staub und die Spreu am Boden tanzten – von den Schwingen hochgewirbelt – in der Luft. Ich versuchte immer, den Handschuh schnell niedriger zu halten, um sie aufzufangen, und dann gab ich ihr Leckerbissen und redete leise mit ihr.

Wochen vergingen, ihre Handfesseln wurden brüchig und gingen schließlich entzwei. Nancy begann, besser zu fliegen – zu Anfang nicht sehr weit, aber doch stetig besser und besser. Täglich flog ich sie in der Scheune, bis sie durchgemausert war. Ohne Handfesseln flog ich sie und dabei lernte ich etwas, was wenige Falkner wissen: Wie einfach man die Bewegungen eines Vogels durch kleinste Handbewegungen beeinflussen kann. Einen großen Vogel wie den Steinadler ohne Handfesseln fliegen zu lassen (wenn auch nur in einer Scheune!), ist so rhythmisch und schön wie ein Menuett!

Immer noch flog ich Nancy täglich ohne Handfesseln, und Jim meinte, ich wäre wohl verrückt. »Man kann sich nie auf einen Adler verlassen«, sagte er. »Jedesmal, wenn sie auf deinem Handschuh landet, mußt du schnell die Handfessel greifen, damit sie dich nicht verletzen kann. Laß sie nicht ohne Handfesseln!«

Ich sah ein, er hatte recht, aber »Sicherheit« beim Arbeiten mit einem mächtigen Greifvogel bedeutet nicht immer, daß man Handfesseln benutzen muß. Das Vertrauen des Vogels ist schon wichtiger.

Ich glaubte, daß Nancy mir vertraute, und ich traute ihr, obwohl ihre schnellen Fänge meine bloße linke Hand (die Hand ohne Handschuh!) ergriffen, wenn ich manchmal das nächste Stückchen Fleisch etwas langsam aus der Tasche holte. Blutströpfchen fielen dann auf den Scheunenboden – mein Blut –, aber das Vertrauen des Adlers war mir mehr wert, als eine angekratzte Hand.

☆

Um Nancy richtig zu fliegen, reichte sogar unsere große Scheune nicht aus, sie war nur zum Mausern hervorragend geeignet. Ich fand es zwar nicht besonders angenehm, sie ohne Handfesseln zu fliegen, da sie manchmal launisch war, aber wir hatten uns nun aneinander gewöhnt. Ich setzte mich gern auf eine alte Eisenbahnschwelle, die in der Scheune lag, legte meine Hand mit dem Handschuh, auf dem Nancy saß, auf mein Knie und sah mit Vergnügen, wie das Sonnenlicht über ihre Federn spielte, wenn ich sie nach ihren immer längeren Flügen aufatzte.

An einem trägen Nachmittag kröpfte sie mit besonderer Freude ein Haushuhn, das auf der Hauptstraße von einem Wagen überfahren worden war. Als ich so träumend dasaß, nahm sie plötzlich das Huhn fest in die Fänge und flog über den Boden der Scheune fort. Sie trug es weg! Jeder Falkner weiß es und in jedem Falknerbuche steht es, daß man ein Wegtragen der Beute niemals erlauben darf. Trägt ein abgetragener Beizvogel Beute fort, wird er sich vielleicht daran gewöhnen und sie auf einen hohen Baum mitnehmen, um von dort am nächsten Tag vielleicht schon für sich selbst zu jagen. Es besteht die Gefahr, daß er dann nie mehr zurückkehrt. Deswegen darf man einem solchen Vogel niemals erlauben, Atzung fortzutragen.

Nancy trug also das weiße Huhn. Man sagt: wenn ein Vogel siebenmal den gleichen Fehler macht, gewöhnt er sich daran und wird ihn immer wieder machen. Forttragen der Beute ist ein so schwerer Fehler, daß ich mir vorgenommen hatte, es auch nicht ein einziges Mal zu erlauben.

Ich war barfuß und trug Shorts. Als ich mich näherte, »deckte« Nancy das Huhn, um ihre »Beute« vor allen Gegnern zu schützen. Ihre Schwingen waren ausgebreitet und tief über der Beute niedergedrückt, »manteln« nennt dies der Falkner. Meine Pflicht war klar: Ich mußte ihr das Huhn fortnehmen, damit sie

Adler müssen erfolgreich zu jagen verstehen, um sich und ihre Art zu erhalten; für die Hasen heißt es, blitzschnell und richtig zu reagieren, zu entkommen. Die Natur hat die Chancen gleichmäßig verteilt.

EINEM GREIFVOGEL BRAUCHT MAN DAS JAGEN NICHT BEIZUBRINGEN

lernte, daß allein der Handschuh ihr Speiseteller sein durfte.
Zu dieser Zeit waren wir noch keine »alten« Freunde. Ich näherte mich vorsichtig von vorn. Nancy hob ihren prächtigen Kopf und drückte ihre Schwingen immer tiefer über das Huhn. Dann machte ich nur noch einen Schritt – und sie sprang. Sie griff meine beiden Beine gleich über den Knien und hing dort mit allen Krallen wie angenagelt fest.
Der gemütliche Spätnachmittag war für uns beide plötzlich vorbei. Ich tat das einzig Richtige: Ich stand bewegungslos. Mit sanfter Stimme und leisem Vorwurf sagte ich zu ihr: »Aber, aber! Warum das, mein Schätzchen?« Nancy ließ meine bloßen Beine los und kehrte zum Huhn zurück. Ich versuchte nochmals, sie von dem Huhn abzulenken, aber sie deckte ihre Schwingen wieder darüber, und da gab ich es auf. Sie durfte das Huhn zufrieden dort, wo sie war, kröpfen. Nancy schaffte nur zweimal ihre Beute fort, während ich sie abtrug; auch das zweite Mal machte ich wieder einen Fehler.
Nancy hatte kaum Jagderfahrung, das brachte mir neue Probleme. Ich hatte den Eindruck, daß sie mit Jim höchstens zweimal gejagt hatte. Einem Greifvogel braucht man das Jagen nicht beizubringen, aber er benötigt viel Übung, bis er geschickt genug ist, seine Beute sicher zu schlagen. Während der Übungszeit braucht er auch zusätzlich Fleisch zu dem, was er sich selbst erjagt, sonst würde er verhungern. Nancy brauchte sowohl Übung wie auch meine Hilfe in der Futterversorgung, bis sie fähig war, dereinst in der Wildnis zu überleben.

Die hohe Wertschätzung der Beizjagd fand häufig auch in maßlosem Aufwand ihren Ausdruck. Eine verschwenderische Verzierung mit Edelstein- und Perlenbesatz machten so aus mancher Falkenhaube ein kostbares Kleinod.

DAS FLIEGEN EINES STEINADLERS IST EIN ERLEBNIS

Das Ende der fürstlichen Hofhaltung alten Stils läutete auch das Ende der alten Beizjagd ein. Nach mehrfachen kurzlebigen Versuchen wurde sie durch den Kunstmaler Renz Waller in den zwanziger Jahren dieses Jahrhunderts in Mitteleuropa erfolgreich wiedererweckt und breitet sich seither erneut aus. Inzwischen gibt es in den USA die meisten Falkner der westlichen Welt.

Zu jener Zeit war in Wisconsin die Beizjagd auf Wild verboten, darum konnte ich mit ihr kein Wild jagen. Ich mußte daher auf Haustiere ausweichen, zahme Kaninchen, Haushühner oder zahme Enten, auch ungeschützte Wildarten wie Erdhörnchen, Krähen oder Uhus (die amerikanische Art ist fast überall häufig) und Füchse durfte ich mit ihr beizen.
Beim näheren Überlegen dieser Möglichkeiten schloß ich Haushühner aus – nicht nur weil es mir zu wenig waidmännisch erschien, sondern es bestand auch die Möglichkeit, daß sie fremde Haushühner schlagen könnte. Erdhörnchen waren gerade knapp, Krähen konnte sie nicht fangen – und Uhus auch nicht (obwohl ich zu meinem Bedauern die letztere Ansicht später etwas ändern mußte). Ich kaufte Kaninchen zum »Vorlassen« als Jagdbeute. »Vorlassen« ist nur Beiz zweiter Klasse und keine echte Falknerei, bei der ja auf freies Wild gejagt wird. Nancy sollte nicht für die Beiz geschult, sondern für das Überleben in freier Wildbahn auf das beste vorbereitet werden. Ich kaufte Kaninchen, machte Pläne und träumte von der Fuchsjagd.

☆

Das Fliegen eines Steinadlers im schreienden, alles sprengenden und blitzschnell reagierenden Yarak wird man nie mehr vergessen. Es ist ein überwältigendes Erlebnis, und in der Erinnerung glaubt man die starke Erregung in seinen Muskeln wieder zu spüren. Yarak ist ein orientalischer Ausdruck für höchste Kondition, starke Muskeln und Jagdleidenschaft. Nancy erreichte den Yarak nach und nach, und in gewissem Sinne erreichte auch ich die gleiche Kondition und Stimmung. Die Erde, der Himmel, der Wind gehörten uns im gesamten großen Moorgebiet.
An einem ruhigen Tage kreiste Nancy so hoch, daß ich sie für verloren gehalten hätte, wenn mein Bussard früher nicht auch so hoch geflogen wäre. Von mehreren Rotschwanz-Bussarden, die ich abgetragen habe, kreiste nur einer, Max, oft so hoch, daß er mir nur noch wie ein Pünktchen am Himmel erschien. Doch auf mein Signal hin faltete er seine Schwingen zusammen und stürzte wie der Blitz auf meinen Handschuh nieder, erst in der letzten Sekunde bremste er, um weich zu landen. Wenn Nancy aus großer Höhe beigeritten kam, bremste auch sie, jedoch ganz anders als bei einer Landung im Yarak. Im Yarak stürzte sie sich auf die Faust, horizontal, mit dem Wind, voller Wucht – wie eine schwere Lokomotive. Jeden Nachmittag flog ich sie und warf sie in den Wind…
Der eisige Winter hatte begonnen. Tag für Tag flog ich den Adler, manchmal vor stürmischen schneebeladenen Wolken oder auch bei Temperaturen von –30°C mit heulendem Wind aus Norden…
Nach andauernder starker Kälte kam einer dieser zauberhaften son-

In tiefem Flug, wie ein Schatten und gedankenschnell, folgt der Adler dem flüchtenden Hasen. In unübersichtlichem Gelände verraten die leise klingenden »Bellen« dem Falkner, wo das Drama seinen Höhepunkt erreicht.

TÖDLICHE SCHWINGEN IN REISSENDEM FLUG

Die im 19. Jahrhundert vorherrschende, verbürgerlichte Jagd mit ihrer Orientierung an »Nutzwild« und der entsprechenden Verurteilung der einstigen Lieblinge der Fürsten als »Raubritter«, »Strauchdiebe« und »Schädlinge« hatte für die Greifvögel – wie für die Beizjagd – nichts übrig. Aber die uralte jägerische Lust, die das Jagen über die Beute und die Schönheit über den Ertrag stellt, erwies sich auf die Dauer als stärker.

DER JÄGER UND SEINE BEUTE: STEINADLER UND HASE

MIT GRAUSAMER WILDHEIT TÖTETE SIE JEDEN KOPF

Ein edler Falke war nicht nur ein großer Wert, sondern auch der ganze Stolz seines Besitzers. Gelegentlich begleitete er ihn auch in die Kirche und in den Krieg.

nigen Wintertage, so warm, daß man fast glaubte, die Knospen der Weidenkätzchen springen zu hören. Nancy ritt den Wind, wie sie wollte, wirbelte im Pulverschnee umher und kam nach dem Toben im Schnee immer wieder rasant auf den Handschuh zurück.
Müßig schaute ich Nancy zu, wie sie »Angriff« spielte. Sie stürzte sich auf die ausgetrockneten Pflanzenköpfe, die noch über die Schneefläche hinausragten, und jeden »Kopf« tötete sie mit grausamer Wildheit. Das Spiel in Schnee und Sonnenlicht war herrlich anzusehen. Schließlich verschwand sie hinter einem Weidengebüsch.
Am nächsten Tag war der Himmel bleigrau, der Wind kam aus Nordosten – da würden Füchse unterwegs sein, auf Mäusefang in den Mooren. Nancy, ohne Abendessen am vorigen Tag, schien zu wissen, was los war, als ich die Drahle von der Langfessel nahm und die Schnur für schnelles Freilassen vorbereitete. Wir suchten den ganzen Tag über nach Füchsen. Mittags machte ich eine kleine Pause für ein schnelles heißes Mahl. Bald danach entdeckte Nancy einen Hund und wollte ihn nur zu gern schlagen, aber ich ließ sie nicht frei: Hunde als Beute sind verboten! Wir fuhren über das Moor, und als die Schatten länger wurden, verlor ich die Hoffnung auf Beute und gab ihr etwas zum Kröpfen. Auf dem Heimweg sah ich kurz darauf einen Fuchs, mäuselnd in einem Graben – windrichtig und unvorsichtig. Ein voller Kropf aber jagt nicht gern. Meine Chance war dahin.

☆

Ein Falkner weiß nie, an welchem Tag und unter welchen Umständen er einmal seinen Vogel verliert, und wenn er ihn entschwinden sieht, weiß er nicht, ob er ihn in einer Stunde, in Tagen, in Wochen oder etwa niemals wiedersehen wird. Vielleicht schlägt der Vogel eine Beute, so weit entfernt, daß er nicht zurückfindet, vielleicht verfolgt er eine schnelle Taube bis weit über den Horizont. Es kann auch sein, daß die Zugunruhe ihn weit hinwegführt.
Es ist immer traurig, einen Vogel zu verlieren, denn man hat mit ihm einen Kumpan verloren. Aber einen starken Vogel im günstigen Jagdgelände bei der Jagd zu verlieren, ist nicht ganz und gar ein Unglück, weil er dabei eine gute Gelegenheit hat, wieder selbständig zu werden. Falken und andere Greifvögel haben auch schon erfolgreich gebrütet, obwohl sie noch ihr Geschüh trugen.
Mit solchen Worten tröste ich mich zwar immer selbst, wenn ich einen Vogel verliere, ich benehme mich aber nicht danach. Ich werde fast wahnsinnig, renne im Gelände herum, rufe meinen Vogel, schwinge Federspiele und horche auf den Ruf von Krähen oder Hähern, die möglicherweise auf meinen Greifvogel hassen. Nachts gebe ich es auf, aber ich stelle meinen Wecker, damit ich bei Tagesanbruch wieder sofort mit dem Suchen beginnen kann. Frühmorgens, bevor ein Greifvogel gekröpft hat, ist die beste Zeit dafür, weil er mit leerem Magen gern zum Falkner zurückkehrt. Tagelang habe ich schon verlorene Vögel gesucht und darüber alles andere vergessen: Familie vernachlässigt, Mahlzeiten verpaßt, mich nicht einmal gekämmt!
Gewöhnlich habe ich meinen Vogel am nächsten Tage etwa eine Stunde nach Sonnenaufgang wieder, manchmal sogar früher. Einmal verlor ich »Ferocity«, einen als Nestling gefangenen Cooper's Habicht, eine Art Buschhabicht, den es nur in Amerika gibt. Er war einer der besten Greifvögel, mit denen

Mehr als in jedem anderen Wild erkennt sich der jagende Mensch im Greifvogel wieder: Die unbändige Lust am Jagen jedenfalls ist ihnen gemeinsam. Und gerne möchte der jagende Mensch so schön, edel und kühn – und ein so vollendeter Jäger wie der Habicht sein.

Pfeilschnell verfolgt der Habicht den Hasen, abgeworfen von der Faust des Habichtlers. Infolge seines Jagdtriebes vermag der Beizvogel ebenso Höchstleistungen zu vollbringen wie der freilebende Greifvogel.

DIE BEUTE IM VISIER: JAGENDER HABICHT

Zur edlen Kunst der Beizjagd sollte auch die Ausrüstung des Falkners passen: In dieser kunstvollen Falknertasche, die im Deutschen Jagdmuseum in München zu sehen ist, hat ein Barockfürst die Atzung aufbewahrt, die der Beizvogel vom »gebundenen« Wild zur Faust übertreten lassen soll.

KUNSTVOLLES BEIWERK FÜR EINE EDLE JAGD

Nicht nur an den europäischen Höfen, auch bei den Großen der arabischen Welt legt man auf eine stilvolle Ausrüstung des Falkners Wert, wie diese alte arabische Falknertasche beweist.

Wenn der Beizvogel angejagt hat, ist der Falkner nur mehr Statist und Zuschauer. Auf die nun folgende Jagd und ihren Ausgang hat er keine Einwirkungsmöglichkeit mehr. Er kann nur hoffen – und bangen.

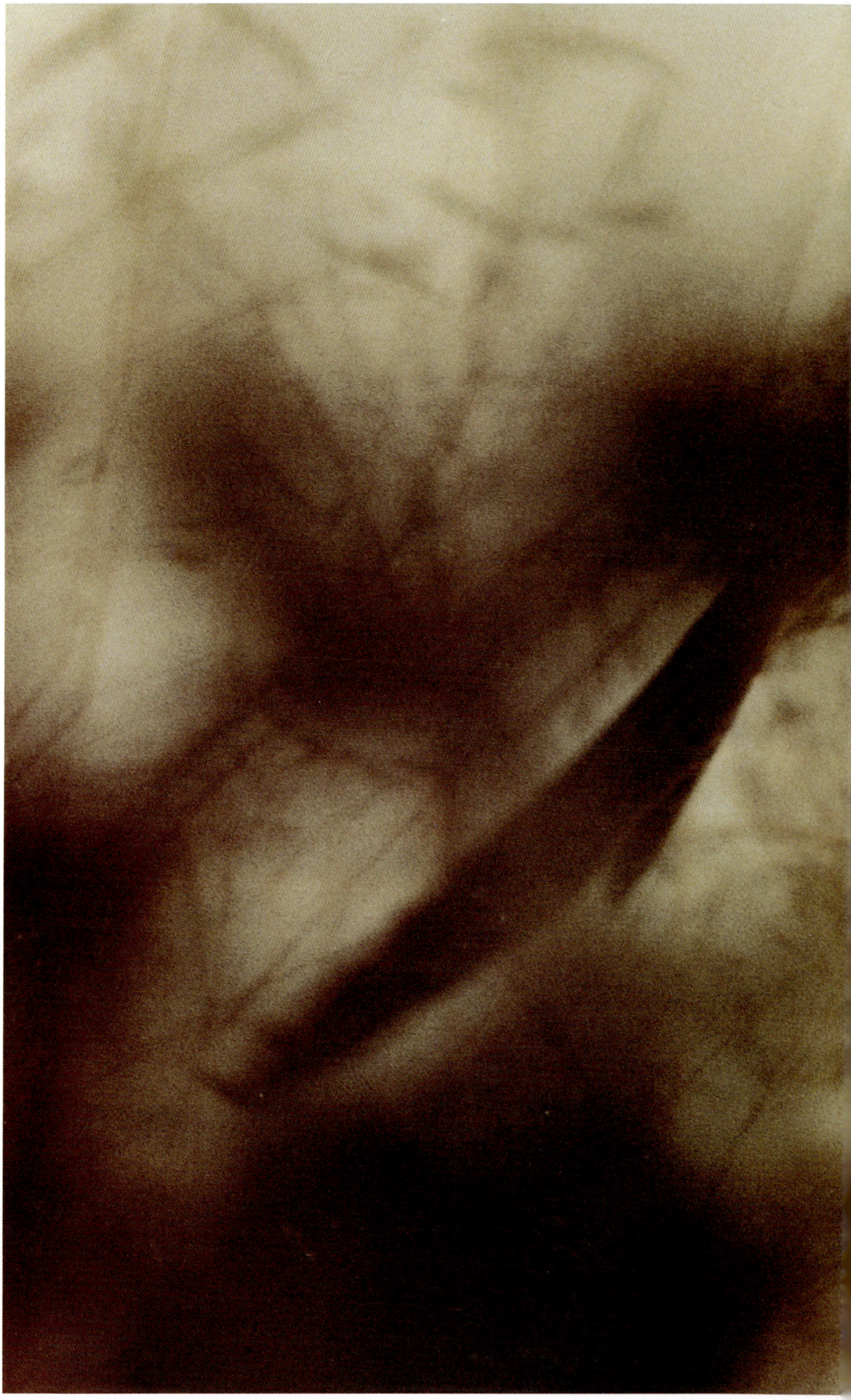

DER WILDE FALK IST MEIN GESELL

Auf kräftigen Schwingen streicht der jagende Habicht in tiefem Flug dahin. Mit ungeheurer Wendigkeit schießt er um Bäume und Büsche.

IN SEINEN AUGEN LAUERT DER TOD

Zu blitzschnellem Start sind die Kaninchen fähig. Vor dem auftauchenden Habicht versucht hier eines, in rasanten Zickzackfluchten den rettenden Bau oder wenigstens eine dichte Dornenhecke zu erreichen.

DIE ANGST IM NACKEN – KANINCHEN AUF DER FLUCHT

Der Habicht hat das Kaninchen erreicht; es hat nicht mehr rechtzeitig die rettende Deckung gefunden, weder Bau noch Dornbusch. Im nächsten Augenblick werden sich die scharfen Fänge seines Jägers in Kopf und Leib senken.

DER AUGENBLICK DER WAHRHEIT

EIN FALKNER MUSS DIE CHANCEN WAHRNEHMEN

Diese Miniaturen aus der Manessischen Liederhandschrift (Anfang 14. Jahrhundert, heute in der Universitätsbibliothek Heidelberg) haben die Falkenjagd zum Thema.

ich je gebeizt hatte. In der Nähe unseres Hauses hatte ich ihn verloren, und nun zog ich Tag für Tag meinen Handschuh an und rief hinaus in den frühen Morgen, bis es schon fast zur fixen Idee wurde...
Am neunzehnten Tag kam Ferocity aus dem Wald beigeritten und stand auf meiner Faust...
Nancy sollte in Wyoming ihre Freiheit erhalten, nicht hier in unserer Gegend. Bei ihrer Leidenschaft für weiße Haushühner, die es in Wyoming nicht gab, würde sie hier vermutlich recht bald durch einen Schrotschuß enden. Aber ein Falkner muß die Chancen wahrnehmen...
Auf Nancy konnte ich mich am besten verlassen, wenn ich sie in fremden Gebieten flog. Meist flog ich sie auf einem verlassenen Feld südlich von unserm Haus. Dort fühlte sie sich so sicher, daß sie nicht besonders gut auf mich aufpaßte und dann manchmal für ein paar Minuten verschwand.
Einmal, an einem besonders windigen Tag, warf ich sie dort ab. Der Wind war ihr gerade recht, und sie segelte hoch über den Wäldern. Ich vertraute ihr so sehr, daß ich nicht einmal ein Taubenfederspiel dabei hatte, nur etwas Fleisch in der Tasche. Voller Freude schaute ich ihren schönen Flugspielen zu und wartete darauf, daß sie ihre Richtung ändern würde, um zurückzukehren. Doch, hin- und herkreisend... entfernte sie sich weiter und weiter, und ich merkte zu meinem Schrecken: sie wollte nicht zurück! Rasch holte ich ein Taubenfederspiel aus dem Wagen, rief und pfiff. Dann sah ich tief über der weitesten Wiese im Osten die dunkle Silhouette eines Adlers, der sich immer weiter entfernte. Es bestand kein Zweifel, mit starken Flügelschlägen flog Nancy davon.
Schnell sprang ich in den Wagen, um ihr zu folgen. Ich war etwas durcheinander, änderte meine Absicht und stieg ohne Handschuh wieder aus. Ich hoffte, sie doch noch einmal über den fernen Baumwipfeln kreisen zu sehen und wartete gespannt, das Federspiel in meiner Hand bereit. Ich wartete auf einen winzigen Punkt über den fernen Wipfeln und fürchtete dennoch, daß ich meinen Adler vielleicht zum letzten Mal sah...
Als die dunkle Silhouette in der Ferne sich etwas hob, wußte ich, daß ich nur eine einzige Möglichkeit hatte: das Federspiel mußte hochgeworfen werden, und ich schwang es mit aller Kraft. Als das Federspiel nur noch etwa einen halben Meter von meinem Knie entfernt war, stieß Nancy plötzlich von hinten darauf! Der Vogel in der Ferne war nicht Nancy gewesen...
Das Gefühl, Nancy wieder auf der Faust zu haben, war unbezahlbar. Jetzt, da ich geglaubt hatte, Nancy zu verlieren, wurde mir erst richtig klar, daß ich von Nancy eines Tages ja wirklich scheiden mußte. Ich hatte sie vom Zoologischen Garten bekommen, um sie gesundzupflegen und dann später in die freie Wildbahn zu entlassen. Nur zu gern hätte ich sie für immer bei mir behalten!

Keine Form des Jagens stand jahrhundertelang in gleicher Blüte wie die Beizjagd. Selbst die Jagd auf den Rothirsch mußte häufig dahinter zurückstehen. Strenge Gesetze schützten den kostbaren Beizvogel. Mancherorts war es sogar verboten, einen Falken als Pfand oder Lösegeld anzubieten.

JAGD MIT DER KAMERA

BERTIL HAGLUND

Seidenreiher fliegen bei Einbruch der Nacht gerne hohe Bäume an. Wie ein Pfahl steht der Purpurreiher im flachen Gewässer und lauert auf seine Beute. Blitzschnell stößt dann sein Schnabel vor, um den Frosch, die Schermaus oder den kleinen Fisch zu fassen.

In der berühmten Abenteurer-Erzählung »Nordwestpassage« läßt Kenneth Roberts sich den Helden des Buches in die wildesten Abenteuer des nordamerikanischen Kontinents stürzen – in Indianerkriege, Hunger und Elend, und zwar nur deshalb, weil er eine unbezwingliche Lust hatte, Indianer zu malen, gerade so zu malen, wie sie waren im täglichen Leben, mit ihren Tätowierungen und mit Mordlust in den Augen. Alle Überredungskünste wohlsituierter, bürgerlicher Verwandter und alle Hinweise auf das Sinnlose des Unternehmens brachen an seinem festen Willen: Niemand hatte bisher Indianer gemalt, herrlich würden sie in ihren Farben gegen das Blau des Himmels, gegen das Wasser und gegen den grünen Wald stehen. Das Abenteuer wurde ausgeführt, und Mister Langdon Towne

DAS BILD ALS EINE EWIGE JAGDTROPHÄE

wurde später in London durch seine Indianergemälde weltberühmt. Nicht alle Tierphotographen werden weltberühmt, die meisten nicht einmal berühmt. Aber der Trieb, der in ihnen steckt, ist wohl immer der gleiche: er existiert, läßt sich nicht verdrängen, muß auf irgendeine Weise ausgelebt werden. Jetzt, da die Kamera es auch dem, der kein Zeichentalent besitzt, möglich gemacht hat, Bilder zu schaffen, braucht niemand mehr über sein Los zu seufzen. Der Start ist gewöhnlich anspruchslos: Eine einfache Photographie von einem kleinen Vogel pflegt den Beginn zu markieren, einen Beginn, für den es keinen Schluß gibt, nicht einmal einen Anfang vom Ende. Denn genau so sicher, wie auch der vollendete Meister mit seinen Werken nicht zufrieden ist, genauso führt jedes einzelne Bild, das den Photographen begeistert, zu immer weiteren Bildern, und immer soll es das nächste Mal noch besser werden. Ein Faktum ist es auch, daß der Tierphotograph selten viel Geld mit seiner Arbeit verdient. Da gibt es gewisse Augenblicke, wo er sich wie ein Hasardspieler vom Spiel mit viel Geld zurückziehen könnte; so nach Herausgabe eines Buches oder nach einer anderen erfolgreichen Bildpublikation. Aber sobald sich der Erfolg eingestellt und sogar wirtschaftlichen Nutzen eingebracht hat, wird sofort eine noch bessere Ausrüstung gekauft, noch längere und lichtstärkere Objektive werden beschafft – wie gesagt, eine Möglichkeit aufzuhören, gibt es nicht. Photographieren baut eben auf Freude zur Sache auf und ist weder ein Geschäft noch Unternehmen.

Es ist nicht leicht zu sagen, was eigentlich der Tierphotograph mit solcher Leidenschaft sucht; biologische Erlebnisse und Studien sagt der eine, Schönheit des Lebens der andere. Beide Erklärungen sind nicht richtig. Tierphotographie hat wenig mit Tierstudium zu tun; in Wirklichkeit hat man es hinter einer Kamera sehr schwer, gute und ungestörte Beobachtungen zu machen, hinter einer Filmkamera ist es sogar fast unmöglich, da gibt es an zuviel anderes zu denken. Filmen ist eine Arbeit, die voll und ganz ihren Mann erfordert und höchste Konzentration verlangt. Es geht beim Photographen auch nicht darum, die Schönheit der Natur einzufangen oder den ästhetischen Wert von Bewegungen. Viele Tierphotographen legen nicht zwei Strohhalme zusammen, um Bildwirkung und Effekt zu schaffen; man photographiert und bildet das Tier ab, wie es im Kameraobjektiv steht und geht. Eine »Jagdbeute« wird erobert, nicht das Tier selbst, nur dessen Abbild. Wie bekannt, dient man Götzenbildern mit besonderer Intensität.

Versucht man, zu dem Kern der Sache vorzudringen, so ist es das Faktum, daß das Bild – oder der bewegliche Filmstreifen – eine so ergreifende, wertvolle und ewige Jagdtrophäe bildet. Der Ausdruck Kamerajäger und Kamerajagd ist inhaltlich gut, auch wenn er schlecht beschreibt, wie die Arbeit selbst ausgeführt wird. Es ist Jagdlust, die Lust, eine schwer zu fangende Beute zu erobern, wenn auch mit unblutigen Methoden, die die Kamerajagd so fesselnd gestaltet. Darum ist auch das Pathos, die selbst zurechtgelegte Rechtfertigung, mit der der orthodoxe Kamerajäger manchmal auf seinen »charakterlosen« Bruder, der weiterhin mit Schrot und Kugel schießt, herabsieht, völlig unberechtigt. Überhaupt hat die Kamerajagd einen Nimbus bekommen, einen Glorienschein von veredelter und reiner Liebe zum Tier, den sie durchaus nicht immer verdient. Ein Tierphotograph, der seine mühsam, vielleicht mit großen wirtschaftlichen Opfern erkauften Pläne durchkreuzt sieht, ist keinesfalls ein rücksichtsvoller und vornehmer Gast in der Studienkammer der Natur, im Gegenteil, er greift oft zu recht groben Mitteln im Kampf um seine Interessen.

Auch die Arbeit des Kamerajägers und seine Arbeitsmethoden werden oft nach verlogenen Grundsätzen bewertet. Man vermeint, in jedem Bild den überlegenen Waldläufer zu spüren, der ohne Furcht Entbehrungen, Kälte und Mühsal erträgt; der mit dem Instinkt eines eingeborenen Indianers immer weiß, was das Tier vor hat, der immer am rechten Platz steht, sich mit der Intuition eines Spürhundes orientiert und an sein Wild heranpürscht. In Wirklichkeit ist die Kamerajagd eine nüchterne und kalte

Schönheit und Kraft vereinigt der Tiger in beeindruckender Weise. Vor allem nachts pirscht er durch seine Reviere – lautlos, tödlich.

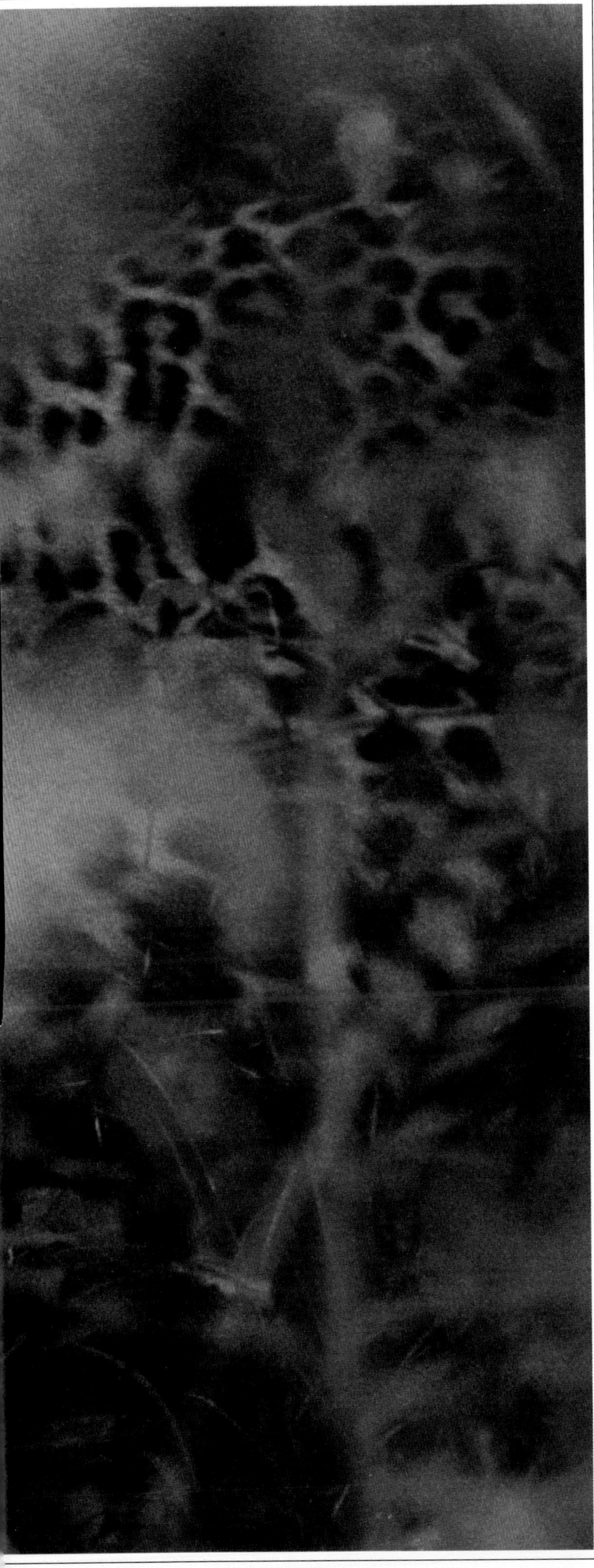

KENNTNIS DER TIERARTEN IST WICHTIG

Organisationsarbeit, bei der gründliche Vorbereitung notwendig ist, um Erfolg zu haben, und bei der das Auffinden des Wildes zum großen Teil im Ausnützen von Erfahrungen und Beobachtungen besteht, die andere gemacht haben.
Dagegen ist eine gründliche Kenntnis der Tierarten, die man aufsucht, wie auch von deren Lebensgewohnheiten unbedingt notwendig. Der, der nicht im Detail die Zyklen und Perioden der Brunft, der Fortpflanzung, der Wanderungen und ähnliches kennt und nicht weiß, wie sich das Verhalten eines Tieres von Woche zu Woche ändern kann, wird immer große, bittere Enttäuschungen erleben. Improvisation taugt bei der Kamerajagd viel weniger als bei der wirklichen Jagd, hauptsächlich natürlich deshalb, weil eine Apparatur beherrscht werden muß, und weil es viele Möglichkeiten für ein Mißlingen gibt; Beleuchtung, Entfernung und eine Menge Einzelheiten müssen stimmen. Außerdem ist die zum Improvisieren zur Verfügung stehende Zeit gewöhnlich zu knapp. Bei der wirklichen Jagd dagegen ist der Improvisator der hinreißendste und erfolgreichste Jäger, dessen Handlungen man zwar nicht voraussagen kann, der aber in den meisten Situationen das Richtige tut.

Die meisten Tiere kann man überlisten. Seltene Tiere zu finden, kann oft lange dauern. Wenn es sich dazu noch um scheue Tiere mit nächtlicher Lebensweise handelt, muß man technische Hilfsmittel heranziehen. Tiere, die unzugängliche Gegenden bewohnen, sind oft beschwerlich, aber auch oft die dankbarsten Objekte: Man bekommt eine fesselnde und lockende Umgebung mit hinein, und das bewundernde Publikum verlangt nicht dieselbe Bildqualität, wie wenn es alltägliche, ihm bekannte Tiere betrifft. Außerdem ist es so schön, in weglosem Terrain auf schwer zu findende und selten beobachtete Tiere zu jagen; man bekommt das Gefühl, Forschungsreisender auf gefährlicher Fährte zu sein.
Zu dem merkwürdigen Talmiglanz, der den Kamerajäger umgibt, gehört auch die sonderbare Verachtung für alles, was »arrangierte« Bilder heißt. Ich habe mich beim

Faszinierend schön, stark und geschmeidig ist der Leopard. Sein geflecktes Fell ist ein perfektes Mimikry im Spiel der Sonnenflecken und Schatten im Busch. Auch die schwarzen Artgenossen, die Panther, sind gefleckt: Schwarz auf schwarz sieht man es freilich nur bei günstigem Licht und genauem Hinsehen.

DER BILDWERT IST DAS EIGENTLICHE, DAS REELLE

Photographieren und Filmen in überwiegendem Maße unter lebenden Tieren in der freien Natur bewegt, aber ich kann trotzdem nichts Minderwertiges darin finden, daß auch manchmal »künstliche« Mittel angewendet werden, wenn sie erwünscht sind. Wenn ein »künstliches« Bild mit Anspruch auf Dokumentarwert verwendet wird, so ist das selbstverständlich falsch. Der Fehler liegt dann aber lediglich darin, daß das Bild unter unehrlichen Voraussetzungen publiziert wird und nicht darin, daß es überhaupt aufgenommen wurde. Wenn ein Bild oder ein Filmstreifen eine gewisse Idee oder eine praktische Einzelheit darstellen soll, zum Beispiel in Film oder Buch, so kann es notwendig sein, diese Aufnahmen mit mehr oder weniger künstlichen Mitteln herbeizuführen. Wichtig ist dann aber, daß das Bild korrekt, richtig und ehrlich präsentiert wird und daß man nicht mehr Text unter das Bild setzt, als man verantworten kann.

Eine kleine Gewissensfrage: Welcher Tierphotograph sucht die scheuesten auf, die »natürlichsten« und die am schwersten zu fangenden Exemplare der Art, die er abbilden will? Und wo liegen die Grenzen zwischen einem gefangenen und einem aufgezogenen Tier, das freiwillig zahm oder halbzahm dem Menschen folgt, zwischen einem Tier in einem Wildpark oder einem in freier Wildbahn? Alles verändert sich, nur ein Wert bleibt konstant – der Bildwert, der reine, unverfälschte Bildwert. Die Impulse, die das Bild dem Beschauer geben kann, müssen klar und einfach sein, man darf nicht Fakta hineinkomponieren, die es dort nicht gibt, oder absichtlich falsch interpretieren.

Mißverständnisse können leicht auch durch »natürlich« geschaffene Kamerabilder entstehen. Der Wert der Kamera als exakter Augenzeuge ist höchst diskutabel. Man kann leicht ein Erlebnis im Revier so mißverstehen, daß man es in einen falschen Rahmen und in einen unrichtigen Zusammenhang stellt. Um wieviel mehr muß ein einziger kleiner Abschnitt dieses Erlebnisses, dargestellt in einem Bild oder Filmstreifen, von der subjektiven Einstellung des Beschauers abhängen. Die Schwäche der Kamera als Augenzeuge liegt in dem Faktum, daß ein guter Kameramann durch geschicktes Hantieren mit Aufnahmewinkel, Beleuchtung und anderen Einzeleffekten in Verbindung mit einem zweckmäßigen Schnitt und einem entsprechenden Text den Beschauer nahezu dort hinlenken kann, wohin er will.

Der Bildwert ist das Eigentliche, das Reelle. Ein hübsches, stimmungsvolles, interessantes oder originelles Bild begeistert stets aufs Neue und findet immer Anerkennung. Natürlich existiert auch ein Dokumentarwert, wenn es zu zeigen gilt, wie ein gewisser Gegenstand oder ein Lebewesen aussieht; aber einen Handlungsablauf im Revier mit Bildern zu beweisen, stellt in den meisten Fällen nur ein Produkt von Bild und der persönlichen Auffassung des Produzenten dar. Der einzelne Bildabschnitt, ja sogar eine Bildserie, ein Filmstreifen, sagen wenig aus, wenn man nicht die Voraussetzungen kennt, unter denen sie aufgenommen wurden. Diese aber sind immer dem Photographen vorbehalten, und nicht einmal er kennt sie immer so genau, weil er beim Photographieren von der Technik in Anspruch genommen ist und der nur allzumenschlichen Neigung unterliegt, alles nach einem standardisierten Gewohnheitsdenken darzustellen.

Instruktionsfilm, Aufklärungsfilm, Propagandafilm und entsprechendes Bildmaterial sind natürlich höchst wirksame und zweckmäßige Dinge, aber gerade das Gegenteil einer Dokumentardarstellung. Mag ein solcher Film auch fast ausschließlich aus Abschnitten bestehen, die Dokumentarcharakter aufweisen, so werden diese doch zu einem bestimmten Zweck benutzt und in subjektiver Weise miteinander verbunden.

Wenn es gilt, Tierleben in Bild oder Film darzustellen, so hat das natürlich trotzdem einen Wert, der weder geleugnet noch übergangen werden kann. In dem schwer verständlichen Begriff Bildwert liegt in den allermeisten Fällen als eine wichtige Komponente auch die eigene lebendige Schönheit des Tieres. Hier beginnt und endet alle Tierphotographie. Das Tier und dessen Schönheit einzufangen, ist

Indianer, Bisons, Prärie – das war einst eine harmonische Gemeinschaft von Jägern, Beute und gemeinsamem Lebensraum. Der weiße Mann hat sie bewußt zerstört. Indianer leben noch in ihren Reservaten, Bisons ebenso; aber die Harmonie, der Frieden des Jägers mit der Natur, sie wollen sich nicht wieder einstellen.

Leicht fällt es dem Höckerschwan nicht, sich vom feuchten Element in die Luft zu erheben: Kräftige Schwingenschläge begleiten den Anlauf, den er auf dem Wasser nehmen muß, wie diese Aufnahme meisterhaft zeigt.

SCHWER KOMMT DER HÖCKERSCHWAN IN DIE LUFT

Nicht von ungefähr ist der Löwe in Märchen und Fabel der König der Tiere: Majestätisch wirkt er in der Ruhe wie im Zorn. Es gibt herrliche Bilder von jagenden, spielenden, vollgefressen-schlafenden Löwen. Aber aus dieser Aufnahme spricht das, was die Großen dieser Welt bewogen hat, ihn zu ihrem Wappentier zu wählen.

MAJESTÄTISCH IN DER RUHE WIE IM ZORN

Bis über zwei Meter hoch und 350 Kilogramm schwer können die Berggorillas werden, die in den tropischen Urwäldern Afrikas leben. Durch die Rodung der Wälder ist ihre Population allerdings stark gefährdet.

GORILLAS HABEN KEINE FEINDE – MIT AUSNAHME DES MENSCHEN

TIERPHOTOGRAPHIE IST EIN ERLEBNIS

bereits ein Erlebnis für sich. Das Ganze im Zusammenhang mit einem spannenden, »jagdlichen« Moment tun zu dürfen, schafft Genüsse, die die Triebkraft der mühsamen Kameraarbeit bilden. Diese Momente ersehnt der Kamerajäger mit seiner ganzen Kraft.

Wenn man mit Tieren arbeitet, wundert man sich oft, in welchem Maß das Tier von dem abhängt, was man seinen »wichtigsten Sinn« nennt. Der Hund wagt, obwohl er in nächster Nähe seinen Herrn sieht und auch die wohlbekannte Stimme hört, doch nicht auf sein Glück zu vertrauen, bevor er kräftig die Witterung aus den Kleidern eingesogen hat. Dasselbe gilt für viele Säugetiere; die Nase ist das einzige Organ, auf das sie fest vertrauen. Eine Robbe kann vor einer Klippe sein und tauchen, ganz nahe bei einem Menschen und ihn interessiert anschauen, auch wenn er keinen Versuch macht, sich zu verstekken; aber weder verschwindet sie, noch nimmt sie endgültig Stellung zu ihm, bevor sie nicht unter den Wind gegangen ist und mit dem Geruchssinn festgestellt hat, wer diese merkwürdige Figur auf der Insel eigentlich ist. Wenn man Elche stört, indem man im Walde so herumstapft, daß sie einen hören und sehen können, so werden sie sich, auch wenn die Tiere sich ganz klar über die Situation sein müssen, doch lange nicht so erschrecken, wie wenn man sich an das Tier angepürscht hat und es plötzlich Wittrung bekommt. Die Nase ist das Organ, das seit Urzeiten wirklich das Säugetier vor einer anrükkenden Gefahr warnt, ein Signal, dem das Tier unbedenklich folgt, ohne Hemmungen und völlig instinktiv.

Unter den Vögeln ist vergleichsweise der Gesichtssinn der wichtigste. Die scharfen Augen des Raubvogels sind wohlbekannt und besungen. Insbesondere diese Vögel sind oft als besonders schwierige Objekte für den Kamerajäger beschrieben worden, als solche, die äußerste Tarnung, lautdämpfendes Arrangement und langes Lauern erfordern. Die Wahrheit ist anders, an keinen Vogel kommt man beim »gewöhnlichen« Horstphotographieren so leicht heran wie an den Raubvogel. Er verläßt sich völlig auf seine Augen, er

Kaiserpinguine zu zigtausenden am Rande der antarktischen Eiswüste. Jedes Weibchen hat zwischen seinen Füßen ein Ei, das es stehend ausbrütet, bei Schneestürmen und bitterer Kälte. Und erst sechs Monate nach dem Schlüpfen sind die Jungen fähig, ihr eigentliches Element, das Meer, aufzusuchen.

Was nützen dem Seidenreiher seine Schmuckfedern im Kampf ums Dasein? Wir wissen es nicht. Je mehr wir uns mit der Natur beschäftigen, desto mehr Respekt und Demut vor dem Schöpfer und unseren Mitgeschöpfen gewinnen wir – auch da, wo wir nicht verstehen, sondern nur mehr Schönheit bestaunen.

SCHÖNHEIT WIE DIE NATUR SIE SCHAFFT

DIE MEISTEN TIERE KANN MAN ÜBERLISTEN

sieht und beobachtet alles genau, was zweifelhaft ist – aber wenn er alles kontrolliert hat, dann ist er auch zufrieden und kümmert sich nicht darum, was ihm weniger verläßliche Sinnesorgane mitteilen. Wenn man als Photograph bloß seinen Ansitz gut gewählt hat – Tiere zu photographieren ist, wie ich schon oben gesagt habe, hauptsächlich eine Frage guten Arrangements und guter Organisation –, wenn man nicht das Risiko eingegangen ist, zu nahe an den Horst zu kriechen, wenn man wirklich jede Möglichkeit ausgeschaltet hat, daß der Vogel im Versteck den Menschen erkennen kann, und wenn man dann den Vögeln die Ruhe läßt, die sie brauchen, um sich an die verdächtigen Anordnungen zu gewöhnen, dann ist der Erfolg gesichert, und man kann sich sogar einige Freiheiten erlauben.

Während meiner ersten Jahre als Kamerajäger saß ich einmal bei einer blauen Wiesenweihe oben in einem Norrlandssumpf. Das Weibchen hatte fertig geatzt, und mein Film war gerade zu Ende. Ich hatte eine altmodische Kamera für Packfilm und Platten. Im Rucksack lagen einige verbeulte Plattenkassetten. Sie mußten daher etwas zurechtgehämmert werden, um sie in die Kamera einpassen zu können, was ich mit Hilfe eines schweren Dolches und einer kleinen, mitgenommenen Jagdaxt besorgte. Während dieser ganzen Prozedur saß das Wiesenweihenweibchen auf dem höchsten Punkt meines Verstecks, das heißt gut einen Meter entfernt von mir, es mußte sicherlich das Beben der Tarnungsstelle bei jedem Hammerschlag gespürt haben. Als ich fertig war, flog sie zu ihren Kleinen, dann wieder zurück und blockte gerade oberhalb meines Kopfes auf. Hämmern auf Blech schien also nicht in ihr Gefahrenschema zu passen.

Ein andermal saß ich in Lappland an einem Wanderfalkenhorst. Der Abstand war knapp vier Meter, ich war eng eingebaut in einen Felsspalt, mit einem alten, von Flechten bedeckten Sack als tarnender Wand. Das Weibchen saß meistens auf dem Horst und wärmte die frisch geschlüpften Jungen. Als ich weggehen wollte, hatte ich vor, sie vorsichtig am Horst zu erschrek-

Trotz ihrer Größe und Kraft sind die Berggorillas scheue Tiere. Ihr schwarzes Fell bietet in dem dichten tropischen Urwald eine hervorragende Tarnung. Jungtiere werden im Familienverband liebevoll betreut.

Pflanzenfresser – hier Bisons auf der winterlichen Prärie – sind alleine imstande, die in den grünen Pflanzen gespeicherte Sonnenenergie zu verwerten; Fleischfresser wiederum können die in den Körpern der Pflanzenfresser gespeicherte Energie nutzen. Als Gejagte und Jäger dienen beide einander, der Erhaltung der Arten und der Vielfalt des Lebens auf diesem Planeten.

Gejagte und Jäger dienen beide einander

VÖGEL SIND SCHWIERIGE OBJEKTE FÜR DEN KAMERAJÄGER

ken, um sie nicht zu sehr zu vergrämen. Ich begann, mit dem Vogel ein kleines Gespräch auf vier Meter Distanz anzuknüpfen. Freudige, interessierte Reaktion: Er wandte sein Haupt hin und her und schien ohne Furcht meine Berichte zu schätzen. Dann begann ich zu summen und ging allmählich in wilden Gesang über. Zum Schluß sang ich mit lauter Kehle. Das hätte nun eigentlich helfen müssen, aber keine Rede davon. Die Kopfverdrehungen begannen immer intensiver zu werden, und plötzlich kümmerte sie sich überhaupt nicht mehr um mich. Nicht einmal die schwedische Nationalhymne und auch nicht ein gräßliches »Winter ade«, das sicherlich alle menschlichen Zuhörer in panikartige Flucht gejagt hätte, halfen. Es blieb nichts anderes übrig, als zu versuchen, ihr einen optischen Eindruck zu geben. Das gab sofort einen anderen Effekt. Ich brauchte nur ein bißchen am Sack zu ziehen, so daß sich die Flechten bewegten: Im selben Augenblick stieß der Vogel seinen heiseren Falkenschrei aus, erhob sich von den Jungen, trippelte an den Felsrand und warf sich in die Luft hinaus.

Ich saß auch einmal bei Seeadlern. Dort hatte ich einen relativ weiten Abstand, trotzdem mußten die Vögel zuweilen gehört haben, wie ich mich in meinem Versteck bewegte, beispielsweise, wenn ich das Stativ tauschte – ich hatte einen besonderen Aufsatz mit einem doppelten Stativ für das längste Objektiv – und während anderthalb Tagen kann man es nicht umgehen, ein Lebenszeichen von sich zu geben. Mein Versteck aus Masonit gab gute Resonanz. Wenn es still war, so hörte ich alle Vogellaute der Schären von weit her, die Adler aber waren, als ich dort zum letztenmal saß, genauso uninteressiert an meinem Versteck wie beim erstenmal.

n Seidenreiher in
inem Revier. Stille und
hönheit, aber auch
achsamkeit und Bereit-
naft zu blitzschneller
tion. Ein Jäger auf
m Ansitz.

Es gibt auch andere Gefühle als die Mutterliebe, die man als Triebkraft ausnützen kann. Einmal »arbeitete ich mit einer Familie«, die gefilmt werden sollte. Es ging gegen die Brunftzeit hin, und ich wollte etwas von der Liebeswerbung aufnehmen. Das Tier war relativ vertraut, gewöhnt an Ausflügler aus Stockholm und kümmerte sich kaum um meine Anwesenheit. Der Elch dagegen war ein echter, wilder Typ, er flüchtete bei unserer ersten Begegnung sofort. Aber die Sehnsucht nach dem Tier hatte ebenfalls Zugkraft. Nach einer Flucht von einigen hundert Metern verhoffte er, und nach einigen Stunden war er wieder mit seiner Auserwählten zusammen. Während der nächsten Tage trafen wir uns dann und wann, jedesmal wurde der Elch flüchtig, jedesmal aber wurde die Fluchtstrecke kürzer. Es war wie bei einem Gummiband, das sich ausdehnt und zusammenzieht. Sobald die rückwärtsgerichtete Elastizität, das heißt die Sehnsucht nach dem Tier, größer wurde als der Schrekken vor dem Menschen, verhoffte der Elch, drückte sich in ein Dikkicht und kam zurück. Jedesmal wenn wir uns trafen und je näher die Hochbrunft herankam, desto kürzer wurde das Gummiband; knapp vor der Brunft kümmerte er sich überhaupt nicht mehr um mich...

Eine Episode mit dem Tier zeigte deutlich, daß es zwischen verschiedenen menschlichen Individuen unterschied. Von einem Spaziergänger wurde es einmal plötzlich erschreckt, trollte darauf rasch über eine Schneise und kam mir direkt entgegen, als ich dort ganz offen auf einem Felsen stand, zwanzig Meter vor ihm. Es konnte mich äugen, zog vorbei, bis es in den Wind kam, sog mit einem deutlichen Schnaufen die Luft ein und begann dann ruhig zu äsen. Den Stockholmer hatte es nicht näher kommen lassen, aber mich kannte es und taxierte mich als ungefährlich. Es war offenbar, daß es nicht feststellen wollte, was ich war, sondern wer ich war.

Den Elch traf ich einige Tage nach der Hochbrunft. Die Kuh und er hatten sich bereits getrennt. Er war etwas mißtrauisch, beachtete mich genau, hatte aber offenbar einige dunkle Erinnerungen, daß ich harmlos war. Aber sobald er sah, daß ich mich für ihn interessierte und ihm näherzukommen suchte, legte er seine Schaufeln zurück und trollte davon. Ziemlich weit folgte ich ihm, denn ich wollte noch einige Bilder bekommen. Er verhoffte jedoch nicht noch einmal, sondern hielt seine Flucht über einen Sund zwischen zwei kleinen Seen ein. Sein Hochzeitsaufenthalt unter den neugierigen Menschen war damit endgültig abgeschlossen.

NACHWORT

Prof. Dr. h.c. Kurt Lotz
Vorstandsvorsitzender
der Umweltstiftung
WWF – Deutschland
Mitglied des Deutschen
Rates für Landespflege
ehemaliger
Vorstandsvorsitzender der
Brown, Boveri & Cie. AG und
der Volkswagenwerk AG
Honorarprofessor der
Technischen Universität
Braunschweig
Ehrendoktor der
Universität Mannheim
Ehrensenator der
Universität Heidelberg

Wer die großartigen Aufnahmen und Schilderungen in diesem Buch auf sich wirken läßt, kann sich nicht dem Zauber der Natur entziehen, der hier vermittelt wird. Die Welt ist voller Wunder und wird es sicherlich auch bleiben. Forschung und Technik haben zwar bei vielen Menschen den Glauben aufkommen lassen, daß alles erklärbar und vieles machbar sei, aber inzwischen kommen doch Zweifel auf, ob der Mensch hierzu in der Lage ist.

Die Natur ist unser Lehrmeister, wohin wir schauen: die Steuerung von Wachstum, Gestalt und Farbe der Pflanzen durch das Licht; die aerodynamische Form und der Flug der Vögel; die Stromlinienform bei Fischen; die Energieumwandlung bei Pflanzen. Diese wenigen Beispiele genügen schon, um deutlich zu machen, wie breit gefächert das Vorbild Natur ist.

Doch erweist sich auch sehr schnell unsere Unfähigkeit, komplizierte Vorgänge in der Natur technisch nachzuvollziehen. Die Wirkungssysteme der Natur, die die Regeneration von Lebensräumen und Lebensgemeinschaften bewerkstelligen und Pflanzen- und Tierwelt im biologischen Gleichgewicht halten, können in keinem Labor rekonstruiert und nach ihrer Störung durch die Einflüsse des Menschen auch nur in seltenen Fällen wiederhergestellt werden.

Nehmen wir ein Beispiel aus der Technik. Die Mikro-Elektronik wird in den kommenden Jahren sicherlich vieles in unserem täglichen Leben verändern und vor allem im industriellen Bereich ein Umdenken erfordern. Man spricht schlechthin von einer technischen Revolution. Doch nur ein kleiner Hinweis auf die Natur genügt schon, um menschliche Leistungen – mögen sie noch so groß sein – wieder zurückzuführen auf das Maß der Bescheidenheit, das in einem Vergleich mit der Natur angemessen ist. Wer z.B. ist heute in der Lage, computergesteuerte Systeme vorzuzeigen, die den Fähigkeiten der kleinen Fledermäuse gleichwertig sind? Während der Computer in abgewandelter Form nur das hergeben kann, was vorher an Daten eingegeben wurde, sind die Fledermäuse aufgrund ihrer Intelligenz in der Lage, Gegenstände zu orten, die Meßwerte in dem kleinen Gehirn zu verarbeiten und in Impulse umzusetzen. Wird der Mensch diese Vollkommenheit der Natur je erreichen? Wohl kaum. Und ist es für die Menschheit nicht sogar gut, daß ihr die Schöpfung die Preisgabe der letzten Geheimnisse versagt?

Oder ein anderer Hinweis: Die Natur setzt ungeheure Mengen von Energie frei, mehr als die Menschen je benötigen werden. Und doch können wir diese Energie nicht voll nutzen. Es mag sein, daß eines Tages die Kernfusion wirtschaftlich gelöst sein wird und damit große Energiemengen durch Nachahmung der Vorgänge im Weltall für die Menschheit gewonnen werden können. Aber so gewohnte Vorgänge, wie die Gezeiten der Meere mit ihren unvorstellbaren Energiereserven, entziehen sich der Kontrolle und Regelbarkeit durch die Menschen.

Der Mensch ist ein Teil dieser Natur. Er hat sich in seiner Geschichte immer wieder im Kampf mit den Kräften der Natur auseinanderzusetzen gehabt und bewähren müssen. Seine Fähigkeiten haben ihn im Laufe vieler Jahrtausende zum beherrschenden Wesen auf unserer Erde werden lassen. »Machet euch die Erde untertan« wird vielfach als der aus der Schöpfungsgeschichte überlieferte Auftrag an die Menschen angesehen. Doch dieser Auftrag darf nicht als Freibrief zur rücksichtslosen »Ausbeutung« mißverstanden werden. Allzu sorglos sind wir bisher umgegangen mit den wertvollsten Gütern, die uns Menschen geschenkt sind. Das Ergebnis ist häufig eine Störung der Gleichgewichte in der Natur. Und diese Störung verläuft progressiv mit der technischen Entwicklung oder mit dem, was wir technischen Fortschritt nennen.

»Zum guten Jäger gehört eine Unruhe im Gewissen angesichts des Todes, den er dem bezaubernden Tier bringt.«

(José Ortega y Gasset)

Allenthalben ertönt deshalb der Ruf nach Erhaltung der Natur als Lebensbasis für den Menschen; d.h. menschliches Handeln muß stärker als bisher an der Bewahrung der genetischen Vielfalt des Lebens und der biologischen Gleichgewichtsprozesse in der Natur ausgerichtet werden, wenn wir unsere eigene Zukunft nicht in Frage stellen wollen. Jeder aufmerksame Betrachter kann erkennen, daß eine natürliche Lebensgemeinschaft sehr schnell regeneriert, wenn die Tier- und Pflanzenarten in vermehrungsfähigen Beständen erhalten bleiben und der Mensch keine weiteren Eingriffe vornimmt. Wird aber z.B. bei Tieren eine bestimmte Anzahl unterschritten, ist diese Art durch Degeneration zum Aussterben verurteilt. Die Gefahr des Aussterbens vieler Pflanzen- und Tierarten in der ganzen Welt ist groß. Es ist festgestellt worden, daß bis zum Jahr 2000 etwa 20% der heute noch vorhandenen Tier- und Pflanzenarten ausgerottet sein werden, wenn nicht etwas zu deren Schutz unternommen wird (»Global 2000«). Deshalb sind bisher 78 Nationen übereingekommen, dieser Entwicklung Einhalt zu gebieten und haben das Washingtoner Artenschutzübereinkommen abgeschlossen. Jäger, Tierhändler, Touristen – ja wir alle – sind aufgerufen, diese Schutzbestimmungen nicht nur selbst zu beachten, sondern mitzuhelfen, ihnen überall Geltung zu verschaffen.

Aber die Natur darf nicht nur als etwas gesehen werden, das zu erhalten die Ratio gebietet. Nein, die Natur ist viel mehr. Sie ist die Quelle, aus der wir die nicht in Kilowatt meßbare Kraft schöpfen. Der Spaziergänger, der Bergsteiger, der Jäger, wer wollte nicht anerkennen, daß ihm die Natur mehr gibt als nur Brot, Wasser und andere nutzbare Güter für das tägliche Leben. Ohne die Vielfalt der Natur und ohne die Faszination, die von ihr ausgeht, würde der Mensch seelisch verdorren.

Somit wächst die Verantwortung des Menschen gegenüber der Natur über das hinaus, was in Gesetzen oder anderen Vorschriften reglementiert werden kann.

Der Forscher wird immer danach streben, der Natur noch mehr Geheimnisse zu entlocken, ja manche glauben, die Natur überlisten zu können. Ich war immer beeindruckt, mit welcher Ehrfurcht große Naturwissenschaftler die Grenzen ihrer eigenen Forschung sahen, jenseits derer die Schöpfung ihnen Gläubigkeit abverlangte.

Ebenso tief müssen diese Forscher die Verantwortung empfinden, die sie gegenüber der Menschheit tragen, wenn die Ergebnisse ihrer Arbeit nicht nur zum Segen der Menschen eingesetzt, sondern zur größten Gefahr für Mensch und Natur werden können.

Otto Hahn z.B., der 1938 die Kernspaltung entdeckte und damit die Grundlagen für die Anwendung der Nukleartechnik schuf, hat an dieser Verantwortung schwer getragen. Ich erinnere mich an viele Gespräche, in denen er immer wieder seine Sorgen zum Ausdruck brachte. Er ging sogar einmal soweit, folgende Frage in den Raum zu stellen: »Dürfen wir denn die Ergebnisse der Forschung vorlegen, wenn wir befürchten müssen, daß sie zum Nachteil der Menschheit mißbraucht werden können?«

Aber nicht nur Wissenschaftler sind aufgerufen, sich der Verantwortung der Natur gegenüber bewußt zu sein. Jeder Mensch nimmt mit seinen Entscheidungen und in seinem Verhalten ebenso Einfluß auf die Natur. Es ist müßig darüber zu streiten, ob die entscheidende Schlacht um die natürliche Existenzgrundlage der Menschheit in den industrialisierten oder in den Entwicklungsländern geschlagen wird. Für beide Auffassungen gibt es gute Argumente. Aber das ist für uns unerheblich, denn hier und dort müssen sich die Menschen besinnen und ein ausgewogenes Verhältnis zur Natur finden.

Der Jäger wird in diesem Buch besonders angesprochen. Er ist heute nicht mehr wie in Urzeiten nur Jäger, sondern ein im Berufsleben stehender Mensch, stets mit einer Verantwortung auch für andere Menschen versehen. Er kann sich der Auseinandersetzung mit den uns bewegenden Problemen nicht entziehen. Im Gegenteil, er ist in besonderem Maße aufgerufen, nicht nur Nutzer, sondern auch Schützer der Natur zu sein, denn er ist auf dauerndes Beobachten der Natur eingestellt und spürt immer wieder von neuem, wieviele Wunder diese Natur bereithält. Die Technik mit ihren Hilfsmitteln gibt ihm heute eine Überlegenheit gegenüber dem Tier. Daran ändert auch das Bemühen um waidgerechtes Jagen nichts. Der Mißbrauch dieser Überlegenheit ist eine große Gefahr, womit zugleich aber auch die Verantwortung des Jägers wächst. Der spanische Philosoph José Ortega y Gasset hat in seinen »Meditationen über die Jagd« treffend gesagt: »Zum guten Jäger gehört eine Unruhe im Gewissen angesichts des Todes, den er dem bezaubernden Tier bringt«. Und später fährt er fort: »Strenggenommen ist der Sinn der sportlichen Jagd nicht, das Tier zum Menschen zu erheben, sondern etwas viel Geistigeres als dies: eine bewußte und gleichsam religiöse Demütigung des Menschen, der seine Übermacht bändigt und zum Tier hinabsteigt. Ich sage 'religiös', und das Wort scheint mir nicht übertrieben. Denn in der Jagd äußert sich… ein faszinierendes Geheimnis der Natur, die unerbittliche Rangordnung unter den Lebewesen.«

Diese Unruhe im Gewissen ist es, die bei jedem von uns vorhanden sein sollte; ganz gleich, wo er tätig ist und welche Verantwortung er trägt. Bei unserem Handeln müssen wir die Gesetze der Natur respektieren und uns stets von der Verantwortung gegenüber den nachfolgenden Generationen leiten lassen.

IMPRESSUM UND QUELLENNACHWEIS

Genehmigte Sonderausgabe für
KOMET Verlag GmbH, Köln
Gesamtherstellung:
KOMET Verlag GmbH, Köln

Idee, Konzeption und
verlegerische Gesamtleitung:
Kurt G. Blüchel

Chefredaktion:
Joachim Graf von Schönburg

Mitarbeiter:
Prof. Dr. Hans Joachim Fröhlich
Horst Niesters
Horst Popp

Lektorat und
redaktionelle Koordination:
Ria Lottermoser

Bildbeschaffung und Bildredaktion:
Klaus Griehl

Design und Art Direction:
Rainer Uhlen

ISBN
978-3-86941-100-2

Hermann Löns, An der Bergwiese, entnommen aus: Jagdgeschichten, © Adolf Sponholtz, Hannover

Frank Dufresne, Der Eisbär, entnommen aus: Die große Bärenstory, © 1965 by Frank Dufresne, Originaltitel »No rooms for bears«.

Svend Fleuron, Daunenregen, entnommen aus: Ein Winter im Jägerhof, © 1939 Eugen Diederichs Verlag, Köln. Alle Rechte durch Heinrich Hugendubel Verlag, München

Edelwald Hüttl, Schwarze Diana, entnommen aus: Jagd unter Afrikas Sonne, © 1981 Landbuch-Verlag GmbH, Hannover

Ludwig Hohlwein, Gamsjagern, entnommen aus: Jagdbuch, © F. C. Mayer Verlag, München

Zsigmond Szechenyi, Der erste Hirsch, entnommen aus: Wie es begann, © Verlagsgruppe Kiesel, Salzburg

Egon Freiherr von Kapherr, Jagden im Ural, entnommen aus: Wo es trommelt und röhrt, © Nymphenburger Verlagshandlung, München

Frances Hamerstrom, Mein Adler kreist zum Himmel (Auszug), © 1973 Landbuch-Verlag GmbH, Hannover

Wir danken diesen Verlagen für die freundliche Genehmigung zum Abdruck der Texte.

Nachfolgend genannte Texte werden mit Genehmigung des Verlages Paul Parey, Stuttgart, wiedergegeben:

Ludwig Benedikt Freiherr von Cramer Klett, Stimmen zwischen Nacht und Tag, entnommen aus: Des Jägers Glück kennt kein Verweilen, © 1976

Reinhold Eben-Ebenau, Die Pürsch auf den »Geisterbären«, entnommen aus: Goldgelbes Herbstlaub, © 1953

Friedrich Karl von Eggeling, Von starken Keilern, treuen Hunden und pfeilschnellem Federwild (Auszug), © 1980

Johannes K. Hogrebe, Waidmannsheil im letzten Licht, entnommen aus: Im Paradies der Jäger und Fischer, © 1979

Bertil Haglund, Das Filmen von Tieren, entnommen aus: In nordischer Wildnis, © 1956

Mit freundlicher Genehmigung der Autoren erfolgt der Abdruck der übrigen Texte.

Der Prolog folgt in seiner philosophisch-psychologischen Erörterung des Themas »Jagd« einem Text von Claudia Hoff.

DIE MITARBEITER

Joachim Graf und Herr von Schönburg-Glauchau
geb. 1929 in Glauchau

Journalist bei Presse und Rundfunk, Entwicklungshelfer in Afrika, Medienreferent bei der CDU-Bundesgeschäftsstelle, Geschäftsführer beim Deutschen Jagdschutzverband, Fachschriftsteller, jetzt stellvertretender Chefredakteur bei der Zeitschrift »Die Pirsch – Der deutsche Jäger« – daneben und vor allem aber immer engagierter Naturschützer und leidenschaftlicher Jäger.

Horst Niesters
geb. 1937 in Köln

Seit 25 Jahren aktiver Falkner, Jäger und Wildfotograf, Autor und Mitgestalter zahlreicher Publikationen, beratender Mitarbeiter mehrerer Rundfunk- und Fernsehsendungen. Ausstellungen in zahlreichen europäischen und außereuropäischen Städten. Für hervorragende Bilddokumentationen wurde Horst Niesters berufenes Mitglied der Deutschen Gesellschaft für Photographie (DGPh), der Association Sportive de la Chasse, Photographique Française (ASCPF) und der Royal Photographic Society of Great Britain (RPS). Er ist Pressereferent und Mitbegründer der Gesellschaft Deutscher Tierfotografen (GDT). Als engagierter Artenschützer ist Niesters Mitglied im Kuratorium des Institutes für Artenschutz und Experte der Kommission Großwild Europa-Asien im Internationalen Jagdrat zur Erhaltung des Wildes. Außerdem ist er Oberfalkenmeister und Ehrenmitglied des Bundes Deutscher Falkner (BDF) sowie Ehrenmitglied der akademischen Jagdverbindung.

Professor Dr. Hans Joachim Fröhlich
geb. 1923

Nach dem Studium der Forst- und Naturwissenschaften mit Promotion und Habilitation an der Universität München forstliche Tätigkeiten für die hessischen Landesbehörden. Zahlreiche Arbeiten und Veröffentlichungen auf den Gebieten der Genetik und der Züchtung der Waldbäume, der Waldgestaltung und des Naturschutzes im allgemeinen. Als Landesforstmeister von Hessen (seit 1968) obliegt ihm u.a. die Leitung der obersten Forst-, Naturschutz- und Jagdbehörden des Landes Hessen. In dieser Funktion bemüht er sich vorrangig um die Stabilisierung und Entwicklung ökologischer Prozesse in den Naturräumen – unter Mitarbeit der Jägerschaft.

Horst Popp
geb. 1917 in Karlsfelde/Ostpreußen

Über 25 Jahre selbständiger Unternehmer. In dieser Zeit ehrenamtliche Tätigkeit in führenden Positionen im Verkehrswesen. Hierfür Verleihung des Bundesverdienstordens. In den Jahren 1971–1976 Aufbau und Leitung eines Referates für Presse- und Öffentlichkeitsarbeit im Landesjagdverband Bayern. Seit 1976 Direktor des Deutschen Jagdmuseums in München. Ab 1979 Aufbau des Deutschen Fischereimuseums mit Eröffnung 1981.

BILDQUELLENNACHWEIS

Einbandmotiv: Dmitry Skvorcov - Fotolia.com

Seite 4/5: **Künkel;** 12/13: **Scheller;** 14/15: **Winsmann;** 16: **Podloucky;** 19: **Artothek/Blauel;** 20/21: **E. Laßwitz;** 24/25: **Ina-Agency-Press/Lennart Mathiasson;** 29: **Minolta Camera/Kawakami;** 30: **Artothek/Hansmann;** 32/33: **Wisniewski;** 34 o.: **Dyballa;** 34 m.: **Winsmann;** 34 u.: **Ina-Agency-Press/Fauna Foto/Örtenblad;** 35: **Kankel;** 36: **Blesch;** 38/39: **Künkel;** 40/41: **Ziesler;** 42: **Hecker;** 44: **Geigl;** 45 o.: **Behnke;** 45 m.: **Tony Stone Associates;** 45 u.: **Künkel;** 47: **Geigl;** 48/49: **Künkel;** 50/51: **Künkel;** 52/53: **Künkel;** 54/55: **AAA Photo, Paris;** 56/57: **George Silk/Life Magazine Time Inc.;** 58/59: **Courtesy Wildlife World Museum, Monument, Colorado/Guy Coheleach;** 60/61: **Ziesler;** 62/63: **Ziesler;** 64/65: **The Stock Market/E. Haas;** 66/67: **Künkel;** 68/69: **Künkel;** 70/71: **Collignon/Frank Lane;** 72/73: **Malcolm S. Kirk/P. Arnold, New York;** 74/75: **Maier;** 76: **Derksen;** 78/79: **Lindenburger/Jacana/Aigouin;** 80/81: **Landvogt;** 82 m.: **Krasemann/P. Arnold, New York;** 82 o.: **Harscher;** 82 u.: **Ina-Agency-Press/Fauna Foto/Örtenblad;** 83: **Lindenburger/Chevallier/Explorer;** 84: **Tilgner;** 85: **Trötschel;** 86: **Winsmann;** 87 o.: **Derksen;** 87 u.: **Derksen;** 88/89: **Pregler;** 90/91: **Ostermick;** 92: **Bledsoe;** 94 o.: **Wisniewski;** 94 u.: **Okapia/Bledsoe;** 95: **Bledsoe;** 96/97: **Derksen;** 98/99: **Ziesler;** 100/101: **Landvogt;** 102: **Lomeo-Bullaty;** 103 o.: **St. Meyers;** 103 m.: **Derksen;** 103 u.: **Pregler;** 104/105: **Madison Press Books/Bateman;** 106/107: **Robinson;** 108/109: **Hansen;** 110/111: **Neibauer;** 112/113: **Mangelsen;** 114/115: **Snethlage;** 116: **W. Steinborn;** 118 l. o.: **St. Meyers;** 118 l. m.: **Danegger;** 118 l. u.: **Walz;** 118 u.: **Diedrich;** 119: **Markmann;** 120/121: **Lanting;** 122/123: **Winsmann;** 124/125: **Diedrich;** 126/127: **Siedel;** 128/129: **Tony Stone Associates;** 130: **Bruemmer;** 132: **Lindenburger/Jacana/Varin Visage;** 133 o.: **David R. Gray/National Museums of Canada;** 133 m.: **B. Coleman/W. Lankinen;** 133 u.: **Jacana/Varin Visage;** 134/135: **Collignon/Black Star/Ranford;** 136/137: **Photo Resarchers/Guravich;** 138/139: **Bruemmer;** 142/143: **David R. Gray/National Museums of Canada;** 144/145: **David R. Gray/National Museums of Canada;** 146/147: **Lindenburger/Arndt;** 148/149: **David R. Gray/National Museums of Canada;** 150/151: **Hartwich;** 152/153: **Winsmann;** 154: **Winsmann;** 156: **Weidinger;** 158/159: **Bergmann Sucksdorff;** 161 o.: **Danegger;** 161 m.: **W. Sauer;** 161 u.: **Danegger;** 162/163: **Deutsches Jagdmuseum München;** 164: **Ina-Agency-Press/Ring;** 165: **F. Hirsch;** 166/167: **Winsmann;** 168: **Artothek/Hansmann;** 170/171: **Gerlach;** 172: **Danegger;** 174/175: **Hoffer;** 176: **Kaiser;** 178/179: **Gerlach;** 180/181: **Artothek/Blauel;** 182: **Reinhard;** 185: **Artothek/Hansmann;** 186/187: **Diedrich;** 188: **Deutsches Jagdmuseum München;** 189: **Schneiders;** 191: **Artothek/Hansmann;** 192/193: **Winsmann;** 194/195: **Lindenburger/Jacana/Mero;** 196: **Niesters;** 198: **Schouten;** 199: **Lindenburger/Jacana/Chevalier;** 200/201: **F. Hirsch;** 202/203: **F. Hirsch;** 205: **Hoffer;** 206/207: **Pott;** 208 o.: **Schmelzenbach;** 208 m.: **Gerlach;** 208 u.: **Winsmann;** 209: **Ziesler;** 210/211: **Deutsches Jagdmuseum München;** 212: **Deutsches Jagdmuseum München;** 213: **Winsmann;** 214/215: **Carroll/P. Arnold, New York;** 216: **F. Hirsch;** 218/219: **Hoffer;** 220: **Ina-Agency-Press/Engman;** 223: **Siegel;** 224/225: **Kaiser;** 226/227: **Seitz;** 228: **St. Meyers;** 230/231: **Landvogt;** 232/233: **Kerber;** 234/235: **Winsmann;** 236/237: **Winsmann;** 238/239: **Brozio;** 240/241: **Artothek/-Hansmann;** 242/243: **GDT-Tierfoto/Gerlach;** 244/245: **Laßwitz;** 246 o.: **Niesters;** 246 u.: **GDT-Tierfoto/Arndt;** 247: **Reinhard;** 248: **Lange;** 250/251: **Künkel;** 252/253: **Künkel;** 254: **Künkel;** 256/257: **Tony Stone Associates;** 260/261: **Munzig;** 260 l.: **Munzig;** 260 r.: **Munzig;** 261 l.: **Munzig;** 261 r.: **Munzig;** 262: **Morchel/Deutsches Jagdmuseum München;** 263: **Künkel;** 264/265: **Madison Press Books/Bateman;** 266/267: **Künkel;** 268/269: **Ziesler;** 270/271: **Ziesler;** 272: **Lindenburger/Jacana/Labat;** 273: **Künkel;** 274/275: **T. Míček;** 276: **Czimmeck;** 278: **Morerod;** 279 o.: **Morerod;** 279 m.: **U. Hirsch;** 279 u.: **Dragesco;** 280/281: **Dragesco;** 282: **Artothek/Hansmann;** 283: **Artothek;** 284/285: **Landvogt;** 286/287: **Hüttenmoser;** 288/289: **Danegger;** 290/291: **Derksen;** 292/293: **GDT-Tierfoto/Arndt;** 294: **Ostermick;** 297: **Madison Press Books/Bateman;** 298/299: **The Stock Market/Joe Bator;** 300: **Rowell/P. Arnold, New York;** 301: **Lanting;** 302/303: **Krasemann/P. Arnold, New York;** 304/305: **Madison Press Books/Bateman;** 306/307: **Derksen;** 308/309: **Wiley;** 310/311: **Madison Press Books/Bateman;** 312/313: **Landvogt;** 314/315: **T. Míček;** 316/317: **Winsmann;** 318: **Danegger;** 320/321: **Artothek/Hansmann;** 322/323: **Artothek/Giraudon;** 324: **Artothek/Hansmann;** 325: **Laßwitz;** 326/327: **Behnke;** 328/329: **Archiv für Kunst und Geschichte, Berlin;** 330/331: **Schmelzenbach;** 332/333: **Morchel/Deutsches Jagdmuseum München;** 334/335: **St. Meyers;** 336/337: **Artothek/Giraudon;** 339: **Rastl;** 340/341: **Czimmeck;** 345: **Cramm;** 346/347: **Lanting;** 348/349: **The Stock Market/Ernst Haas;** 350/351: **Lanting;** 352: **Artothek/Blauel;** 354 v. o. n. u.: **Bink; Pollin; Metzen; BHB Photo/Bauschmann;** 356/357: **Lanting;** 358/359: **Curth;** 360/361: **Lanting;** 362/363: **Opdenhoff/Fischer;** 364/365: **GDT-Tierfoto/Cramm;** 366/367: **Stouffer Productions;** 368/369: **Stouffer Productions;** 370/371: **Photo Resarchers/Teiji Saga/PPS;** 372/373: **M. Pedone/Bavaria;** 376/377: **Madison Press Books/Bateman;** 378/379: **Liederley;** 380: **Derksen;** 382/383: **Tony Stone Associates;** 384: **Artothek/Blauel;** 387: **Kuhn;** 388/389: **Kuhn;** 390: **Lanting;** 391: **Artothek/Hansmann;** 392/393: **Kuhn;** 395: **Kuhn;** 396: **Niesters;** 397: **Kuhn;** 398/399: **Kuhn;** 400/401: **Kuhn;** 402: **Artothek/Hansmann;** 403: **Limbrunner;** 404/405: **Kuhn;** 406: **Deutsches Jagdmuseum München;** 407: **Deutsches Jagdmuseum München;** 408/409: **Kuhn;** 410/411: **Kuhn;** 412/413: **Kuhn;** 414/415: **Kuhn;** 416 o.: **Archiv für Kunst und Geschichte, Berlin;** 416 u.: **Archiv für Kunst und Geschichte, Berlin;** 417: **T. Schneiders;** 418/419: **Minolta Camera/Kawakami;** 420: **Sauer;** 422: **Dolder;** 424/425: **Wothe;** 426: **Neibauer;** 428/429: **Danegger;** 430/431: **Lindenburger/Masterfile/Reeves;** 432/433: **Blüchel;** 434/435: **Zehnder;** 436/437: **Minolta Camera/-Kawakami;** 438/439: **Blüchel;** 440/441: **Neibauer;** 442: **Minolta Camera/Kawakami.**

Wir danken folgenden Personen und Institutionen für ihre Mitarbeit:
Alte Pinakothek, München; Peter Arnold, Inc., New York; Bayerisches Nationalmuseum, München; Bayerische Staatsgemäldesammlungen, München; Schloß Besançon, Besançon; Deutsches Jagdmuseum, München; Schloß Fontainebleau, Fontainebleau; Privatjagdmuseum Robert Klinkhamer, Breda; Kunsthistorisches Museum, Wien; Neue Pinakothek, München; Privatsammlung Horst Niesters, Hellenthal; Österreichische Nationalbibliothek, Wien; Schatzkammer der Residenz, München; Schimmel-Collection, New York; Universitätsbibliothek, Heidelberg; Victoria u. Albert Museum, London; Württembergisches Landesmuseum, Stuttgart.